罗洛·梅文集

郭本禹 杨韶刚 主编

自由与命运

FREEDOM
AND
DESTINY

[美] 罗洛·梅　著
ROLLO MAY

杨韶刚　译

中国人民大学出版社

·北京·

总　序

　　罗洛·梅（Rollo May，1909—1994）被称为"美国存在心理学之父"，也是人本主义心理学的杰出代表。20世纪中叶，他把欧洲的存在主义哲学和心理学思想介绍到美国，开创了美国的存在分析学和存在心理治疗。他著述颇丰，其思想内涵带给现代人深刻的精神启示。

一、罗洛·梅的学术生平

　　罗洛·梅于1909年4月21日出生在俄亥俄州的艾达镇。此后不久，他随全家迁至密歇根州的麦里恩市。罗洛·梅幼时的家庭生活很不幸，父母都没有受过良好的教育，而且关系不和，经常争吵，两人后来分居，最终离婚。他的母亲经常离家出走，不照顾孩子，根据罗洛·梅的回忆，母亲是"到处咬人的疯狗"。他的父亲同样忽视子女的成长，甚至将女儿患心理疾病的原因归于受教育太多。由于父亲是基督教青年会的秘书，因而全家经常搬来搬去，罗洛·梅称自己总是"圈子中的新成员"。作为家中的长子，罗洛·梅很早就承担起家庭的重担。他幼年时最美好的记忆是离家不远的圣克莱尔河，他称这条河是自己"纯洁的、深切的、超凡的和美丽的

朋友"。在这里，他夏天游泳，冬天滑冰，或是坐在岸边，看顺流而下运矿石的大船。不幸的早年生活激发了罗洛·梅日后对心理学和心理咨询的兴趣。

罗洛·梅很早就对文学和艺术产生了兴趣。他在密歇根州立学院读书时，最感兴趣的是英美文学。由于他主编的一份激进的文学刊物惹恼了校方，所以他转学到俄亥俄州的奥柏林学院。在此，他投身于艺术课程，学习绘画，深受古希腊艺术和文学的影响。1930年获得该校文学学士学位后，他随一个艺术团体到欧洲游历，学习各国的绘画等艺术。他在由美国人在希腊开办的阿纳托利亚学院教了三年英文，这期间他对古希腊文明有了更深刻的体认。罗洛·梅终生保持着对文学和艺术的兴趣，这在他的著作中也充分体现出来。

1932年夏，罗洛·梅参加了阿德勒（Alfred Adler）在维也纳山区一个避暑胜地举办的暑期研讨班，有幸结识了这位著名的精神分析学家。阿德勒是弗洛伊德（Sigmund Freud）的弟子，但与弗洛伊德强调性本能的作用不同，阿德勒强调人的社会性。罗洛·梅在研讨班中与阿德勒进行了热烈的交流和探讨。他非常赞赏阿德勒的观点，并从阿德勒那里接受了许多关于人的本性和行为等方面的心理学思想。可以说，阿德勒为罗洛·梅开启了心理学的大门。

1933年，罗洛·梅回到美国。1934—1936年，他在密歇根州立学院担任学生心理咨询员，并编辑一本学生杂志。但他不安心于这份工作，希望得到进一步的深造。罗洛·梅原本希望到哥伦比亚大学学习心理学，但他发现那里所讲授的全是行为主义的观点，与

自己的兴趣不合。于是，他进入纽约联合神学院学习神学，并于1938年获得神学学士学位。罗洛·梅在这里做了一个迂回。他先学习神学，之后又转回心理学。这个迂回对罗洛·梅至关重要。他在这里学习到有关人的存在的知识，接触到焦虑、爱、恨、悲剧等主题，这些主题在他日后的著作中都得到了阐释。

在联合神学院，罗洛·梅还结识了被他称为"朋友、导师、精神之父和老师"的保罗·蒂利希（Paul Tillich），他对罗洛·梅学术生涯的发展产生了至关重要的影响。蒂利希是流亡美国的德裔存在主义哲学家，罗洛·梅常去听蒂利希的课，并与他结为终生好友。从蒂利希那里，罗洛·梅第一次系统地学习了存在主义哲学，了解到存在主义鼻祖克尔凯郭尔（Soren Kierkegaard）和存在主义大师海德格尔（Martin Heidegger）的思想。罗洛·梅思想中的许多关键概念，如生命力、意向性、勇气、无意义的焦虑等，都可以看到蒂利希的影子。为纪念这位良师诤友，罗洛·梅出版了三部关于蒂利希的著作。此外，罗洛·梅还受到德国心理学家戈德斯坦（Kurt Goldstein）的影响，接受了他关于自我实现、焦虑和恐惧的观点。

从纽约联合神学院毕业后，罗洛·梅被任命为公理会牧师，在新泽西州的蒙特克莱尔做了两年牧师。他对这个职业并不感兴趣，最终还是回到了心理学领域。在这期间，罗洛·梅出版了自己的第一部著作《咨询的艺术：如何给予和获得心理健康》（*The Art of Counseling: How to Give and Gain Mental Health*，1939）。20世纪40年代初，罗洛·梅到纽约城市学院担任心理咨询员。同时，他进入纽约著名的怀特精神病学、心理学和精神分析研究院（下称怀特研

究院）学习精神分析。他在怀特研究院受到精神分析社会文化学派的影响。当时，该学派的成员沙利文（Harry Stack Sullivan）为该研究院基金会主席，另一位成员弗洛姆（Erich Fromm）也在该研究院任教。社会文化学派与阿德勒一样，也不赞同弗洛伊德的性本能观点，而是重视社会文化对人格的影响。该学派拓展了罗洛·梅的学术视野，并进一步确立了他对存在的探究。

通过在怀特研究院的学习，罗洛·梅于1946年成为一名开业心理治疗师。在此之前，他已进入哥伦比亚大学攻读博士学位。但1942年，他感染了肺结核，差点死去。这是他人生的一大难关。肺结核在当时被视作不治之症，罗洛·梅在疗养院住院三年，经常感受到死亡的威胁，除了漫长的等待之外别无他法。但难关同时也是一种契机，他在面临死亡时，得以切身体验自身的存在，并以自己的理论加以观照。罗洛·梅选择了焦虑这个主题为突破点。结合深刻的焦虑体验，他仔细阅读了弗洛伊德的《焦虑的问题》（*The Problem of Anxiety*）、克尔凯郭尔的《焦虑的概念》（*The Concept of Anxiety*），以及叔本华（Arthur Schopenhauer）、尼采（Friedrich Wilhelm Nietzsche）等人的著作。他认为，在当时的疾病状况下，克尔凯郭尔的话更能打动他的心，因为它触及焦虑的最深层结构，即人类存在的本体论问题。康复之后，罗洛·梅在蒂利希的指导下，以其亲身体验和内心感悟写出博士学位论文《焦虑的意义》（*The Meaning of Anxiety*）。1949年，他以优异成绩获得哥伦比亚大学授予的第一个临床心理学博士学位。博士学位论文的完成，标志着罗洛·梅思想的形成。此时，他已届不惑之年。

自 20 世纪 50 年代起，罗洛·梅的学术成就突飞猛进。他陆续出版多种著作，将存在心理学拓展到爱、意志、权力、创造、梦、命运、神话等诸多主题。同时，他也参与到心理学的历史进程中。这一方面表现在他对发展美国存在心理学的贡献上。1958 年，他与安杰尔（Ernest Angel）和艾伦伯格（Henri Ellenberger）合作主编了《存在：精神病学和心理学的新方向》（*Existence: A New Dimension in Psychiatry and Psychology*），向美国的读者介绍欧洲的存在心理学和存在心理治疗思想，此书标志着美国存在心理学本土化的完成。1958—1959 年，罗洛·梅组织了两次关于存在心理学的专题讨论会。第一次专题讨论会后形成了美国心理治疗家学院。第二次是 1959 年在美国心理学会辛辛那提年会上举行的存在心理学特别专题讨论会，这是存在心理学第一次出现在美国心理学会官方议事日程上。这次会议的论文集由罗洛·梅主编，并以《存在心理学》（*Existential Psychology*，1960）为名出版，该书推动了美国存在心理学的进一步发展。1959 年，他开始主编油印的《存在探究》杂志，该杂志后改为《存在心理学与精神病学评论》，成为存在心理学和精神病学会的官方杂志。正是由于这些工作，罗洛·梅被誉为"美国存在心理学之父"。另一方面，罗洛·梅积极参与人本主义心理学的活动，推动了人本主义心理学的发展。1963 年，他参加了在费城召开的美国人本主义心理学会成立大会，此次会议标志着人本主义心理学的诞生。1964 年，他参加了在康涅狄格州塞布鲁克召开的人本主义心理学大会，此次会议标志着人本主义心理学为美国心理学界所承认。他曾对行为主义者斯金纳（Burrhus Frederic

Skinner）的环境决定论和机械决定论提出严厉的批评，也不赞成弗洛伊德精神分析的本能决定论和泛性论观点，将精神分析改造为存在分析。他还通过与其他人本主义心理学家争论，推动了人本主义心理学的健康发展。其中最有名的是他与罗杰斯（Carl Rogers）的著名论辩，他反对罗杰斯的性善论，提倡善恶兼而有之的观点。

20世纪50年代中期，罗洛·梅积极参与纽约州立法，反对美国医学会试图把心理治疗作为医学的一个专业，只有医学会的会员才能具有从业资格的做法。在60年代后期和70年代早期，罗洛·梅投身反对越南战争、反核战争、反种族歧视运动以及妇女自由运动，批评美国文化中欺骗性的自由与权力观点。到了70年代后期和80年代，罗洛·梅承认自己成为一名更加温和的存在主义者，反对极端的主观性和否定任何客观性。他坚持人性中具有恶的一面，但对人的潜能运动和会心团体持朴素的乐观主义态度。

1948年，罗洛·梅成为怀特研究院的一名成员；1952年，升为研究员；1958年，担任该研究院的院长；1959年，成为该研究院的督导和培训分析师，并一直工作到1974年退休。罗洛·梅曾长期担任纽约市的社会研究新学院主讲教师（1955—1976），他还先后做过哈佛大学（1964）、普林斯顿大学（1967）、耶鲁大学（1972）、布鲁克林学院（1974—1975）的访问教授，以及纽约大学的资深学者（1971）和加利福尼亚大学圣克鲁斯分校董事教授（1973）。此外，他还担任过纽约心理学会和美国精神分析学会主席等多种学术职务。

1975年，罗洛·梅移居加利福尼亚，继续他的私人临床实践，

并为人本主义心理学大本营塞布鲁克研究院和加利福尼亚职业心理学学院工作。

罗洛·梅与弗洛伦斯·德弗里斯（Florence DeFrees）于1938年结婚。他们在一起度过了30年的岁月后离婚。两人育有一子两女，儿子罗伯特·罗洛（Robert Rollo）曾任阿默斯特学院的心理咨询主任，女儿卡罗林·简（Carolyn Jane）和阿莱格拉·安妮（Allegra Anne）是双胞胎，前者是社会工作者、治疗师和画家，后者是纪录片创作者。罗洛·梅的第二任妻子是英格里德·肖勒（Ingrid Scholl），他们于1971年结婚，7年后分手。1988年，他与第三任妻子乔治亚·米勒·约翰逊（Georgia Miller Johnson）走到一起。乔治亚是一位荣格学派的分析心理学治疗师，她是罗洛·梅的知心伴侣，陪伴他走过了最后的岁月。1994年10月22日，罗洛·梅因多种疾病在加利福尼亚的家中逝世。

罗洛·梅曾先后获得十多个名誉博士学位和多种奖励，他尤为得意的是两次获得克里斯托弗奖章，以及美国心理学会颁发的临床心理学科学和职业杰出贡献奖与美国心理学基金会颁发的心理学终身成就奖章。

1987年，塞布鲁克研究院建立了罗洛·梅中心。该中心由一个图书馆和一个研究项目组成，鼓励研究者秉承罗洛·梅的精神进行研究和出版作品。1996年，美国心理学会人本主义心理学分会设立了罗洛·梅奖。这表明罗洛·梅在今天依然产生着影响。

二、罗洛·梅的基本著作

罗洛·梅一生著述丰富，出版了 20 余部著作，发表了许多论文。他在 80 岁高龄时，仍然坚持每天写作 4 个小时。我们按他思想发展的历程来介绍其主要作品。

罗洛·梅的两部早期著作是《咨询的艺术：如何给予和获得心理健康》（1939）和《创造性生命的源泉：人性与神的研究》（*The Springs of Creative Living: A Study of Human Nature and God*，1940）。《咨询的艺术：如何给予和获得心理健康》一书是罗洛·梅于 1937 年和 1938 年在教会举行的"咨询与人格适应"研讨会上的讲稿。该书是美国出版的第一部心理咨询著作，具有重要的学术意义。该书再版多次，到 1989 年已印刷 15 万册。在这部著作中，罗洛·梅提倡在理解人格的基础上进行咨询实践。他认为，人格是生活过程的实现，它围绕生活的终极意义或终极结构展开。咨询师通过共情和理解，调整患者人格内部的紧张，使其人格发生转变。该书虽然明显有精神分析和神学的痕迹，但已经在一定程度上表现出罗洛·梅的后期思想。《创造性生命的源泉：人性与神的研究》一书与前一部著作并无大的差异，只是更明确地表述了健康人格和宗教信念。在与里夫斯（Clement Reeves）的通信中，罗洛·梅表示拒绝该书再版。这一时期出版的著作还有《咨询服务》（*The Ministry of Counseling*，1943）一书。

罗洛·梅思想形成的标志是《焦虑的意义》（1950）一书的问

世。该书是在他的博士学位论文基础上修改而成的。在这部著作中，罗洛·梅对焦虑进行了系统研究。他在考察哲学、生物学、心理学和文化学的焦虑观基础上，通过借鉴克尔凯郭尔的观点，结合临床案例，提出了自己的观点。他将焦虑置于人的存在的本体论层面，视作人的存在受到威胁时的反应，并对其进行了详细的描述。通过焦虑研究，罗洛·梅逐渐形成了以人的存在为核心的思想。在这种意义上，该书为罗洛·梅此后的著作奠定了框架基础。

1953 年，罗洛·梅出版了《人的自我寻求》（*Man's Search for Himself*），这是他早期最畅销的一本书。他用自己的思想对现代社会进行了整体分析。他以人格为中心，探究了在孤独、焦虑、异化和冷漠的时代自我的丧失和重建，分析了现代社会危机的心理学根源，指出自我的重新发现和自我实现是其根本出路。该书涉及自由、爱、创造性、勇气和价值等一系列重要主题，这些主题是罗洛·梅此后逐一探讨的问题。可以说，该书是罗洛·梅思想全面展开的标志。

在思想形成的同时，罗洛·梅还积极推进美国存在心理学的发展。这首先反映在他与安杰尔和艾伦伯格合作主编的《存在：精神病学和心理学的新方向》（1958）中。该书是一部译文集，收录了欧洲存在心理学家宾斯万格（Ludwig Binswanger）、明可夫斯基（Eugene Minkowski）、冯·格布萨特尔（V. E. von Gebsattel）、斯特劳斯（Erwin W. Straus）、库恩（Roland Kuhn）等人的论文。罗洛·梅撰写了两篇长篇导言：《心理学中的存在主义运动的起源与意义》和《存在心理治疗的贡献》。这两篇导言清晰明快地介绍了存在心理学的思想，其价值不亚于后面欧洲存在心理学家的论文。该书被

誉为美国存在心理学的"圣经"。罗洛·梅对美国存在心理学发展的推进还反映在他主编的《存在心理学》中。书中收入了罗洛·梅的两篇论文:《存在心理学的产生》和《心理治疗的存在基础》。

1967 年，罗洛·梅出版了《存在心理治疗》(*Existential Psychotherapy*)，该书由罗洛·梅为加拿大广播公司系列节目《观念》所做的六篇广播讲话结集而成。该书简明扼要地阐述了罗洛·梅的许多核心观点，其中许多主题在罗洛·梅以后的著作中以扩展的形式出现。次年，他与利奥波德·卡利格（Leopold Caligor）合作出版了《梦与象征：人的潜意识语言》(*Dreams and Symbols: Man's Unconscious Language*)。他们在书中通过分析一位女病人的梦，阐发了关于梦和象征的观点。在他们看来，梦反映了人更深层的关注，它能够使人超越现实的局限，达到经验的统一。同时，梦能够使人体验到象征，象征则是将各种分裂整合起来的自我意识的语言。罗洛·梅关于象征的观点还见于他主编的《宗教与文学中的象征》(*Symbolism in Religion and Literature*，1960）一书，该书收入了他的《象征的意义》一文，该文还收录在《存在心理治疗》中。

1969 年，罗洛·梅出版了《爱与意志》(*Love and Will*)。该书是罗洛·梅最富原创性和建设性的著作，一经面世，便成为美国最受欢迎的畅销书之一，曾荣获爱默生奖。写作该书时，罗洛·梅与第一任妻子的婚姻正走向尽头。因此，该书既是他对自己生活的反思，也是他对现代社会的深刻洞察。该书阐述了他对爱与意志的心理学意义的看法，分析了爱与意志、愿望、选择和决策的关系，以及它们在心理治疗中的应用。罗洛·梅将这些主题置于现代社会情

境下，揭示了人们日趋恶化的生存困境，并呼吁通过正视自身、勇于担当来成长和发展。

从 20 世纪 70 年代起，罗洛·梅开始将自己的思想拓展到诸多领域。1972 年，他出版了《权力与无知：寻求暴力的根源》（*Power and Innocence: A Search for the Sources of Violence*）。正如其副标题所示，该书目的在于探讨美国社会和个人的暴力问题，阐述了在焦虑时代人的困境与权力的关系。罗洛·梅从社会中的无力感出发，认为当无力感导致冷漠，而人的意义感受到压抑时，就会爆发不可控制的攻击。因此，暴力是人确定自我进而发展自我的一种途径，当然这并非整合性的途径。围绕自我的发展，罗洛·梅又陆续出版了《创造的勇气》（*The Courage to Create*，1975）和《自由与命运》（*Freedom and Destiny*，1981）。在《创造的勇气》中，罗洛·梅探讨了创造性的本质、局限以及创造性与潜意识和死亡等的关系。他认为，只有通过需要勇气的创造性活动，人才能表现和确定自己的存在。在《自由与命运》中，罗洛·梅将自由与命运视作矛盾的两端。人是自由的，但要受到命运的限制；反过来，只有在自由中，命运才有意义。在二者间的挣扎和奋斗中，凸显人自身以及人的存在。在《祈望神话》（*The Cry for Myth*，1991）中，罗洛·梅将主题拓展到神话上。这是他生前最后一部重要的著作。罗洛·梅认为，神话能够展现出人类经验的原型，能够使人意识到自身的存在。在现代社会中，人们遗忘了神话，与此同时也意识不到自身的存在，由此导致人的迷失。

罗洛·梅还先后出版过两部文集，分别是《心理学与人类困

境》(*Psychology and the Human Dilemma*，1967)和《存在之发现》
(*The Discovery of Being*，1983)。《心理学与人类困境》收录了罗
洛·梅20世纪五六十年代发表的论文。如书名所示，该书探讨了
在焦虑时代生命的困境，阐明了自我认同客观现实世界的危险，指
出自我的觉醒需要发现内在的核心性。从这种意义上，该书是对
《人的自我寻求》中主题的进一步深化。罗洛·梅将现代人的困境
追溯到人生存的种种矛盾上，如理性与非理性、主观性与客观性
等。他对当时的心理学尤其是行为主义对该问题的忽视提出严厉批
评。《存在之发现》以他在《存在：精神病学和心理学的新方向》
中的导言为主题，较全面地展现了他的存在心理学和存在治疗思
想。该书是存在心理学和存在心理治疗最简明、最权威的导论性
著作。

罗洛·梅深受存在哲学家保罗·蒂利希的影响，先后出版了
三本回忆保罗·蒂利希的书，它们分别是《保卢斯①：友谊的回忆》
(*Paulus: Reminiscences of a Friendship*，1973)、《作为精神导师的保
卢斯·蒂利希》(*Paulus Tillich as Spiritual Teacher*，1988)和《保
卢斯：导师的特征》(*Paulus: The Dimensions of a Teacher*，1988)。

罗洛·梅积极参与人本主义心理学运动，他与罗杰斯和格
林(Thomas C. Greening)合著了《美国政治与人本主义心理学》
(*American Politics and Humanistic Psychology*，1984)，还与罗杰斯、
马斯洛(Abraham Maslow)合著了《政治与纯真：人本主义的争
论》(*Politics and Innocence: A Humanistic Debate*，1986)。

---

① 保卢斯是保罗的爱称。

1985 年，罗洛·梅出版了自传《我对美的追求》（*My Quest for Beauty*，1985）。作为一位学者，他在回顾自己的一生时，以自己的理论对美进行了审视。贯穿全书的是他早年就印刻在内心的古希腊艺术精神。在他对生活的叙述中，不断涉及爱、创造性、价值、象征等主题。

罗洛·梅的最后一部著作是与他晚年的朋友和追随者施奈德（Kirk J. Schneider）合著的《存在心理学：一种整合的临床观》（*The Psychology of Existence: An Integrative, Clinical Perspective*，1995）。该书是为新一代心理治疗实践者所写的教科书，可视作《存在：精神病学和心理学的新方向》的延伸。在该书中，罗洛·梅提出了整合、折中的存在心理学观点，并把他的人生体验用于心理治疗，对自己的思想做了最后的总结。

此外，罗洛·梅还经常发表电视和广播讲话，留下了许多录像带和录音带，如《意志、愿望和意向性》（*Will, Wish and Intentionality*，1965）、《意识的维度》（*Dimensions of Consciousness*，1966）、《创造性和原始生命力》（*Creativity and the Daimonic*，1968）、《暴力和原始生命力》（*Violence and the Daimonic*，1970）、《发展你的内部潜源》（*Developing Your Inner Resources*，1980）等。

三、罗洛·梅的主要理论

罗洛·梅的思想围绕人的存在展开。我们从以下四方面阐述他的主要理论观点。

（一）存在分析观

在人类思想史上，存在问题一直是令人困扰的谜团。古希腊哲学家亚里士多德说过："存在之为存在，这个永远令人迷惑的问题，自古以来就被追问，今日还在追问，将来还会永远追问下去。"有时，我们也会产生如古人一样惊讶的困惑：自己居然活在这个世界上。但对这个困惑的深入思考，主要是存在主义哲学进行的。丹麦哲学家克尔凯郭尔是存在主义的先驱，他在反对哲学家黑格尔（G. W. F. Hegel）的纯粹思辨的形而上学的基础上，提出关注现实的人的存在，如人的焦虑、烦闷和绝望等。德国哲学家海德格尔第一个真正地将存在作为问题提了出来。他从区分存在与存在者入手，认为存在只能通过存在者来存在。在诸种存在者中，只有人的存在最为独特。这是因为，只有人的存在才能将存在的意义彰显出来。与海德格尔同时代的萨特（Jean-Paul Sartre）、梅洛－庞蒂（Maurice Merleau-Ponty）、雅斯贝尔斯（Karl Jaspers）和蒂利希等人都对存在主义进行了阐发，并对罗洛·梅产生了重要影响。当然，罗洛·梅着重于人的存在的心理层面，不同于哲学家们的思辨探讨，具有自身独特的风格。

1. 存在的核心

罗洛·梅关于人的存在的观点最为核心的是存在感。所谓存在感，就是指人对自身存在的经验。他认为，人不同于动物之处，就在于人具有自我存在的意识，能够意识到自身的存在，这就是存在

感。存在感和我们日常较为熟悉的自我意识是较为接近的，但他指出，自我意识并非纯知性的意识，如知道我当前的工作计划。自我意识是对自身的体验，如感受到自己沉浸到自然万物之中。

罗洛·梅认为，人在意识到自身的存在时，能够超越各种分离，实现自我整合。只有人的自我存在意识才能够使人的各种经验得以连贯和统整，将身与心、人与自然、人与社会等连为一体。在这种意义上，存在感是通向人的内心世界的核心线索。看待一个人，尤其是其心理健康状况如何，应当视其对自身的感受而定。存在感越强、越深刻，个人自由选择的范围就越广，人的意志和决定就越具有创造性和责任感，人对自己命运的控制能力就越强。反之，一个人丧失了存在感，意识不到自我的存在价值，就会听命于他人，不能自由地选择和决定自己的未来，就会导致心理疾病。

2. 存在的本质

当人通过存在感体验到自己的存在时，他首先会发现，自己是活在这个世界之中的。存在的本质就是存在于世（being-in-the-world）。人存在于世界之中，与世界密不可分，共同构成一个整体，在生成变化中展现自己的丰富面貌。中国俗语"人生在世"就说明了这一点。人的存在于世意味着：（1）人与世界是不可分的整体。世界并非外在于人的存在，并非如行为主义所说的，是客观成分（如引起人的反应的刺激）的总和。事实上，人在世界之中，与事物存在独特的意义关联。比如，人看到一块石头，石头并非客观的刺激，它对人有着独特的意义，人的内心也许会浮起久远的往事，继而欢笑或悲伤。（2）人的存在始终是现实的、个别的和变化的。

人一生下来，就存在于世界之中，与具体的人或物打交道。换句话说，人是被抛到这个世界上的，人要现实地接受世界中的一切，也就是接受自己的命运。而且，人的存在始终在生成变化之中。人要在过去的基础上，朝向未来发展。人在变化中展现出不同于他人的自己独特的经验。（3）人的存在又是自己选择的。人在世界中并非被动地承受一切，而是通过自己的自由选择，并勇于承担由此带来的责任，发展自己，实现自己的可能性。

3. 存在的方式

人存在于世表现为三种存在方式。（1）存在于周围世界（Umwelt）之中。周围世界是指人的自然世界或物质世界，它是宇宙间自然万物的总和。人和动物都拥有这个世界，目的在于维持生物性的生存并获得满足。对人来说，除了自然环境外，还有人的先天遗传因素、生物性的需要、驱力和本能等。（2）存在于人际世界（Mitwelt）之中。人际世界是指人的人际关系世界，它是人所特有的世界。人在周围世界中存在的目的在于适应，而在人际世界中存在的目的在于真正地与他人交往。在交往中，双方增进了解并相互影响。在这种方式中，人不仅仅适应社会，而且更主动地参与到社会的发展中。（3）存在于自我世界（Eigenwelt）之中。自我世界是指人自己的世界，是人类所特有的自我意识世界。它是人真正看待世界并把握世界意义的基础。它告诉人，客体对自己来说具有怎样的意义。要把握客体的意义，就需要自我意识。因此，自我世界需要人的自我意识作为前提。现代人之所以失落精神活力，就在于放弃了自我世界，缺乏明确而坚强的自我意识，由此导致人际世界的

表面化和虚伪化。人可以同时处于这三种方式的关系中，例如，人在进晚餐时（周围世界）与他人在一起（人际世界），并且感到身心愉悦（自我世界）。

4. 存在的特征

罗洛·梅认为，人的存在具有如下六种基本特征：（1）自我核心，指人以其独特的自我为核心。罗洛·梅坚持认为，每个人都是一个与众不同的独立存在，每个人都是独一无二的，没有人可以占有其他人的自我，心理健康的首要条件就在于接受自我的这种独特性。在他看来，神经症并非对环境的适应不良。事实上，它是一种逃避，是人为了保持自己的独特性，企图逃避实际的或幻想的外在环境的威胁，其目的依然在于保持自我核心性。（2）自我肯定，指人保持自我核心的勇气。罗洛·梅认为，人的自我核心不会自然发展和成长，人必须不断地鼓励自己、督促自己，使自我的核心性趋于成熟。他把这种督促和鼓励称为自我肯定，这是一种勇气的肯定。自我肯定是一种生存的勇气，没有它，人就无法确立自己的自我，更不能实现自己的自我。（3）参与，指在保持自我核心的基础上参与到世界中。罗洛·梅认为，个体必须保持独立，才能维护自我的核心性。但是，人又必须生活于世界之中，通过与他人分享和沟通，共享这一世界。人的独立性和参与性必须适得其所，平衡发展。一方面，过分的参与必然导致远离自我核心。现代人之所以感到空虚、无聊，在很大程度上就是由于顺从、依赖和参与过多，脱离了自我核心。另一方面，过分的独立会将自己束缚在狭小的自我世界内，缺乏正常的交往，必然损害人的正常发展。（4）觉知，指

人与世界接触时所具有的直接感受。觉知是自我核心的主观方面，人通过觉知可以发现外在的威胁或危险。动物身上的觉知即警觉。罗洛·梅认为，觉知一旦形成习惯，往往变成自动化的行为，会在不知不觉中进行，因此它是比自我意识更直接的经验。觉知是自我意识的基础，人必须经过觉知才能形成自我意识。（5）自我意识，指人特有的觉知现象，是人能够跳出来反省自己的能力。它是人类最显著的本质特征，也是人不同于其他动物的标志。它使得人能够超越具体的世界，生活在"可能"的世界之中。此外，它还使得人拥有抽象观念，能用言语和象征符号与他人沟通。正是有了自我意识，人才能在面对自己、他人或世界时，从多种可能性中进行选择。（6）焦虑，指人的存在面临威胁时所产生的痛苦的情绪体验。罗洛·梅认为，每个人都不可避免地会产生焦虑体验。这是因为，人有自由选择的能力，并需要为选择的结果承担责任。潜能的衰弱或压抑会导致焦虑。在现实世界中，人常常感觉无法完美地实现自己的潜能，这种不愉快的经验会给人类带来无限的烦恼和焦虑。此外，人对自我存在的有限性即死亡的认识也会引起极度的焦虑。

（二）存在人格观

在罗洛·梅看来，人格所指的是人的整体存在，是有血有肉、有思想、有意志的人。他强调要将人的内在经验视作心理学研究的首要对象，而不应仅仅专注于外显的行为和抽象的理论解释。他曾指出，要想正确地认识人的真相，揭示人的存在的本质特征，必须重新回到生活的直接经验世界，将人的内在经验如实描述出来。

1. 人格结构

罗洛·梅在《咨询的艺术：如何给予和获得心理健康》一书中阐释了人格的本质结构。他认为，人的存在的四种因素，即自由、个体性、社会整合和宗教紧张感构成人格结构的基本成分。（1）自由。自由是人格的基本条件，是人整个存在的基础。罗洛·梅认为，人的行为并非如弗洛伊德所认为的那样，是盲目的；也非如行为主义所认为的那样，是环境决定的。人的行为是在自由选择的过程中进行的。他深信，自由选择的可能性不仅是心理治疗的先决条件，同时也是使病人重获责任感，重新决定自己生活的唯一基础。当然，自由并不是无限的，它受到时空、遗传、种族、社会地位等方面的限制。人恰恰是在利用现实限制的基础上进行自由选择，实现自己的独特性。（2）个体性。个体性是自我区别于他人的独特性，它是自我的前提。罗洛·梅强调，每一个自由的个体都是独立自主、与众不同的，而且在形成他独特的生活模式之前，人必须首先接受他的自我。人格障碍的主要原因之一就是自我无法个体化，丧失了自我的独特性。（3）社会整合。社会整合是指个人在保持自我独立性的同时，参与社会活动，进行人际交往，以个人的影响力作用于社会。社会整合是完整存在的条件。罗洛·梅在这里使用"整合"而非"适应"，目的在于表明人与社会的相互作用。他反对将社会适应良好作为心理健康的最佳标准。他认为，正常的人能够接受社会，进行自由选择，发掘社会的积极因素，充实和实现自我。（4）宗教紧张感。宗教紧张感是存在于人格发展中的一种紧张或不平衡状态，是人格发展的动力。罗洛·梅认为，人从宗教中能够获

得人生的最高价值和生命的意义。宗教能够提升人的自由意志，发展人的道德意识，鼓励人负起自己的责任，勇敢地迈向自我实现。宗教紧张感的明显证明是人不断体验到的罪疚感。当人不可能实现自己的理想时，人就会体验到罪疚感。这种体验能够使人不断产生心理紧张，由此推动人格发展。

2. 人格发展

罗洛·梅以自我意识为线索，通过人摆脱依赖、逐渐分化的程度，勾勒出人格发展的四个阶段。

第一阶段为纯真阶段，主要指两三岁之前的婴儿时期。此时人的自我尚未形成，处于前自我时期。人的自我意识也处于萌芽状态，甚至可以称处于前自我意识时期。婴儿在本能的驱动下，做自己必须做的事情以满足自己的需要。婴儿虽然被割断了脐带，从生理上脱离了母体，甚至具有一定程度的意志力，如可以通过哭喊来表明其需要，但在很大程度上受缚于外界尤其是自己的母亲，并未在心理上"割断脐带"。婴儿在这一阶段形成了依赖性，并为此后的发展奠定基础。

第二阶段为反抗阶段，主要指两三岁至青少年时期。此时的人主要通过与世界相对抗来发展自我和自我意识。他竭力去获得自由，以确立一些属于自己的内在力量。这种对抗甚至夹杂着挑战和敌意，但他并未完全理解与自由相伴随的责任。此时的人处于冲突之中。一方面，他想按自己的方式行事；另一方面，他又无法完全摆脱对世界特别是父母的依赖，希望父母能给他们一定的支持。因此，如何恰当地处理好独立与依赖之间的矛盾，是这一阶段人格发

展的重要问题。

第三阶段为平常阶段，这一阶段与上一阶段在时间上有所交叉，主要指青少年时期之后的时期。此时的人能够在一定程度上认识到自己的错误，原谅自己的偏见，在选择中承担责任。他能够产生内疚感和焦虑以承担责任。现实社会中的大多数人都处于这一阶段，但这并非真正成熟的阶段。由于伴随着责任的重担，此时的人往往采取逃避的方式，依从传统的价值观。所以，社会生活中的很多心理问题都是这一阶段的反映。

第四阶段为创造阶段，主要指成人时期。此时的人能够接受命运，以勇气面对人生的挑战。他能够超越自我，达到自我实现。他的自我意识是创造性的，能够超越日常的局限，达到人类存在最完善的状态。这是人格发展的最高阶段。真正达到这一阶段的人是很少的。只有那些宗教与世俗中的圣人以及伟大的创造性人物才能达到这一阶段。不过，常人有时在特殊时刻也能够体验到这一状态，如听音乐或是体验到爱或友谊时，但这是可遇而不可求的。

（三）存在主题观

罗洛·梅研究了人的存在的诸多方面，涉及大量的主题。我们以原始生命力、爱、焦虑、勇气和神话五个主题，来展现罗洛·梅丰富的理论观点。

1. 原始生命力

原始生命力（the daimonic）是一种爱的驱动力量，是一个完整的动机系统，在不同的个体身上表现出不同的驱动力量。例如，

在愤怒中，人怒气冲天，完全失去了理智，完全为一种力量所掌控，这就是原始生命力。在罗洛·梅看来，原始生命力是人类经验中的基本原型功能，是一种能够推动生命肯定自身、确证自身、维护自身、发展自身的内在动力。例如，爱能够推动个体与他人真正地交往，并在这种交往中实现自身的价值。

原始生命力具有如下特征：（1）统摄性。原始生命力是掌控整个人的一种自然力量或功能。例如，人们在生活中表现出强烈的性与爱的力量，人们在生气时的怒发冲冠、在激动时的慷慨激昂，人们对权力的强烈渴望等，都是原始生命力的表现。实际上，这就是指人在激情状态下不受意识控制的心理活动。（2）驱动性。原始生命力是使每一个存在肯定自身、维护自身、使自身永生和增强自身的一种内在驱力。在罗洛·梅看来，原始生命力可以使个体借助爱的形式来提升自身生命的价值，是用来创造和产生文明的一种内驱力。（3）整合性。原始生命力的最初表现形态是以生物学为基础的"非人性的力量"，因此，要使原始生命力在人类身上发挥积极的作用，就必须用意识来加以整合，把原始生命力与健康的人类之爱融合为一体。只有运用意识的力量坦然地接受它、消化它，与它建立联系，并把它与人类的自我融为一体，才能加强自我的力量，克服分裂和自我的矛盾状态，抛弃自我的伪装和冷漠的疏离感，使人更加人性化。（4）两重性。原始生命力既具有创造性又具有破坏性。如果个体能够很好地使用原始生命力，其魔力般的力量便可在创造性中表现出来，帮助个体实现自我；若原始生命力占据了整个自我，就会使个体充满破坏性。因此，人并非善的，也并非恶的，而

是善恶兼而有之。（5）被引导性。由于原始生命力具有两重性，就需要人们有意识地对它加以指引和开导。在心理治疗中，治疗师的作用就是帮助来访者学会对自己的原始生命力进行正确的引导。

罗洛·梅的原始生命力概念隐含着弗洛伊德的本能的痕迹。原始生命力如同本能一样，具有强大的力量，能够将人控制起来。不过，罗洛·梅做出了重大的改进。原始生命力不再像本能那样是趋乐避苦的，它具有积极和消极两重性，而且，通过人的主动作用，能够融入人自身中。由此也可以看出罗洛·梅对精神分析学说的扬弃。

2. 爱

爱是一种独特的原始生命力，它推动人与所爱的人或物相联系，结为一体。爱具有善和恶的两面，它既能创造和谐的关系，也能造成人们之间的仇恨和冲突。

罗洛·梅关于爱的观点经历了一个发展过程。早期，他对爱进行了描述性研究，指出爱具有如下特征：爱以人的自由为前提；爱是实现人的存在价值的一种由衷的喜悦；爱是一种设身处地的移情；爱需要勇气；最完满的爱的相互依赖要以"成为一个自行其是的人"的最完满的创造性能力为基础；爱与存在于世的三种方式都有联系，爱可以表现为自然世界中的生命活力、人际世界中的社会倾向、自我世界中的自我力量；爱把时间看作定性的，是可以直接体验到的，是具有未来倾向的。

后来，罗洛·梅在《爱与意志》中，将爱置于人的存在层面，把它视作人存于世的一种结构。爱指向统一，包括人与自己潜能

的统一、与世界中重要他人的统一。在这种统一中，人敞开自己，展现自己真正的面貌，同时，人能够更深刻地感受到自己的存在，更肯定自己的价值。这里体现出前述存在的特征：人在参与过程中，保持自我的核心性。罗洛·梅还进一步区分出四种类型的爱：（1）性爱，指生理性的爱，它通过性活动或其他释放方式得到满足；（2）厄洛斯（Eros），指爱欲，是与对象相结合的心理的爱，在结合中能够产生繁殖和创造；（3）菲利亚（Philia），指兄弟般的爱或友情之爱；（4）博爱，指尊重他人、关心他人的幸福而不希望从中得到任何回报的爱。在罗洛·梅看来，完满的爱是这四种爱的结合。但不幸的是，现代社会倾向于将爱等同于性爱，现代人将性成功地分离出来并加以技术化，从而出现性的放纵。在性的泛滥的背后，爱却被压抑了，由此人忽视了与他人的联系，忽视了自身的存在，出现冷漠和非人化。

3. 焦虑

在罗洛·梅看来，个体作为人的存在的最根本价值受到威胁，自身安全受到威胁，由此引起的担忧便是焦虑。焦虑和恐惧与价值有着密切的关系。恐惧是对自身一部分受到威胁时的反应。当然，恐惧存在特定的对象，而焦虑没有。如前所述，焦虑是存在的特征之一。在这种意义上，罗洛·梅将焦虑视作自我成熟的积极标志。但是，在现代社会中，由于文化的作用，焦虑逐渐加剧。罗洛·梅特别指出，西方社会过分崇拜个人主义，过于强调竞争和成就，导致了从众、孤独和疏离等心理现象，使人的焦虑增加。当人试图通过竞争与奋斗克服焦虑时，焦虑反而又加剧了。20世纪文化的动

荡，使得个人依赖的价值观和道德标准受到削弱，也造成焦虑的加剧。

罗洛·梅区分出两种焦虑：正常焦虑和神经症焦虑。正常焦虑是人成长的一部分。当人意识到生老病死不可避免时，就会产生焦虑。此时重要的是直面焦虑和焦虑背后的威胁，从而更好地过当下的生活。神经症焦虑是对客观威胁做出的不适当的反应。人使用防御机制应对焦虑，并在内心冲突中出现退行。罗洛·梅曾指出，病态的强迫性症状实际是保护脆弱的自我免受焦虑。为了建设性地应对焦虑，罗洛·梅建议使用以下几种方法：用自尊感受到自己能够胜任；将整个自我投身于训练和发展技能上；在极端的情境中，相信领导者能够胜任；通过个人的宗教信仰来发展自身，直面存在的困境。

4. 勇气

在存在的特征中，自我肯定是指人保持自我核心的勇气。因此，勇气也与人的存在有着密切的关联。罗洛·梅指出，勇气并非面对外在威胁时的勇气，它是一种内在的素质，是将自我与可能性联系起来的方式和渠道。换句话说，勇气能够使得人面向可能的未来。它是一种难得的美德。罗洛·梅认为，勇气的对立面并非怯懦，而是缺乏勇气。现代社会中的一个严峻的问题是，人并非禁锢自己的潜能，而是人由于害怕被孤立，从而置自己的潜能于不顾，去顺从他人。

罗洛·梅区分出四种勇气：（1）身体勇气，指与身体有关的勇气。它在美国西部开发时代的英雄人物身上体现得最为明显，他们

能够忍受恶劣的环境，顽强地生存下来。但在现代社会中，身体勇气已退化成为残忍和暴力。（2）道德勇气，指感受他人苦难处境的勇气。具有较强道德勇气的人能够非常敏感地体验到他人的内心世界。（3）社会勇气，指与他人建立联系的勇气，它与冷漠相对立。罗洛·梅认为，现代人害怕人际亲密，缺乏社会勇气，结果反而更加空虚和孤独。（4）创造勇气，这是最重要的勇气，它能够用于创造新的形式和新的象征，并在此基础上推进新社会的建立。

5. 神话

神话是罗洛·梅晚年思考的一个重要主题。他认为，20 世纪的一个重大问题是价值观的丧失。价值观的丧失使得个人的存在感面临严峻的威胁。当人发现自己所信赖的价值观念忽然灰飞烟灭时，他的自身价值感将受到极大的挑战，他的自我肯定和自我核心等都会出现严重的问题。在这种情境下，现代人面临如何重建价值观的问题。在这方面，神话提供了一条可行的途径。罗洛·梅认为，神话是传达生活意义的主要媒介。它类似分析心理学家荣格（Carl Gustav Jung）所说的原型。但它既可以是集体的，也可以是个人的；既可以是潜意识的，也可以是意识的。如《圣经》就是现代西方人面对的最大的神话。

神话通过故事和意象，能够给人提供看待世界的方式，使人表述关于自身与世界的经验，使人体验自身的存在。《圣经》通过其所展现的意义世界，能够为人的生活指引道路。正是在这种意义上，罗洛·梅认为，神话是给予我们的存在以意义的叙事模式，能够在无意义的世界中让人获得意义。他指出，神话的功能是，能够

提供认同感、团体感，支持我们的道德价值观，并提供看待创造奥秘的方法。因此，重建价值观的一项重要的工作，就是通过好的神话来引领现代人前进。罗洛·梅尤其提倡鼓励人们运用加强人际关系的神话，以这类神话替代美国流传已久的分离性的个体神话，能够推动人们走到一起，重建社会。

（四）存在治疗观

1.治疗的目标

罗洛·梅认为，心理治疗的首要目的并不在于症状的消除，而是使患者重新发现并体认自己的存在。心理治疗师不需要帮助病人认清现实，采取与现实相适应的行动，而是需要加强病人的自我意识，与病人一起，发掘病人的世界，认清其自我存在的结构与意义，由此揭示病人为什么选择目前的生活方式。因此，心理治疗师肩负双重任务：一方面要了解病人的症状；另一方面要进一步认清病人的世界，认识到他存在的境况。后一方面比前一方面更难，也更容易为一般的心理治疗师所忽视。

具体来说，存在心理治疗一般强调两点。首先，患者通过提高觉知水平，增进对自身存在境况的把握，从而做出改变。心理治疗师要提供途径，使病人检查、直面、澄清并重新进入他们对生活的理解，探究他们生活中遇到的问题。其次，心理咨询师使病人提高自由选择的能力并承担责任，使病人能够充分觉知到自己的潜能，并在此基础上变得更敢于采取行动。

2. 治疗的原则和方法

罗洛·梅将心理治疗的基本原则归纳为四点:(1)理解性原则,指治疗师要理解病人的世界,只有在此基础上,才能够使用技术。(2)体验性原则,指治疗师要促进患者对自己存在的体验,这是治疗的关键。(3)在场性原则,治疗师应排除先入之见,进入与病人间的关系场中。(4)行动原则,指促进患者在选择的基础上投身于现实行动。

存在心理治疗从总体上看是一系列态度和思想原则,而非一种治疗的方法或体系,过多使用技术会妨碍对患者的理解。因此,罗洛·梅提出,应该是技术遵循理解,而非理解遵循技术。他尤其反对在治疗技术选择上的折中立场。他认为,存在心理治疗技术应具有灵活性和通用性,随着病人及治疗阶段的变化发生变化。在特定时刻,具体技术的使用应依赖于对病人存在的揭示和阐明。

3. 治疗的阶段

罗洛·梅将心理治疗划分为三个阶段:(1)愿望阶段,发生在觉知层面。心理治疗师帮助患者,使他们拥有产生愿望的能力,以获得情感上的活力和真诚。(2)意志阶段,发生在自我意识层面。心理治疗师促进患者在觉知基础上产生自我意识的意向,例如,在觉知层面体验到湛蓝的天空,现在则意识到自己是生活于这样的世界的人。(3)决心与责任感阶段。心理治疗师促使患者从前两个层面中创造出行动模式和生存模式,从而承担责任,走向自我实现、整合和成熟。

四、罗洛·梅的历史意义

（一）开创了美国存在心理学

在罗洛·梅之前，虽然已有少数美国学者研究存在心理学，但主要是对欧洲存在心理学的引介。罗洛·梅则形成了自己独特而系统的存在心理学理论体系。前已述及，他对欧洲心理学做了较全面的介绍，通过1958年的《存在：精神病学和心理学的新方向》一书，使得美国存在心理学完成了本土化。他还从存在分析观、存在人格观、存在主题观、存在治疗观四个层面系统展开，由此形成了美国第一个系统的存在心理学理论体系。在此基础上，罗洛·梅还进一步提出"一门研究人的科学"，这是关于人及其存在整体理解与研究的科学。这门科学不是停留在了解人的表面，而是旨在理解人存在的结构方式，发展强烈的存在感，促使其重新发现自我存在的价值。罗洛·梅与欧洲存在心理学家一样，以存在主义和现象学为哲学基础，以人的存在为核心，以临床治疗为方法，重视焦虑和死亡等问题。但他又对欧洲心理学进行了扬弃，生发出自己独特的理论观点。他不像欧洲存在心理学家那样过于重视思辨分析，他更重视对人的现实存在尤其是现代社会境遇下人的生存状况的分析。尤为独特的是，他更重视人的建设性的一面。例如，他强调人的潜能观点。正是在这种意义上，他给存在心理学贴上了美国的"标签"，使得美国出现了真正本土化的存在心理学。他还影响了许多学者，推动了美国存在心理学的发展和深化。布根塔尔（James

Bugental）、雅洛姆（Irvin Yalom）和施奈德等人正是在他的基础上，将美国存在心理学推向了新的高度。

（二）推进了人本主义心理学

罗洛·梅在心理学史上的另一突出贡献是推进了人本主义心理学的发展。从前述他的生平中可以看出，他亲自参与并推进了人本主义心理学的历史进程。从思想观点上看，他以探究人的经验和存在感为目标，重视人的自由选择、自我肯定和自我实现的能力，将人的尊严和价值放在心理学研究的首位。他对传统精神分析进行了扬弃，将其引向人本主义心理学的方向，并对行为主义的机械论进行了批判。因此，罗洛·梅开创了人本主义心理学的自我选择论取向，这不同于马斯洛和罗杰斯强调人本主义心理学的自我实现论取向，从而丰富了人本主义心理学的理论体系。正是在这种意义上，罗洛·梅成为与马斯洛和罗杰斯并驾齐驱的人本主义心理学的三位重要代表人物之一。

罗洛·梅还通过理论上的争论，推进了人本主义心理学的健康发展。前面提到，他从原始生命力的两重性，引出人性既有善的一面又有恶的一面。他不同意罗杰斯人性本善的观点。他重视人的建设性，同时也注意到人的不足尤其是破坏性的一面。与之相比，罗杰斯过于强调人的建设性，将消极因素归因于社会的作用，暗含着将人与社会对立起来的倾向。罗洛·梅则一开始就将人置于世界之中，不存在这种对立倾向。所以，罗洛·梅的思想更为现实，更趋近于人本身。除了与罗杰斯的论战外，罗洛·梅在晚年还对人本主

义心理学中分化出来的超个人心理学提出告诫，并由此引发了争论。他认为，超个人心理学强调人的积极和健康方面的倾向，存在脱离人的现实的危险。应该说，他的观点对于超个人心理学是具有重要警戒意义的。

（三）首创了存在心理治疗

罗洛·梅在从事心理治疗的实践中，形成了自己独特的思想，这就是存在心理治疗。它以帮助病人认识和体验自己的存在为目标，以加强病人的自我意识、帮助病人自我发展和自我实现为己任，重视心理治疗师和病人的互动以及治疗方法的灵活性。它尤其强调提升人面对现实的勇气和责任感，将心理治疗与人生的意义等重大问题联系起来。罗洛·梅是美国存在心理治疗的首创者，在他之后，布根塔尔和施奈德等人做了进一步发展，使得存在心理治疗成为人本主义心理治疗的重要组成部分。当前，存在心理治疗与来访者中心疗法、格式塔疗法一起，成为人本主义心理治疗领域最为重要的三种方法。

（四）揭示了现代人的生存困境

罗洛·梅不只是一位书斋式的心理学家，他还密切关注现代社会中人的种种问题。他深刻地批判了美国主流文化严重忽视人的生命潜能的倾向。他在进行临床实践的同时，并不仅仅关注面前的病人。他能够从病人的存在境况出发，结合现代社会背景来揭示现代人的生存困境。他从人的存在出发，揭示现代人在技术飞速发展的同时，远离自身的存在，从而导致非人化的生存境况。罗洛·梅

指出，现代人在存在的一系列主题上都表现出明显的问题。个体难以接受、引导并整合自己的原始生命力，从而停滞不前，无法激发自己的潜能，从事创造性的活动。他还指出，现代人把性从爱中成功地分离出来，在性解放的旗帜下放纵自身，却遗忘了爱的真正含义是与他人和世界建立联系，从而导致爱的沦丧。现代人逃避自我，不愿承担自己作为一个人的责任，在面临自己的生存处境时感到软弱无能，失去了意志力。个体不敢直面自己的生存境况，不能合理利用自己的焦虑，而是躲避焦虑以保护脆弱的自我，结果使得自己更加焦虑。个体顺从世人，不再拥有直面自己存在的勇气。个体感受不到生活的意义和价值，处于虚空之中。在这种意义上，罗洛·梅不仅是一位面向个体的心理治疗师，还是一位对现代人的生存困境进行诊断的治疗师、一位现代人症状的把脉者。当然，罗洛·梅在揭示现代人的生存困境的同时，也建设性地指出了问题的解决之道，提供了救赎现代人的精神资料。不过，他留给世人的并非简易的行动指南，而是丰富的精神养分，需要世人认真地消化和吸收，由此才能返回到自身的存在中，勇敢地担当，积极地行动，重塑自己的未来。

罗洛·梅在著作中考察的是 20 世纪中期的人的存在困境。现在，当时光已经过去半个多世纪后，人的生存境遇依然没有得到根本的改观，甚至更加恶化。社会的竞争越来越激烈，人们的生活节奏越来越快，个体所承受的压力也越来越大，内心的焦虑、空虚、孤独等愈发严重。人在接受社会各种新事物的同时，自身的经验却越来越多地被封存起来。与半个世纪前相比，人似乎更加远离自身

的存在。从这个意义上说，罗洛·梅更是一位预言家，他所展现的现代人的生存图景依然需要当代人认真地对待和思考。

正因为如此，罗洛·梅在生前和逝后并未被人们忽视或遗忘。越来越多的人发现了他思想的价值，并投入真正的行动中。罗洛·梅的大多数著作都被多次重印或再版，并被翻译成多国文字出版。进入 21 世纪以来，这种趋势依然在延续。也正是基于此，我们推出这套"罗洛·梅文集"，希望能有更多的中国读者听到罗洛·梅的声音，分享他的精神资源。

郭本禹

南京师范大学

2008 年 9 月 1 日

序　言

今天早上，一个朋友和我在万籁无声的新罕布什尔湖上划着独木舟。水面上唯一的一片涟漪是一只蓝色的大苍鹭无精打采地离开一片荷花池、伸着头向远处的沼泽眺望以寻找一块神秘之地时引起的，甚至连独木舟也没有打扰到它。在这种将湖泊、森林和山峦掩藏起来的异常的和谐与宁静中，我的朋友说了一句话使我大吃一惊：今天是美国独立纪念日（Independence Day）①。

无论人们在进行着多么喧闹的庆祝活动，似乎都与这个寂静的世界远远地分离。但是，在新英格兰的人却禁不住想起了悬挂在邦克山老北方教堂钟楼上的那些灯笼的形象，新英格兰的农夫们射击的枪声必定在全世界都听得见。

政治自由确实应该受到人们的珍爱。但是，没有一种政治自由不是必然受限于创造了这个国家的那些个体的内在个人自由。一个由墨守成规者组成的国家是没有自由的，没有一个自由的国家是由机器人组成的。本书旨在阐明潜藏在政治自由背后的这种内在的个人自由。当我在后面的篇幅中提到政治自由时，我一般会将其作为

① 1776 年 7 月 4 日，美国通过了《独立宣言》，宣布美国成为独立国家。每年的 7 月 4 日便成为美国独立纪念日。——译者注

例证来说明。

这种本真的思考、感受和讲述的个人自由，以及意识到这样做的个人自由，就是把我们作为人而区分开来的那种性质。由于总是与人的命运相矛盾，所以这种自由便成为诸如爱、勇气和诚实这些人类价值观的基础。自由就是我们怎样和我们的命运联系起来，而且只有当我们拥有自由时，命运才有意义。在我们的自由与命运抗争及合作中，我们的创造性和文明自然就诞生了。

罗洛·梅

1981 年 7 月

新罕布什尔，霍尔德内斯

目 录

第一部分　自由的危机

第二部分　通往自由的错误道路

第三部分　自由的特点

第四部分　自由的果实

第一部分

————

自由的危机

第一章

当前的自由危机

> 人的真正终点……是其力量达到一种完满而整体一致的那种最高级与最和谐的发展。自由就是这种发展可能性所预先假定的第一个和必不可少的条件。
>
> ——卡尔·威廉·冯·洪堡（Karl Wilhelm Von Humboldt）

> 自由只不过是用来指代"没有什么可以失去"的另一个词而已。
>
> ——K. 克里斯托弗森（K. Kristofferson）和F. 福斯特（F. Foster),《我和鲍比·麦克吉》（Me & Bobby McGee）

在人类历史上，自由一直受到人们的重视，这是一个令人吃惊的事实。自由是如此宝贵，以至于成千上万的人心甘情愿为之而死。这种对自由的爱不但可以在像乔尔丹诺·布鲁诺（Giordano Bruno，他为其信仰的自由而被烧死在火刑柱上）和伽利略（Galileo，他在宗教法庭上对自己低声说，地球确实是围绕太阳旋转的）这种使人充满敬意的人身上看到，而且同样可以在许多其姓名永远都无人吟诵和无人知晓的人身上看到。自由一定有某种深刻

的意义，与成为一个人的"核心"有某种基本的关系，使其成为人们为之献身的对象。

许多人还认为，他们及其同胞应该随时为自由而死。这种情感通常表现为爱国主义（patriotism）这种形式。还有一些人不同意为政治自由而死是有价值的，但这些人认为，为心理的和精神的自由而死是有价值的，即不受《1984》的那种精神监视而思考和支配一个人自己的态度的权利。由于那些种类无限的理由，由于有史以来一直到 20 世纪自由的进步和自由的任意发展所证明的那些理由，自由的原则被看作比生命本身更宝贵。

我们只需匆匆地浏览一下一长串著名人物的情况，就会发现，至少在过去，用亨利克·易卜生（Henrik Ibsen）的话来说，自由是"我们最美好的财富"。让-雅克·卢梭（Jean-Jacques Rousseau）被这样的事实深深震撼：人们"只是为了保持其独立性就要忍受饥饿、杀人放火和死亡"。关于自由，他继续说道："人类为了保留这个唯一的善而牺牲了快乐、休息、财富、权力和生命本身。"① 有人

---

① 很多先哲都认为，与其他动物相比，获得自由的能力和程度是人类出色的本性。我认为，卢梭在创造"高尚的野蛮人"这个词时以及当他宣称"人是天生自由的，而无论在哪里他却都受到约束"时过分简化了自由这个问题。然而，他也具有某些深刻的洞见。他蔑视那些试图用说明动物之本性的相同机制来解释人类本性的人作出的推测。动物本性"并不能说明人的自由以及对其自由的意识"。

卢梭继续说道，差别在于，"在野兽的操纵下本性可以自行其是地做任何事情，而人却通过成为一个自由的人而使其操作活动生效。前者是通过本能来选择或拒绝，后者则通过自由的行动……究竟是什么构成了人与动物的区别，使人成为自由的代理人，这并不是那么容易理解的。本性对每一种动物下命令，野兽遵从了。人感受到了同样的刺激，但他认识到他可以自由地接受或抵抗；尤其是在对这种自由的意识中，他的灵魂的精神性得到了表现"。诺姆·乔姆斯基在《国家的理性》中引用了这一点（Noam Chomsky, *For Reasons of State*, New York: Vintage, 1973: 392）。

认为，法国大革命的恐怖表明，人民群众是不适合于自由的。但康德（Kant）挺身而出捍卫自由，反对这些人的观点。康德写道："有一条原则认为，对那些受人控制的人来说，自由是没有价值的，一个人有权永远予以拒绝。若接受这种观点就是对上帝本身权利的侵犯，上帝创造了天生自由的人。"[1]

谢林（Schelling）同样为自由作了富有激情的辩护："如果知识得不到以自身权力保护自己的事物的支持，那么，所有的知识就毫无地位。"而"这个事物不是别的，就是……自由"。他继续写道："哲学……（是）一个自由的人的纯粹产物，而且其本身就是一种自由的行动……所有哲学的第一个公设，自行其是地自由行动，似乎就像几何学的第一个公设，即画一条直线一样……是必须的。就像几何学家很少证明这条线一样，哲学家也很少证明自由。"[2] 换句话说，自由的真理是不证自明的，这是一种不可剥夺的权利。

虽然我们以后将要考虑关于自由的一些实证的定义，但值得注意的是，谢林认为自由是不证自明的，即便是思考和谈论预先假定的自由，此时也没有必要提供证明。体验敬畏和惊奇的能力、想象和写诗的能力、构思科学理论和伟大的艺术作品的能力，都是以自由为前提条件的。所有这一切都是人类反映能力的基础。确实，就像谢林一样，一位当代知识分子以赛亚·伯林爵士（Sir Isaiah Berlin）说道："在人类历史上几乎每一位道德家都赞美自由。"[3]

为什么会有这些永无休止的溢美之词呢？为什么在一个没有其他任何事物受到如此热爱的世界上，自由会受到如此崇敬呢？

1. 自由的独特性

要回答这些问题，我们就必须了解自由的独特性。人类经验中的其他每一种现实都是依其本性而成为其然的。心脏跳动、眼睛看见，是它们的本性驱使它们行其所为的。或者，如果我们以诸如价值观这种非有机的事物为例，我们知道，真理的本性就是——例如，对事物的说明要尽可能接近现实。而且我们知道美的价值的意义或本质。在人类身上所有这一切都是根据其自身的本性而发挥作用的。

那么，自由的本质是什么呢？自由的本质恰恰就在于其本性不是被给予（not given）。其功能是改变其本性，成为一个与它在任何一个特定时刻的样子不同的东西。自由是发展的可能性，是一个人生命的提升，或者也可能是退缩、沉默、否认自己的成长或使之荒谬不堪。保罗·蒂利希声称，"自由的本性就是决定它自己"[4]。这种独特性使自由不同于人类经验中任何其他一种现实。

自由是所有价值观之母，在这一点上自由也是独特的。如果我们考虑一下诸如诚实、爱或勇气这类价值观，我们就会发现，真是非常奇怪，它们都不能与自由这种价值观相提并论。这是因为，其他价值观都是从自由中获得其价值的，它们依赖于自由。

以爱的价值为例。如果我认识到爱不是某种程度的自由给予的，那么我怎么能够珍视一个人的爱呢？是什么使这种所谓的爱

不仅仅是一种依赖或遵从的行动呢？雅克·埃吕尔（Jacques Ellul）写道：“因为爱只有在自由中才能采取具体的形式。它使一个自由的人去爱，因为爱既是对另一个人的未曾预料的发现，又是为他做任何事情的准备”[5]。

再以诚实的价值为例。本杰明·富兰克林（Ben Franklin）宣布了他所谓的道德原则，“诚实为上策”。但是，如果它是上策，那就根本不是诚实，而仅仅是一笔好买卖而已。当一个人可以自由地行动来反对他的公司的金钱利益时，这才是诚实的本真（authentic）价值。除非它以自由为前提条件，否则诚实就失去了其伦理特性。如果勇气是在某个人的强迫下表现出来的，那么勇气也就会失去其价值。

因此，自由不仅仅是某种价值本身：它是确定价值的可能性之基础，是我们确定价值的能力之基础。如果没有自由，任何价值都不值一提。在这个对公共福祉和私人荣誉的关心都分崩离析的时代，在这个价值观死亡的时代，我们的复原——如果我们想要实现这种复原的话——就必须建立在我们与所有价值观的这个根源（即自由）和谐一致的基础上。这就是为什么自由作为心理治疗的一个目标如此重要的原因，因为无论患者形成的是什么样的价值观，都将建立在他对自主性、个人权力感和可能性的体验基础上，所有这一切又都是以他希望在治疗中获得的自由为基础的。

自由永无休止地重新自我创造、自我诞生。我们发现，自由就是超越它自己的本性的能力，在这种情况下，超越（transcend）这个被过度使用的词确实非常适合。我们开始赏识自由在我们的祖先

身上所践行的那种伟大的魔力，就像凤凰（phoenix）^①一样能够从它自身的灰烬中涅槃。我们也开始体验到在自由中的危险。人们将坚守自由，珍视自由，若有必要可以为之而死，或者如果他们现在享受不到自由，他们就将继续渴望并为之与他人战斗。而且更为真实的是，根据米尔顿·罗克奇（Milton Rokeach）^②的统计学研究[6]，大多数人都把自由列在其价值观排序的最高位置上。

这就构成了在古希腊和罗马[7]以及在奴隶制时代的美国南方奴隶与自由民之间的巨大差别。奴隶们可能在身体上得到了很好的照顾，吃得很好，待遇也很好——实际上常常比他们自己获得人身自由的时候更好。但是，他们却没有那种"不可剥夺的"人权，来公开地维护他们自己的信念，甚至不能信奉某种与他们的主人的信仰不同的东西。和自由民相比，使用主人的名字就是附属于某个人的象征。还记得吗，在《根》这部小说中主人公所做的斗争，就是为了保护仅仅是刻在墓碑上的原始姓名。这种情况在婚姻中同样如此，而且已经受到了妇女解放运动的抨击。

每个人都意识到，"附属于某个主人"打击了奴隶的人类尊严的核心，但我们丝毫没有认识到，它也击中了主人的要害——拥有奴隶的他也和他所拥有的这个人一样受到奴役，奴隶制毁灭了这两者的自由。人们愿意选择——尽管有宗教法庭的大法官的阻拦——降低他们的生活标准成为自由民，而不愿意作为奴隶受到很好的照

---

① 一种神话传说中的鸟，在阿拉伯沙漠中生活了数百年后，自焚于柴堆，然后又从自己的灰烬中获得新生，开始另一次生命循环。——译者注
② 美国心理学家。他在20世纪70年代开发的《价值观调查量表》提出了终极价值观与工具价值观，并要求被试对这些价值观进行重要性排序。——译者注

顾。卢梭承认，他对"自由民所做的那些保卫自己反对压迫的奇异事情"[8]深感震惊。

虽然个人自由的这种独特性在历史上已经得到人们心照不宣的承认，但存在主义者仍然把他们的哲学核心建立在这个概念的基础上。谢林这位早期存在主义者一再强调，"人天生就是行动的而不是思索的"，他还宣称，"所有哲学的开端和终结就是——自由"。当代存在主义者把自由看作现代人最易受到威胁的品质，因为这个时代将人流水线式地人物化了。在让-保罗·萨特的戏剧《苍蝇》（The Flies）中，宙斯（Zeus）在试图向俄瑞斯忒斯（Orestes）①施加其权威时受挫，他喊叫起来："你这个厚颜无耻的小崽子！那么，我不是你的国王了吗？那么，又是谁造的你呢？"俄瑞斯忒斯反驳道："是你。但是，你犯了个大错：你不应该给我造出自由。"后来，俄瑞斯忒斯对此做了全面总结，他喊叫着："我就是我的自由！"萨特坦率地指出，自由不但是人之为人的基础，而且与成为人是同一的（freedom and being human are identical）。

自由与存在的这种同一性得到了这一事实的证明：在选择的那一刻，我们每个人都把自己体验为真实的。当一个人宣称"我能"或"我选择"或"我将要"时，一个人便感受到了他自己的意义，因为奴隶是不可能宣称这些事情的。卡尔·雅斯贝尔斯写道："在选择行动中，在我的自由的原始自发性之中，我才第一次认识到我是我真正的自己。""存在只有作为自由才是真实的。……自由是

---

① 古希腊神话中迈锡尼王阿伽门农（Agamemnon）之子，曾杀母为父报仇。——译者注

……存在的存在（the being of existence）。""只有在我实施自己的自由的时刻，我才完全是我自己。""自由就意味着成为自我。"[9]

改变的可能性（我们称之为自由），也包括使人保持原状的能力——但在经过考虑并拒绝改变之后，这个人已经有所不同。再者，这种改变不应与为了改变而改变相混淆，正如我们将看到的那样；也不应是为了逃避而改变。因此，把任性（license）与真正的自由严重地混淆在一起，在美国青年的身上经常表现出来。索尔仁尼琴（Solzhenitsyn）①通过他自己为争取自由所做的英雄般的斗争，赢得了讲述自由的权利。但我认为，他在说下面这段话时却犯了错误：

> 自由吧！让14~18岁的青少年沉浸在无所事事和娱乐消遣之中而不是令人奋进的任务和精神成长之中。自由吧！让健康的年轻人逃避工作，以牺牲社会为代价而生活。[10]

索尔仁尼琴的反对意见是把自由与任性及不负责任相混淆，与由于无聊而采取行动相混淆。他没有看到他的同胞陀思妥耶夫斯基（Dostoevsky）如此美妙地把握住的东西——自由永远是一个悖论。

任性是无视命运的自由，没有像黑夜之于白天那样的作为本真自由之基础的限制。正如我们将要看到的，自由的成分就是，你怎样面对你的局限性，你怎样在日常生活中与命运交锋。古希腊神灵

---

① 苏联－俄罗斯的流亡作家，后受到俄罗斯总统普京接见，被称为俄罗斯的良心。——译者注

普洛特斯（Proteus）① 能够持续不断地创造不同的形式来逃避被捉住，他或许就是我们时代"非参与"的一种象征，但从未有人把他视为自由的象征。

即便那些否认自由的人也是以自由作为前提条件的。在拒绝自由的行动中，他们的拒绝若要被承认的话，也并非仅仅依赖于偏见或他们对该时代的透彻了解，而是依赖于一个人能够接受或拒绝的客观规范。那么，除了是我们的自由之外，这种"接受或拒绝"的能力还能是什么呢？正如我们将要讨论的一种观点——决定论，其实也是由自由所要求和给定的。从这个意义上说，决定论的信念是人类自由的一部分，是人类的自由才使之成为必要的，就像需要有黑暗是为了使光明可见一样。

因此，有坚实的理由得出结论：自由是人类尊严的基础。冯·洪堡对此做了深刻的说明："我觉得我自己自始至终受到一种对人类本性的内在尊严以及对自由的最深切的尊重感的激励。"[11]在文艺复兴时期，皮科·德拉·米兰多拉（Pico della Mirandola）也把自由与人类尊严相等同。他在描述造物主时这样说道：

> 吾等造就了汝，这既非天合又非地造，既非凡俗的人间又非不朽的仙界，如此，汝即可根据汝等自己之意志和荣誉成为自由之身，成为汝自己之造物主和缔造者。吾等赋予汝以成长和发展有赖于汝自己之自由意志。汝自身承载着普世

---

① 古希腊神话中的一个次要海神，以善于变形著称。——译者注

生命之萌芽。

人类尊严是建立在自由基础上的，而自由也以人类尊严为基础。双方互为对方之先决条件。

不管怎么说，在文艺复兴时代，皮科就能够使用诸如"自由意志"这类我们自己的时代难以表达的术语。从传统意义上讲，"自由意志"似乎就是一个引起多年争论却毫无结果的概念。自由是指整个的人（the whole human being），而不是他或她的一部分，例如意志。当然，当我们强调自由是说明"我将要"和"我能"的能力时，意志是很重要的，我们将在后面予以陈述。但是，这种"我将要"不是指某种既有的技能，就像在"自由意志"中所隐含的那样，而是来源于整个的自我，包括诸如自由移动自己的肌肉、自由想象、自由做梦、自由地献身等自我的这些多种多样的方面——确实，这就是整个人类的自由。即便不相信自由意志这种能力本身，也是对自由的一种行使。

正如人类学家马林诺夫斯基（Malinowski）所说："自由是自我实现的可能性（possibility），是建立在个人选择基础上的，是建立在自由契约和自发努力基础上，或建立在个体的首创精神基础上的。"[12]

自由是可能性。克尔凯郭尔在一个半世纪以前就提出了这一观点，而且其至今仍然是最好的关于自由的积极定义。艾米莉·狄金森（Emily Dickinson）在一首诗中对此作了直观的阐述：

我居住在可能性之中——

一幢更好的房屋胜过散文——

数量更多的窗户——

更高级的门楣

房屋像松木制成——

眼光始终坚定——

为了屋顶的经久耐用——

斜折线形屋顶直指苍穹 [13]

"可能性"这个词来自拉丁文"posse",指"能够",也是力量（power）这个词的原始词根。从此开始了自由和权力之间那种漫长而复杂的关系,在世界各国的议会里进行没完没了的争论,在不计其数的战场上为之战斗和流血。我们知道,没有权力就相当于受奴役。如果人们想要获得自由,他们就必须要以自主和责任的形式拥有相等的个人权力,这是不言而喻的。妇女解放运动很有说服力地证实了这个观点。

当然,人必须在可能性之间做出辨别:忙碌不停地行动,因为采取行动总比不行动更使人宽慰,这却是对自由的一种误用。尼克松（Nixon）对此深感内疚,在他的书中提到:"那些不断增大的令人难以忍受的紧张……那些只有通过采取某种方式的行动才能得到释放的紧张。不知道怎样采取行动或不能采取行动,会把你的内心世界撕扯开来。"[14] 这种以某种极端形式表现的强制行动就是心理

治疗中所说的"用行动来发泄"，这常常是心理病态人格的一种症状表现。

相反，个人自由让人能够在心灵中蕴涵着不同的可能性，即便在当时还不太清楚一个人必须以什么方式采取行动。这些可能性从一开始就必须存在，否则人的生命就会是平庸的。在这些情境下，心理健康的人能够直接面对和设法克服焦虑。神经症患者则相反，在他身上焦虑迟早会封闭他的自由意识，他会感到自己仿佛身着紧身衣似的。自由所应对的总是"可能性"；这使自由拥有很大的灵活性，令人着迷而又充满了风险。

2. 自由的伪善性

现在，自由陷入如此严重的危机之中，以致其意义都模糊不清了，那些使用这个词的人常常被无可非议地称为伪善的人。在我们的时代，自由受到自相矛盾的困扰，这些自相矛盾出现在各个层面。支持种族平等大会（CORE）①的前主席詹姆斯·法默（James Farmer）对第二次世界大战做了如下描写：

> 整个战争都以自由和民主的名义进行的。我们都被
> 动员起来为美国的生活方式而战斗。但是，从耀眼的海外战

---

① 指 1942 年由法默所创立的一个美国超种族团体，旨在反对北方城市的种族隔离。——译者注

火中我们能够清楚地发现，有多少不自由和不平等进入了那种生活方式。大萧条时代的许多受害者仍处在饥饿和恐惧之中，全国的劳工不得不接受长时间地工作而收入很低。而且在法国战场上总有那种受过充分训练的黑人士兵，但在家里他却仍然是同样身为奴仆者中的一个奴仆。[15]

"自由只不过是用来指代'没有什么可失去'的另一个词而已"，这句歌词表明了很多人的信念，他们相信，"自由"这个词是个诱饵，用来诱惑他们走那种天知道是什么的享乐之路。这些人发现了伪善性、虚假的困境、人为的修饰和骗人的玩意儿，致使这个曾经很高贵的词现在变得几乎没有用处了。"自由"从作为我们语言中"最宝贵的词"、人类最珍贵的体验，到现在其地位在许多方面却被贬低为可笑的同义词了。

正如诗人 W.H. 奥登（W. H. Auden）在《无名的市民》（"The Unknown Citizen"）中所阐明的，和以前的其他一些词——"真理""美""上帝"——一样，"自由"这个词可能很快就会只有在讽刺嘲弄中才有用了。奥登描述了这样一个人，对他"官方不可能有任何抱怨"，他

> 审时度势，观点恰当。
>
> 和平之时，他吟诵和平；
>
> 战争来临，他从军作战。

而且，对这个完全服从的"正常人"所做的这种描述，他的结论是：

> 他是自由的吗？他幸福吗？这个问题很荒唐可笑：
> 要是有什么地方错了，我们当然应该听说过。

对个人自由的这种明目张胆的否认恰好能够在捍卫我们自由的这些最尖锐和最大声的抗议声中看到。人们只要回过头来稍稍看一下麦卡锡、迪斯和詹纳的观点就可以体会克里斯托弗森和福斯特写的那首歌曲。我们还清楚地记得约瑟夫·麦卡锡（Joseph McCarthy）——这些自封的"保护者"中最臭名昭著的人，是怎样通过"威吓"这个国家的人们，使他们相信，在每个人的床底下都藏着一位共产党人，从而把许多可贵的公民镇压下去的。麦卡锡的残忍和破坏在于他利用了那些已经失去自由的人们的焦虑。自由的巨大危险就是易受这种伪善性的影响——因为在拯救自由的幌子下，可以对我们的自由实行最大的压抑。在整个人类历史上有多少暴君在"自由"的旗号下拉拢他们的支持者啊！

这种伪善性几乎已经在许多人的心目中与"自由"这个词的用法相等同了。当一名中学毕业典礼的发言者或 7 月 4 日独立日的演说者用诸如"美国，自由国度"这类短语向我们夸夸其谈时，我们往往会伸个懒腰，面无表情，看他打算怎样在麦卡锡设置的模式下蒙蔽我们。那些演说者通常代表我们社会中的"有产者"，他们在当前经济体制下获益良多。但是，大多数听众都意识到，如果这

些演说者面临着诸如 1776 年那样的真正的反抗，他们就会惊慌失措的。

在 1980 年夏季政治大会的发言中，值得注意的是，发言者越是保守或反动，他就越倾向于使用"自由"这个词语。这使人想起了雅克·埃吕尔说过的关于人的一句话："当他认为他很舒适地置身于自由之中时，他却是最受控制的。"[16]

1980 年大选的总统候选人之一尤金·麦卡锡（Eugene McCarthy）在陈述他的宗教信念时这样写道："美国是一个自由之岛，被上帝策略性地置于两个大陆之间。在这两个大陆中，自由要么受到否认，要么就是没有得到承认"[17]。这种假仁假义的声明在我看来就是对自由的践踏。

自由之所以被利用和滥用，是为了使我们的自由放任主义、"自由"企业经济体系合理化。某所大学的一位董事会成员（他也曾担任美国一家主要石油公司的总裁）在一次私人谈话中论证说，他的公司在 1975—1976 年那个极其寒冷的冬季出现煤气短缺时，中断煤气供应以便提高价格是合理的。他声称，他的公司对其股东有"权利"和"责任"，要为他们尽可能多地赚钱。他是否在主张，保护自由企业体系比保护人类的生命更重要呢？那年冬季美国人民深受寒冷的痛苦，其中有些人确实因为无法使用煤气而冻死了。"权利"和"责任"是一些道德词语，但在这里却是为了某种不道德的目的而辩护，这种行为导致成千上万的人陷入困境，在零度以下的寒冷中挣扎度日。

无论人类遭受痛苦的代价如何，都必须捍卫这种自由企业的

体系，这种论点确实是令人质疑的。难道我们忘记了理查德·托尼（Richard Tawney）的至理名言了吗？他在数十年前就指出，"工业主义是个人主义的滥用"，因为"否认任何高于个体理性的权威（例如社会价值和功能）……使人可以自由地追求他们自己的利益、雄心或欲望，不必受制于对任何共同的效忠中心的服从"[18]。托尼指出，工业主义本身就造就了一种自我矛盾：一个"完全自由的"工业体系会毁灭它自己的市场以及最终毁灭它自己，正如我们所看到的，在这个国家的汽车工业中所发生的那样。这在我们的通货膨胀率和失业率同时上升这种奇怪的现象中似乎也出现了。这种两难困境随我们怎样使用"自由"这个词而定。可见，我们重新发现其本真意义是多么重要啊！

法官威廉·O. 道格拉斯（William O. Douglas）[19]，以及其他许多人都说过，没有不以吃饭的自由和工作的权利为起点的自由。欧文·埃德曼（Irwin Edman）写道："正如马克思和罗伯特·欧文（Robert Owen）以及爱德华·贝拉米（Edward Bellamy）所发现的，自由涉及行为的经济条件，但在为民主而进行的斗争中，经济安全直到最近才被认为是个人自由的一个政治条件。"[20]

关于同样的伪善和对自由的道德混淆，一份新闻杂志最近的一篇社论对此作了描述。在谈及这个国家现在和过去几年中对隐私的滥用与对政治自由的误用时，这篇社论提到了一本讨论在希特勒（Hitler）统治下的德国人的书，书名是《他们认为他们是自由的》（*They Thought They Were Free*）。

和正常的德国人一样，我们（在美国）一直认为我们是自由的，而与此同时大量的案卷、用于镇压的机构、政治暗杀的武器都在我们周围堆积起来。使我们恢复自由的运动在哪里？谁是准备坚持认为这种事情不会在这里发生的领导者？

我们听到了电影《纳什维尔》（*Nashville*）的那段萦绕心头的片尾合唱："我并不担心。我并不担心。你可以说我不自由，但我并不担心。"难道这就是对美国自由的最终评价吗？[21]

在现代世界中自由的可能丧失始终是历史学家亨利·斯蒂尔·康马杰（Henry Steele Commager）[22]关注的重点，他那保持平衡的视角和观察力敏锐的心灵是无可争议的。在《自由正在消亡吗？》（"Is Freedom Dying？"）这篇文章中，他引用了政治和社会证据来证明，我们正在失去我们的自由。"自由已经丧失了它在哲学和政策中尊贵的地位。"在引用那句古老的警句"自由的代价是永恒的警觉"时，他悲哀地注意到，我们的国家目前几乎没有警觉。康马杰相信，自由的这种丧失的主要原因是在美国广泛流行的物质主义和享乐主义的发展。

我认为，这种经常被索尔仁尼琴和康马杰抨击的物质主义和享乐主义，其本身就是一种潜在的、流行的焦虑的症状。当人们不能从其他事物中获得满足时，他们就会全部投身于赚钱的事业里。无论其经济效益如何，它毕竟是一种个人的两难困境。夫妇之间把性

的享乐本身当作一种目的，因为性可以减缓焦虑，因为他们发现在我们这种疏离的和自恋的文化中，本真的爱是如此难以获得。目前，在我们的文化中，人们普遍体验到一种被压抑的恐慌：人们不但对氢弹和核战争感到焦虑，而且对无法控制的通货膨胀、失业感到焦虑。随着宗教的衰落，我们的古老的价值观也退化了，我们为此而感到焦虑，我们为家庭结构的解体而焦虑。我们担心空气污染、石油危机，等等，不一而足。很多市民的反应就像神经症患者的反应一样。我们慌忙用手边的替代物把那些可怕的事实掩藏起来，这减缓了我们的焦虑，使我们能够暂时地忘记。

康马杰强调说，失去自由的代价要比人们所觉察到的大得多。他声称，自由是"一种进步的需要和一种生存的需要"。如果我们失去了我们的内在自由，我们就随之失去了自我方向和自主性，这些特质正是把人类与机器人和电脑区分开来的性质。

对自由的攻击，以及对它的嘲弄，都是可以预见的对神话的解构（mythoclasm）。当一条伟大的真理宣告破产时，这种现象总是会出现。在对神话解构时，人们对他们过去经常表示崇敬的事物进行攻击和嘲讽。在强烈的攻击中，我们听见了沉默无声的哀鸣："我们对自由的信念本应该拯救我们——但正当我们最需要它时，它却让我们失望！"这种攻击是建立在不满和愤怒的基础上的，我们的自由并不是刻写在自由女神像基座上的那种崇高的东西，亚伯拉罕·林肯（Abraham Lincoln）的"自由的新生"从未出现过。

在所有这些对神话进行解构的时期，那些伟大的真理会给其攻击者提供最大的非法力量。所以，对自由的攻击——尤其是来自那

些利用他们的自由到处宣传"自由是一种幻觉"的心理学家的——正是从它所否认的东西中获得其力量的。

但是，对神话进行解构的时期很快就变得空洞了，正如杰洛姆·布鲁纳（Jerome Bruner）所说，我们必须致力于"对内在整合的长期而孤独的求索"。有建设意义的方式就是我们自己反观自身，以再次发现新生的真理，让现在如此需要的自由如凤凰一般，重新整合到我们的存在之中。这就是林肯的"自由的新生"的最深刻意义所在。

自由这一曾经充满荣耀的概念却几近破产，其核心的原因难道不是我们过度简化吗？我们曾经认为，这是一件很容易通过我们的遗传获得的东西，因为我们就出生在这块"自由的土地"上。难说不是我们让自由的悖论变成有外壳保护的东西，直到自由本身与种族冲突中的白人相等同、与新教徒相等同、与资本主义相等同，并最终与个人喜好相等同吗？这就导致了一个伟大概念的衰落啊！

在我们的《独立宣言》（Declaration of Independence）中，有一种快乐的热情，渴望获得"不证自明的"和"不可剥夺的"个人自由的权利，这种权利是我们大多数人在喝母亲的乳汁时就热切地接受了的。但是，我们发现，即便如此，人们仍然缺乏对社会责任和社会共同体问题的觉察——就是说，没有认识到我称之为命运（destiny）的东西。确实，这份宣言中提到过造物主，也在列出一长串英国国王压迫的事实之后出现了那个短语，宣称"我们……默认了这种必要性"。情况也确实如此，在美国宪法中，最高法院承担着提供必要限制的任务。但是，这

种裁决是不够的。英国历史学家麦考莱（Macaulay）在《独立宣言》通过半个世纪后写信给麦迪逊总统，表达对美国宪法的担忧，因为它"全都是帆却没有舵杆"。因此，我们创建了自己的国家，在为"全速前进"而欢呼的时候，却没有了方向的限制。在"全都是帆却没有舵杆"的条件下，自由处在持续的危机之中——这艘船很容易颠覆。自由失去了其稳定的基础，因为我们只看到自由，而没有看到使其充满生机活力的必要的对立面——命运。

　　法国的那位敏锐的观察者亚历克西·德·托克维尔（Alexis de Tocqueville）写道，美国人民想象"他们的整个命运都在他们自己的手里。……时代的基本成分每时每刻都被打破，世代的痕迹被消除。以前离去的那些人很快就被遗忘。对于那些后来者，谁也没有任何概念：人的利益仅限于那些和自己有密切近亲关系的人"[23]。其结果，托克维尔说："据我所知，没有一个国家像美国那样，有那么少的心灵独立性和进行讨论的真正自由。"[24]在像法国这样的欧洲国家，君主专制与议会是对立的，如果一种权力反对某个人，另一种权力就支持他，一个人就能行使心灵的自由。"但是，在美国这样一个民主政体存在的联邦国家中，只有一个权威、一种力量和成功的成分，什么也不能超越它。"托克维尔对美国的"多数人暴政"做了雄辩的描写，我称之为心灵和精神的墨守成规。最近，我们已经看到这种现象在上次选举中、在所谓"道德多数"的力量中表现出来。托克维尔继续说道："在那里，身体是自由的，灵魂却受到奴役。主人不再说：'你必须和我

有相同的想法，否则你就得死掉'；但他却说：'你可以自由地保留和我不同的意见，并继续保住你的生命、你的财产，以及你所拥有的一切；但从今以后你就是人民当中的异类。……你将保留你的公民权利，但对你来说，这些权利将毫无用处。'其他人'将会蔑视你'。"[25]自由思考的人受到排斥，人民群众不可能忍受这样的异类。

难道我们不是太轻易地认为自由是我们与生俱来的权利，而忘记了我们每个人都必须为了自己而重新发现它吗？难道我们忘记了歌德（Goethe）说过的话了吗："只有每天重新征服自由和存在的人，才能赢得自由和存在"？但是，只要我们不承认命运，它就会返回来缠住我们。命运无时无刻不在提醒我们：我们是作为一个共同体的一部分而存在的。正如托克维尔所说，我们不可能无视"那些以前离去的人"和"那些后来者"。弥尔顿（Milton）呼喊过"啊，甜蜜的自由"，如果我们想理解弥尔顿这句话的意思，或英国信徒在普利茅斯海岸巨砾①登陆寻求宗教自由时所寻找的东西，或其他关于自由的无数证据中的任何一个，我们就必须直接面对这种悖论。

这个悖论就是，自由把生命活力归功于命运，命运则把自己的意义归功于自由。我们的才能，我们的天赋，都是暂时借来的，随时可能被死亡、疾病或其他无数我们无法直接控制的事情收回。自由就是我们生命的基础，但它也是极其脆弱的。

---

① Plymouth rock，美国马萨诸塞州普利茅斯海岸巨砾。相传这是首批英格兰清教徒 1620 年乘坐"五月花"号船到达北美的登陆处。——译者注

3. 治疗：使人获得自由

在过去半个世纪中，心理治疗这个奇特的行业在美国得到不可思议的蓬勃发展，同样的自由危机也存在于心理治疗中。当我们询问治疗的目标是什么时，就能最清楚地看到这种危机。答案当然是帮助人。而具体目的随着人体遭受痛苦的特殊状况而异。但是，作为这个从心理上帮助人的专业，其发展之基础的总体目标是什么呢？

几十年前，心理健康运动的目的是很清楚的：心理健康就是没有焦虑。但是，这个格言很快就受到了怀疑。在一个有氢弹与核辐射的世界上能没有焦虑吗？在一个你走在大街上随时都可能死亡的世界上能没有焦虑吗？在一个三分之二的人营养不良或挨饿的世界上能没有焦虑吗？

尼古拉斯·卡明斯（Nicholas Cummings）在他就任美国心理学会主席的就职演说中，就努力避免焦虑的问题做了一个明智而又有洞察力的声明：

> 心理健康运动，在承诺免除焦虑方面是不可能的，但在当前这种信念（即认为感觉良好是一种权利）上却能发挥重要的作用，从而有助于促进酒精的消费和医生开出大量的镇静剂的处方。[26]

心理健康运动强调健康的定义是"没有焦虑的自由"（freedom from anxiety）。但是，当人们发现这在一般生活中是不可能的时，人们便假设，获得这种"自由"的最快捷的方式就是借助酒精和镇静剂药物。

再者，如果我们确实获得了免除所有焦虑的自由，那么我们就会发现，我们自己丧失了维持生命和纯粹的生存所必需的最有建设意义的刺激物。在经历了许多我称之为成功的心理治疗时段之后，来访者离开时带有比他进来时更多的焦虑（只不过现在焦虑是有意识的，而不是潜意识的；是建设性的，而不是毁灭性的）。心理健康的定义必须改变，要过没有麻痹性焦虑的生活，而与正常焦虑共存，把它作为一种生机活力的刺激物、一种能量的来源，以及生活的推动力量。

适应是治疗的目的吗——也就是说，治疗能帮助人们适应他们的社会吗？但是，这意味着要使人适应一个进行越南战争的社会——一个最强大的国家把大量的预算花费在军备上，说成保卫自己免受这个社会的其他成员侵略的社会。把适应作为治疗的目的就意味着，治疗者是这个社会的心理警察，一种我——作为一个人——从内心感到厌恶的角色。自从劳伦斯·弗兰克（Lawrence Frank）在20世纪30年代中期写下"社会是病人"这个主题以来，我们许多人都很想知道，究竟谁是精神病患者——是被冠以这个称号的人，还是这个社会本身？

治疗师的目的就是给人以援救和安慰吗？如果是这样的话，使用药物可能会更有效和更经济。

治疗师的目的是帮助人们感到幸福吗？是在一个同时萌发失业和通货膨胀的世界上的幸福吗？这种幸福只能以压抑和否认太多的生活事实为代价而获得，这一否认直接与我们大多数人所相信的所谓心理健康的最佳状态相抵触。

我认为，心理治疗的目的是使人获得自由。尽可能地使人免除症状，无论是像溃疡这样的生理症状还是像严重羞怯这样的心理症状。要尽可能地使人免除成为工作狂的强迫行为，免除他们从儿童早期就习得的习惯性自我挫败行为，不再强迫自己选择会引起持续不快和持续惩罚的异性伴侣。

但最重要的是，我认为治疗师的作用就是帮助人们自由地觉知和体验到他们的潜在价值。我在其他地方指出过，心理问题 [27] 就像是发烧；它表明，这个人的内部结构出了问题，并且正在经历一场为生存而进行的斗争。这反过来又向我们证明其他某种行为方式也有可能行得通。我们的旧的思维方式——尽可能快地把问题消除掉——忽略了其中最重要的事情：这些问题是生活的一个正常的方面，是人类创造性的基础。无论一个人是在建构事物还是在重构自己，情况都确实如此。这些问题是尚未得到利用的内在潜能的外部标志。

人们来找治疗师是正确的，因为他们在内心已经受到控制，并渴望获得自由。关键的问题是：那种自由是怎样获得的？当然不可能像施魔法一样，不可思议地驱走所有的冲突。

在我写这一章的时候，一位 28 岁的女子来找我，让我把她介绍给一位治疗师。她的问题是，她根本无法找到一份合适的工作。

她很聪明而且开朗，人们会认为，她会在商界获得成功。她有过一份行政秘书的好工作，在一个她很喜欢和信任的组织中与一些很有趣的人在一起，她的工作也做得很好。但由于某个她也无法理解的原因，她恨这份工作，这种憎恨使她神经极度紧张、非常痛苦，给她造成了很大的危害。她辞去了这份工作，进入一所大学学习，但因厌倦学习而退学。

原来，她父亲是名高级管理人员，在家庭生活中极其独裁专制，大吵大嚷并咒骂她柔弱的母亲。这位将要成为病人的人所处的困境及其被彻底地剥夺了自由的症结就是，她的父亲是她内心唯一的有力量的形象，尽管她很恨他，但她实际上却认同他。于是，这种两难困境就是，她认同的人恰恰是她觉得愤恨的人，那么她又怎么能够不痛恨她的行政工作呢？但是，既然她认同父亲的成功、成就、力量和生活的乐趣，那么任何其他工作都不可能使她感兴趣。其结果就是，她要做任何事情的自由全都受到了妨碍。

当一个人失去其自由时，在他身上便发展出一种冷漠，就像奴隶制下的黑人，或20世纪的神经症或精神病患者[28]一样。这样，他们联结其伙伴及自己本性的力量就相对地减弱。与克尔凯郭尔一样，我们也把神经症和精神病界定为缺乏交流、封闭、不能参与他人的感受或思想、不能与他人分享自己。由于对自己命运的盲目，这个人的自由也就被缩减了。这些心理失调状态的存在证明了人类自由的这种基本性质——如果你把它拿走，你就会使受害者一方发生彻底的崩溃。

神经症症状，例如弗洛伊德早期的一位女性病人在面临爱上她

姐姐的丈夫而无所适从时就患上了心固性腿部瘫痪，这些都是放弃自由的方式。症状其实就是把一个人必须应对的世界范围压缩到一个人能够应对的范围的一些方式。这些症状可能是暂时的，就像一个人患了感冒，在家里待上几天不上班，就能够暂时地压缩这个人不得不面对的世界。但这些症状可能会深深地存在于早期经验中，如果没有受到注意，它们就会在这个人的整个生活中把其潜能的很大一部分都封闭起来。这些症状表明，一个人的自由和一个人的命运之间的交互作用出现了故障。

这就使我们形成了在我们这个时代对自由的一种十足的滥用：为了改变本身而改变，或者为了逃避现实而发生改变。这种对自由的滥用在所谓的"成长中心"里达到了惊人的地步。我要赶快补充一下，我认为这种成长中心运动的原动力以及许多独立中心的工作都是健康的和令人赞佩的。这种原动力就是鼓励人们面对自我和发掘人际关系中的问题；这是一个人能够自行承担责任，在自己的生活中确立某种自主性的信念的原动力。

但是，任何阅读过马林县《成长中心免费名录》（"Free Directory of Growth Centers"）的人都会很容易发现"积极思维"和自欺欺人以最明目张胆的形式占据绝大多数。从这本名录中所给出的 280 个成长中心的广告语来看，绝对是要给人们留下这样的印象。例如"发掘你真正的潜能和创造性""发现越来越多的快乐""在朝向上帝的道路上'必须'有一位完善的人生导师"等。但是，我在哪里也找不到涉及生活在我们时代的任何人的共同体验的那些词语——"焦虑"、"悲剧"、"悲痛"或"死亡"。所有的一切都被无

尽的欢乐以及对胜利和超越的毫无畏惧的承诺淹没了，这是一种朝向自我中心的"平静"、自我封闭的"爱"的群众运动，在梦幻中否认人类生活的现实，为了逃避现实的目的（如果有目的的话）而使用改变。以东方古代宗教名义许诺仅仅在一个周末就得到救赎，这是对东方宗教一种多么大的误解啊！

这些成长中心的问题在于所有命运感的完全缺失。托克维尔说得对：他们似乎相信，所有的命运都是由他们自己掌控的。个体将完全决定他们的命运。领导者们似乎并没有觉察到，他们所信奉的根本就不是自由，而是感性（sentimentality）—— 一种只追求情感而不是现实的状态。

诸如此类的考虑需要我们赶快确定我们的目的，重新发现个人自由的意义。成长中心运动的萌发确实证明，现代人普遍渴望获得某种指导，以便使生活不至于悄然而逝。这些中心的存在——如果没人光顾，它们就不可能存在下去——证明，许多人都感到在他们的生活中有某种东西失去了，使他们无法发现自己在寻找什么，甚或也无从知晓他们在寻找什么。有一位显然对这种情境非常熟悉的人写道：

> 我经历过艾哈德培训、艾斯隆学院、统一教、克里希那教团以及马林县的各种灵修活动。现在，我已无法记得一种自发的感受究竟是什么了。

拥有数量无限的分支——精神分析、团体心理治疗甚至各种形

式的咨询——的那棵大树的根部当然就是西格蒙德·弗洛伊德。我的意思并不是说，如果弗洛伊德没有在这个世界上生活过，就不会有这些激增的古怪的治疗方法，但这些治疗方法的代表人物中有许多人宣称是反对弗洛伊德的。正如托尔斯泰（Tolstoy）的片面论点所言，是伟人创造了历史；历史也在许多紧急关头创造了伟人。有些人会受到呼唤，成为历史所要求的时代潮流的先锋。因此，如果不是西格蒙德·弗洛伊德在20世纪初创立了精神分析，那么，也会有人以相同的名称把它创造出来。

心理治疗所有流派的出现都是对很多人失去了内心停泊的港湾的一种反应。这是我们文化中自由的崩溃，是我们的文化遗传下来的应对自由和命运的方式失败的症状表现。因此，弗洛伊德的研究出现在个人的内在自由在现代性的大动荡中几乎丧失殆尽的时代，这并非偶然。对人类命运的混淆和对个人自由的混淆是相伴出现的，只要能够得到解决，它们就将一起得到解决。

精神分析——以及任何好的治疗——都是增加人对命运觉知的一种方法，目的是增加一个人对自由的体验。和他的技术决定论相反，弗洛伊德在更深的层次上为自由作出重要贡献。他想把人们从心理障碍中解放出来，就像上文提到的那位行政秘书一样，他们由于无法面对自己的命运而深陷其中。

弗洛伊德最卓越之处就是他持续不断地与命运搏斗。在指出通过走捷径和表面的旁门左道达到（在每一次转折时期都会遭到破坏的）自由是不可能的时候，弗洛伊德要求我们在更深的层次上寻求自由。即便能够达到自由，也并非一蹴而就。例如，在他的反应生

成（reaction formation）①理论中，他指出，利他主义是肉欲受到压抑所致（很大一部分的确如此），宗教信仰是一种麻醉剂，是人们避免面对死亡的一种方式（很多宗教的确如此），信仰上帝是渴望有一个能关心我们的全能的父亲的表现（对很多人来说，事情显然是这样的）。

如果我们想要获得自由，我们在这样做时就必须要有胆量和深刻的思想，在事关我们命运的斗争中决不退缩。

注释

[1] 引自 Noam Chomsky, *For Reasons of State*（New York：Vintage，1973），pp. 392—393。

[2] 谢林也说过："使自由成为哲学的主要内容这种想法……在所有的方面都给科学提供了比以前任何革命都更强有力的重新定向。"（引自 Chomsky，同前，388 页）

[3] Isaiah Berlin, *Four Essays on Liberty*（New York：Oxford University Press，1969），p. 121.

[4] Ruth Nanda Anshen, *Freedom*, *Its Meaning*（New York：Harcourt，Brace，1940），p.123.

[5] Jacques Ellul, *The Ethics of Freedom*（Grand Rapids, Mich.：Eerdmans，1976），p.200.

[6] Milton Rokeach, *Beliefs*, *Attitudes and Values*（San Francisco：Jossey-Bass，1968）. 罗克奇通过这个国家的不同人群对价值观的排序作了总结，因此，可以把他的总结看作适用于美国人的一种有代表性的抽样。如果我们只考

①　弗洛伊德精神分析理论的心理防御机制之一。——译者注

虑黑人群体，他们有理由对自由持怀疑态度，那么"平等"的排序就会最高，而"自由"被排在第十位。失业的白人则把"自由"评定为第三，把"平等"评定为第九。

[7] 有几个值得注意的例外，像爱比克泰德（Epictetus），他一开始是个奴隶，后来获得了自由，他的信念在前一种状态下和在后一种状态下一样都是自主的。

[8] 引自 Chomsky，同前，392 页。

[9] Kurt F. Reinhardt, *The Existential Revolt*（Milwaukee：Bruce，1952），pp. 181-183.

[10] 由 Dorothy Atkinson 翻译。Solzhenitsyn 于 1976 年 6 月 1 日在接受斯坦福大学自由基金会的美国友谊奖时的讲话。

[11] 引自 Chomsky，同前，397 页。

[12] Bronislaw Malinowski, *Freedom and Civilization*（New York：Roy，1944），p. 242.

[13] Emily Dickinson, Poem 657, in *The Complete Poems of Emily Dickinson*, *ed.* Thomas H. Johnson（Boston：Little，Brown，1890），p.327.

[14] Irving Janis & Leon Mann, *Decision Making*（New York：The Free Press, 1977），p. 47.

[15] James Farmer, *Freedom—When?*（New York：Random House，1965），p. 53.

[16] 引自 Alan Wolfe, "The Myth of the Free Scholar"，载 *Toward Social Change*, ed. Robert Buckout et al.。（New York：Harper & Row，1971），p. 64。

[17] Eugene McCarthy, "The 1980 Campaign：Politics as Entropy," *Christianity and Crisis*, 18 Aug.1980.

[18] R. H. Tawney, *The Acquisitive Society*（New York：Harcourt，Brace，1920），p. 47.

[19] 道格拉斯在《人与山》中继续说道，"我们只有足够自立，才能在日益加剧的历史危机中保持我们的自由。……我们需要一种信念，它使我们献身于比我们自己更大和更重要的事情上。"摘自 Ramsey Clark, "William O. Douglas: Daring to Live Free," *Progressive* 40（January 1976）: 7-9。

[20] Irwin Edman, *Fountainheads of Freedom*（New York: Reynal, 1941）, p. 7.

[21] Editorial, *Progressive* 40（January 1976）: 5-6.

[22] Henry Steele Commager, "Is Freedom Dying？" *Look*.

[23] Alexis de Tocqueville, *Democracy in America*（New York: Knopf, 1951）, p. 299.

[24] Alexis de Tocqueville, *Democracy in America*, ed. and abridged Richard D. Heffner（New York: Mentor, 1956）, p.117.

[25] 同上书，118 页。

[26] Nicholas Cummings, "Turning Bread into Stones," *American Psychologist* 34, no. 12（December 1979）: 1119.

[27] Rollo May, *The Meaning of Anxiety*（New York: Norton, 1977）, p. xiv.

[28] 参见 "The Man Who Was Put in a Cage" 中的比喻，载 Rollo May, *Psychology and Human Dilemma*（New York: Norton, 1979）, pp. 161-168。

第二章

一个人的历程

我对我的追随者所能做的就是，使用他们的情况所需要的任何手段，把他们从他们自己的束缚中解放出来。

无论你是被一条金锁链束缚着还是被一条铁锁链束缚着，你都是处在被束缚的状态下。你的善行就是金锁链，你的恶行就是铁锁链。谁要能摆脱囚禁他的这些善与恶的锁链……他就获得了最高的真理。

——弗雷德里克·弗兰克（Frederick Franck），《安基卢斯·西勒修斯的书》（*The Book of Angelus Silesius*）

我们不妨从对一个 50 多岁的男人的详细讨论开始我们对自由的探讨，他叫菲利普（Philip），因为受到强烈而又有严重影响的妒忌的刺激而来寻求治疗。那个女人，名叫妮科尔（Nicole）。两人已经相恋多年了，她显然一直和他在一起。她 40 多岁，是名作家，很聪明，据说模样很迷人，是两个（不是菲利普的）小孩子的母亲。最近，她一直坚持自己有和其他男人睡觉的自由，认为这和与他谈恋爱没有关系。但是，菲利普却无法使自己接受这个事实，她和别的男人上床使他非常痛苦。他也不能与她一刀两断。妮科尔坚

持认为，除非他娶了她，否则她不会专一，而这是他无法迈出的一步，因为他认为他的前两次婚姻都有些失败，而且他已经负担着一个有三个孩子的家庭的生计。

菲利普表现出来的是一种相当不自由的样子。就像来寻求治疗的人们通常所做的那样，他把自己比作一个被无尽的绳索捆绑住的格列佛（Gulliver）①，以至于他怎么也动弹不得。他觉得，关于妮科尔的每一个幻想似乎都把他捆绑得更紧。

菲利普是名建筑师。在我们的一次早期面询中，他带来了他设计的一些教堂的照片，这展示了关于他的心理困扰的一个生动象征。这些建筑物给人留下的印象是大幅度地朝向天际，仿佛渴望用教堂的尖顶刺破天穹。我能够理解这种建筑为什么被称为"冻结的音乐"。但是，这些很吸引人和给人留下深刻印象的建筑物的基座似乎太重了，石头和混凝土似乎不堪重负，被紧紧地束缚在地球上。正当我倾听他说话时，这成为他在我心灵中的一个象征——一个具有强烈的理想主义色彩的人，向上朝着允诺自由的天穹伸展，但与此同时底部支离破碎，并且毫无希望地陷入地下的泥土和石堆中。

在他和妮科尔见面半年之后，他们一起在他的乡下住所度过夏季，她的孩子则和他们的父亲在一起。每天早晨，妮科尔都忙于她的写作，菲利普则在这个地方的另一间工作室里进行他的建筑设计。有一次，在夏季刚开始的时候，妮科尔提出了他们的婚事，菲利普直截了当地表示反对，把他以前婚姻的厄运作为理由，还有这

---

① 英国小说《格列佛游记》（*Gulliver's Travels*）中的主人公。——译者注

样一个事实：即便他喜欢她的两个儿子，他也实在无法说服自己再负担另一个家庭。除了这次相互交换意见之外，他们在一起度过了一个田园诗般的夏天。

显然，他从妮科尔那里得到了柔情和温情。他们的性关系似乎是他体验过的最好的——有时候心醉神迷，有时候给他们两人带来完全合一的感觉和丰富而有滋养的感受。对他来说，他们理智的讨论也是特别令人满意的，她的观点常常能帮他解决设计中的问题。

在夏季结束的时候，妮科尔不得不比他早三四天飞回家，以便把孩子送回学校。第二天，他给她家里打电话，但他感到她在电话那一端的说话声音怪怪的。第三天，他又打了一个电话，他觉得还有一个人也在她房间里。整个下午，他一直打过去，却只收到忙音。

当他终于和她打通电话时，她直截了当地回答了他的问题。是的，是有一个人在那里——她多年的大学密友，已经和她在一起住了几天，她爱上了他。当离开菲利普的农场时，她感到被菲利普的那种被认为是漫不经心的告别所"抛弃"了，在回来的飞机上感到很恐慌：她要怎样单独照顾她的孩子啊。这位往日的情人——克雷格（Craig），也"很喜欢"孩子，有两个和她的孩子同样年龄的孩子。这个美好的夏季使她相信，和某个人生活在一起是多么容易和令人满意啊！她打算在这个月底和克雷格结婚，搬到这个国家的另一边去，克雷格承诺在他的公司里给她安排一份工作。

是的，她还爱着菲利普。她觉得菲利普会很沮丧，但他会从这件事情中恢复过来的。

菲利普的世界坍塌了。他心中充满了背叛感。在他们度过了田园诗般的夏季之后，她怎么能够这样做呢？回到城市之后，在随后的三个星期里他的体重减轻了15磅。他重新开始抽烟，没有食欲，而且晚上不得不靠服安眠药才能睡着。

当他再见到她的时候，他已经把通常的礼貌抛到了一边，用非常确定的话语告诉她：全部的计划都是疯狂的。（当克雷格没来看望她时）他继续邀请妮科尔和她的孩子们到他家来度周末，经常带她去看电影。在这段时期，由于克雷格的阴影，尽管妮科尔想要和菲利普做爱，但菲利普的性交能力却受到阻扰。菲利普说："我的身体不信任你。"

妮科尔逐渐从糊涂的迷恋中恢复过来。在六个星期之后，她重新爱上了菲利普，并写信给他："你知道我是怎么也无法离开你的所在之处。"收到这封信，菲利普感到很吃惊。他在意识上很清楚绝不会有这样的事情，但这却很适合于他自己的安全需要，因此他没有对此表示怀疑。他在他的公司里为她找了一份名义上的研究工作，她可以在家里做，这可以使她挣到足够的钱来维持生活。他还给了她几千美元作为礼物，表面看来是因为她的家庭日常生活的需要。但在我们面询时，他告诉我，他这样做也把它作为"保险单"——这样她就不太可能离开他了。当时，他曾试图说服妮科尔去接受治疗，因为在她与克雷格发生恋爱事件时她表现出很大的情绪混乱。但她却不接受。

在这种情况下，对于一个深陷爱河的男人来说，他的反应似乎是"正常的"。但是，我不妨再讲另外两个事件。

说明他来寻求治疗的真实理由的那个事件是在"克雷格恋爱事件"之后一年左右出现的。菲利普有这种印象：妮科尔说要在一个即将到来的周末到另一个国家去主持一个工作坊。有趣的是，作为在心理治疗中经常出现的超感官知觉（ESP）的一个例子，在这个周末之前的星期四早上，菲利普在日记中写下了妮科尔的工作坊之行。

> 我的心有点痛。我妒火中烧——这是一种我害怕失去妮科尔的恐惧感。我幻想着她会去见某个男人并且和他一起度周末。……我有一种感受，她之所以坚持和我在一起，只不过是因为我有一点钱——我知道这完全是胡说八道。……但我却非常孤独。

菲利普跟我说他觉得必须在星期天给她打个电话，以便决定他们准备作出的某些旅行计划。他从照看她小孩的保姆那里获得了她在工作坊的电话号码。一个男人接的电话。菲利普觉察到根本就没有什么工作坊，她和这个男人就在这个男人的家里度周末了——正如他所幻想的那样。妮科尔在电话中拒绝告诉他自己在哪里。当他询问她是否和一个男人在一起时，她生气了并且挂断了电话。

尽管特别郁闷和焦虑，菲利普还是不得不第二天早上离开，去做一次为期五天的演说旅行。在这些天里，他心中充满了愤怒、被伤害和背叛的混乱情绪。他决心等他一回去就断绝这种关系。

但是，在最后一天，当他飞回家时，他觉得自己有点太苛刻

了。有没有什么办法使他作为一个爱情的伴侣，能够接受额外的性关系这个事实呢？他想，有一种方法，就是与另一个男人相认同，把他想象为他的朋友。这样，他就会在幻想中为另一个男人与妮科尔在一起的快乐感到高兴。他也可以做那些年青一代在20世纪60年代所做的事情——决定纯粹的本真、纯洁的情感是最重要的事情。他询问自己：我们正生活在一个诺言、规则和角色全都被抛弃了的新时代吗？

在我看来，这些"原则"似乎是理性思考的结果，整体上有一种受虐狂的特征。但我不想通过给这些体验贴标签而切断任何联系，尤其是我们的治疗才刚刚开始。

飞机一着陆，他就直接去妮科尔家。菲利普后来在他的日记中记录了他们的谈话。妮科尔说道：

> 这个周末并非那么重要。很好的是他给了我许多由我自己支配的空间。你，菲利普，应该了解的就是，我认为性并不一定包含着亲密。性令我厌倦。更吸引我的是女人而不是男人。我已经考虑要独身一段时间了。在这一方面你并不理解我。这就是关于这个周末我所有想要说的话。

那天晚上在他们做爱时，她在他耳边悄悄地说，她爱他超过了她爱任何人，而且她并没有爱过任何其他人。如果他能在头脑中把这个问题想清楚，她相信他们的问题就会得到解决。

在菲利普家和他度过了一个特别温柔和心醉神迷的周末之后，

妮科尔要求他开车送她去她曾教过学的学院会见一些朋友，然后这些朋友要再开 50 英里的车把她送回家。这时，第三件事情发生了。她似乎很紧张，后来他才知道，她想要见的只是一个朋友——威尔伯（Wilbur），此人曾经是她热恋的一位情人，直到她从以前的城镇搬到现在的家他们才分开。她经常给菲利普讲述，她在毫无结果地尝试说服威尔伯离开他的妻子转而和她结婚时一度泪雨滂沱。当他们到达那所约定的房子时，菲利普祝她好运——会见一位老情人总是一件好事——但他补充说，他希望她不会和威尔伯上床。

在他离开他们之后，菲利普发现自己心乱如麻，他一支雪茄接一支雪茄地抽着，整个白天和傍晚都充满了妒忌。晚餐时，他给妮科尔的住所打电话，得知她已在家里给孩子做饭，然后又急忙出去了。大约半夜时分，他给她打电话并且在电话里倾泻了他的妒火。她再次向他保证，她不再爱威尔伯了：她发现威尔伯很不成熟，并且确定绝不会和他结婚。接着，菲利普询问了这个不可避免的问题：她和对方上床了吗？她回答说她不喜欢这个问题并拒绝回答。菲利普当然会假定她上床了，这样，接着便发生了像以前那样无数次的争吵。

为什么菲利普不中止这种关系呢？他发现自己深深地爱上了她，这个事实并不足以作为一种回答。在 8~10 个月的时间里，妮科尔和菲利普都很投入这段关系。但是，妮科尔经常感觉到——而且以前也这样感觉——她需要她的"空间"和她的"自由"。他们都害怕真正的亲密吗？她吸引他的一部分原因就在于，她确实通过妒忌心诱使他在歧途上走得更远吗？但是，如果他不能忍受她和其

他男人一会儿上床、一会儿又不上床，那为什么他不找另一个女人去相爱呢？如果他相信他不会和她结婚的话，那为什么他不为此而采取行动呢？实际上，他为什么不能有别的行为方式呢？除了他自己内心深处所感受到的那种孩子气般的对妮科尔生气和持续的痛苦之外，他已经无能为力了。

再者，他已完全觉察到这个事实：他的妒忌心对他产生了严重影响。这是他一生中唯一致命的弱点。虽然他的两次离婚都是他提出的，但他觉得，无论他的妒忌心的根源是什么，这也都是他的两次婚姻破裂的根源。而且，虽然大约10年前他接受的一次长期的心理治疗曾给他以很大帮助，但他却没能发现这种妒忌的根源。这似乎是在他生活的早年开始的，在他能够讲话之前，因此，是在他的意识发展起来之前。

菲利普和我在一起只工作了六个星期（我为度过暑期不得不离开）。但是，他很焦虑，担心我会经常跟他见面，用一种"速成的"程序来处理他的妒忌问题。这种时间的局限性使我只好采用了一些我通常没有使用过的技术。

1. 害怕被抛弃

菲利普的现在已经去世的母亲，似乎是一位边缘性精神分裂症患者。她曾出现歇斯底里症大发作，她的情绪完全无法预测。有时，她对待菲利普非常温柔，倍加关怀，但随后就会变得很残忍。

菲利普的一个早期记忆是，在他三四岁时，全家搬往几个街区远的一幢房子。菲利普记得，他不得不骑着他的三轮脚踏车给搬家工人指出新房子的位置。三轮脚踏车翻到砖铺的人行道上，他的膝盖擦破了皮。他回到家里给他母亲看受伤的膝盖。但是，因为搬家表现得非常紧张的母亲，却把一杯水泼到了他的脸上。

在菲利普生命的最初两年里，这个家里除了他的妈妈就只有比他大两岁的姐姐莫德（Maude），他的姐姐绝对是位精神分裂症患者，后来在一家精神病院住过一段时间。我们在后面将要提到这位姐姐，他和这位姐姐的关系仅次于他和母亲的关系。就在菲利普来找我之前的几个星期里，这位姐姐去世了，她似乎在菲利普的治疗中发挥着某种奇怪而重要的作用。菲利普的父亲在菲利普小时候大部分时间里都不在家，而且无论如何都不喜欢小孩。

菲利普就是这样度过了他在这个世界上的最初几年，学会了应对两个完全无法预料的女人。他的脑海中一定不可避免地烙下了这样的印记：他不但要挽救女人们，而且他生命的一项功能就是忠实于她们，尤其是当她们发疯时。因此，对菲利普来说，生命并不是自由的，而是要求他持续不断地护卫或承担责任，这是可以理解的。他回忆说，当他放学回家时，他必须踮着脚尖"查看"一下房子，看看他的母亲和姐姐心情怎样，这将决定他如何行动。（作为一个旁白，他说，他常常在开车到妮科尔家去的时候，努力列举出她可能做出的赞成和反对的多种反应，这样他就能够有所准备——也就是说，他是在心理上"踮着脚尖"的。）在这种情况下，自由就像是米开朗基罗（Michelangelo）的那座未完成的奴隶雕塑：

《被缚的奴隶》(*freedom within the bonds of slavery*)。

和菲利普的母亲一样，妮科尔似乎有些时候很热情和温柔，有些时候则很残忍。她不仅没有付出任何努力想要隐瞒其额外的性关系，甚至显然想要在一定程度上使菲利普不得不了解他们之间的关系——例如，在她能够乘坐出租车去和威尔伯会面及幽会时，她却让菲利普开车送她去。在家里，她经常在日历上写上她和其他男人约会的日期，并把日历放在明显可以看到的书桌上。她说过："我有权用我自己的身体去做我想做的事情。"做这些事情是"有原则的"——就是说，她相信她是"诚实的"——这个事实只能使菲利普感到更难以忍受。

在最初的两次面询之后，我发现自己在仔细考虑菲利普问题的几个方面。首先，妮科尔的不可预测性——这是一种由菲利普的母亲建立的旧模式的重复，正是这种模式才把他与妮科尔结合在一起——这似乎是使她对菲利普产生了如此强烈的吸引力的最核心的原因。他无法摆脱的另一个理由是他对女人的责任感。他小时候之所以能活下来，完全依赖于他如何应付母亲和姐姐；他以前的两次婚姻都是和"需要"他的女人在一起。他有一种要照顾女人的强烈的责任感，她们的行为越疯狂，他为之负责任的需要就越强烈。这些事情以某种方式扭曲成一团乱麻，把他和妮科尔束缚在一起，使他受到奴役。妮科尔就像菲利普的母亲一样，确实给他提供了温柔和滋养；在她和菲利普在一起的许多美好时光里，妮科尔似乎确实很可爱和热情。但是，对于需要把这些明显的要点在菲利普身上以某种模式整合起来，我还没有把握。

妮科尔可以被看作菲利普的命运，现在对他产生了严重的影响。从这个意义上说，菲利普的问题并不是一个消极的路障。相反，这是解决他和他的母亲及姐姐的遗留问题的一次机会——实际上也是一种要求。如果他想要在实现个人自由方面再迈出一步，迈出一大步，就必须做到这一点。

令人惊奇的是，神经症问题似乎经常是与命运有关的，它们会在一个人生涯的特定时刻出现，要求个体面对自身内部的这种或那种独特的情结。从这种观点来看，这些心理问题就是一些貌似灾祸但实际会使人得福的事物。它们并不是偶然发生的，而是源于自身需求的内在宿命。

使我们有希望接近菲利普问题之根源的一件事情就是：在他来找我看病的几周之前，他那位患病的姐姐去世了。在她去世的同时，他也患了一次非常严重的神经炎，他觉得，"就像是一把利剑刺穿了我的脖子"。在一次早期的面询中，他一直在讲述他在出生最初两年所经历的痛苦和孤独。他说，能哭出来就是一种宽慰。就在他说出"宽慰"这个词时，他突然受到那种极度痛苦的打击。他在地上扭曲着身体，扼住自己的脖子，仿佛这样做就可以消除那种令人难以忍受的极度痛苦。当痛苦过去之后，我扶他站起来，问他是否还愿意继续我们的面询。他回答说："是的，不管这会造成多大的伤害，我都必须解决这个问题。"他觉得，这种痛苦就是他死去的姐姐在惩罚他，仿佛她在哭喊着："为什么你的身体那么健康、事业那么成功，而我却要遭受这样的痛苦呢？"

但是，我却认为这种痛苦是一件超出身体痛苦的事情。我想，

如果我们继续深究下去，就会发现，这预测了他必定要在心理上承受的那种痛苦。他要继续下去的决心，无论其结果好坏，对我来说都是一种激励。

2. 对命运的认识

在我们所进行的一次早期面询中，我要求菲利普带一张他在这段最关键的最初两年期间的照片。他带来的这张照片是他大约 1 岁半时和他的姐姐莫德在一起照的。他的注意力朝向别处，但他的手与她的手紧紧地握在一起，他的大眼睛紧张地看着摄影师。在这张照片中，我已经看见了一双充满焦虑的、睁大的眼睛，这个孩子需要这样使他随时对其周围的世界保持敏锐的警戒目光。他一定是从其母亲的乳汁中吸收了这种宿命的"真理"，即一个人根本不能相信世界。

由患精神分裂症的母亲的癔症状态和姐姐的那种有障碍的心理组成的世界，是菲利普在那两年里所认识的唯一的世界。他怎样才能适应这种困难而残酷的命运呢？没有任何理由能够说明，为什么竟然是菲利普而不是数以百万计的其他婴儿降生在这个有一位有心理障碍的姐姐和有一位患有精神病的母亲的家里。他就是在这个家里发现自己的，他也是待在这个家里尽最大可能地成长起来的。虽然很悲哀，但事实如此：婴儿时期遭受的痛苦是永远无法弥补的。

人们可能会认为，这种最初的环境只会导致菲利普也患上精

神分裂症。但是，在他两岁的时候，他就已经通过形成补偿躲避了这种严重的障碍——例如，当面临危险时能够躲开的能力，把其真实的想法隐藏起来的能力，能够和每个人和睦相处，通过表现得可爱而取悦他人。人们通常在这些不适宜的情境中形成这种过度敏感性——确实，几乎就是具有通灵性质的——这可以和菲利普的天赋联系起来，这些天赋使他成为一名成功的建筑师和一个有很多朋友与足够多的情人的人。但是，一个人不可能做出这种妥协而不会产生不利后果。神经症的代价来自这样的事实：每当某种关系深入到一定程度，菲利普就会变得恐慌起来。

在这些情况下，我的心头便涌现出"印刻"（imprinting）这个隐喻。一只新孵化出来的鸭子，只要它的神经通路的髓鞘化是正常的，它就会追随和依恋它首先看见的任何物体。我曾经看到一只长大的鸭子追随着一只兔子到处跑，因为这是它一开始就留下印刻印象的生物，即便这只恼怒的兔子经常转身咬这只鸭子、想把它撵走。这只不幸的鸭子，似乎已经形成了一种持续不断地受到惩罚的生活方式，仍继续追随着这只兔子。一种自相矛盾的现象是，当这种印刻作用对形成印刻的生物来说变得特别困难时——例如，那只鸭子遭受的那种惩罚——依恋反而变得更强烈了。我觉得自己就快要对那只鸭子大声呼喊了："我的天啊，快离开去找你自己的妈妈吧，别再继续挨咬和受伤害了。"

有时候，我会在我的病人中看到一种类似的行为方式，表现为盲目而非理性的依恋，这类人在年龄很小的时候就受到其命运的限制。印刻作用这种隐喻与人类的关系就是，在早期对母亲的依恋

中，人类的婴儿似乎是以同样盲目的忠诚来追随他们最初的依恋对象，而且这种行为可能会因为惩罚或其他阻碍而变得更加强烈。

使用诸如"自我惩罚"和"受虐狂"之类的术语是完全没有用的。教给婴儿的原初行为方式已经定型。当孩子稍微长大一些时，用埃里克森（Erickson）①的话来说，这就表现为不可能产生基本信任。约翰·鲍尔比（John Bowlby）博士做过一些经典的婴儿依恋和分离的研究，他写道：

> 在人类婴儿身上发展起来并把焦点集中在某一特定人物身上的依恋行为的方式，和在其他哺乳动物及鸟类身上发展起来的依恋方式是完全一样的，因为这种依恋行为被合理地包含在印刻作用这个标题之下。[1]

虽然人们对于这种原始的印刻作用能否克服还有疑问，但个人可以围绕它并据此建构一些新的经验，从而对一些原初的不幸经验进行补偿。

即使已经50多岁，菲利普仍然力求找到一个"好"母亲来替代他的经历中的那个"坏"母亲，在他经历残忍的最初两年之后能给他带来公正。他过着孤独的生活，渴望有一种爱能填充他心中大片的空虚区域。他生活在这个区域的边缘，年复一年地审视他所见过的每一个女人，每次都带着这样的疑问：你是那个将要补偿我的

---

① 美国新精神分析学家，提出人生发展的 8 个阶段理论。——译者注

损失的人吗？在对菲利普的治疗中，我的任务就是给他讲清楚：他所进行的这种斗争是注定自取失败的。

这种人所面临的最初的和基本的挑战就是直面自己的命运，使自己认识到这样的事实，即：自己确实受到了不好的对待，也知道这和公正不相干，谁也不能补偿自己在最初两年所经历的那些空虚和痛苦。过去是无法改变的——它只能被人们所认识和了解。这就是人的命运。它能够被新的经验所吸收与缓和，但不可能被改变或消除。如果菲利普在其余生中仍然不撞南墙不回头，就只能是在伤口上撒盐。幸运的是，心理治疗能够成为一种工具，使人更多地意识到和补偿这种他人强加的命运。

我向菲利普指出，他紧紧地抱住这种生活方式不放实际上也是抱住他的母亲不放。它表达了一种希望，即：总有一天母亲会奖励他的，总有一天他会找到那个圣杯的。现在他想要得到的是已经失去的原初的关怀，现在他要使它复苏过来！但是，无论付出多大的代价，都无法使之恢复。命运真不济啊，真是的。但是，就是这样的。那个已经失去的母亲的意象，已经失去的机会，他心中的巨大空虚——它们仍然都保留在那里。这些事情已经过去了，没有办法改变。但你可以改变你对所发生的这些悲剧的态度，就像贝特尔海姆（Bettelheim）所做的那样，把他的"终极自由"描述为，他自己对在集中营里的纳粹冲锋队员的态度的掌控。但是，你却不能改变这些经历本身。

如果你坚持会发生改变这种幻想，总是希望"天上能掉下馅饼"，那么你就会使自己的可能性丧失殆尽。这样，你就会变得很

刻板。你就不会让自己接受新的可能性。你以你的自由这一巨大代价换取了眼前的情感利益。这样一来，其结果就必然是，你绝不可能建设性地利用你的愤怒。你失去了大量的力量、能量和可能性。简言之，你失去了你的自由。

但是，与一个人早期的命运妥协难道就没有一点建设性价值吗？不，是有价值的——而且是一种比放弃更大的潜在价值。菲利普在婴儿时期为了忍受早期关系带来的痛苦而付出的这种努力与创造性的出现是有很大关系的。如果菲利普没有经历过这种混乱的家庭生活，他会形成这些令他在建筑业获得这么高地位的才智吗？实际上，阿尔弗雷德·阿德勒相信，创造性就是对这种早期创伤的补偿。

我们知道，有创造性的人常常具有这种不幸的家庭背景。他们为什么会这样，以及这样是怎样形成的，这仍然是一个谜，其答案就像斯芬克斯（Sphinx）的来历一样尚未揭晓。但我们确实知道，像菲利普这类不幸的婴儿，是绝不可能被允许过上轻松生活的。他们从出生的那一刻起就学会了，不要接受伊俄卡斯忒（Jocasta）的忠告："最好是轻松地对待生活，就像一个人所能做到的那样。"他们不可能随波逐流或满足于已有的成就。

在经历了有障碍的童年期之后所获得的这种特殊的成就，在许多情况下都有文献记载。杰洛姆·卡根（Jerome Kagan）在研究创造性时写道：

　　艺术家的这种自由不是天生的。它是在青少年时期痛苦

的孤独中，在身体障碍的孤立中，或许在自命不凡的遗传优越性中形成的。使"这些可能性得以产生"的自由……就是创造性产物的开端。[2]

同样，理查德·法尔森（Richard Farson）发现他的"灾难理论"很适合这些情境：

> 我们的许多最有价值的人都来自那些最不幸的童年早期的情境。对名人童年时期的调查研究揭示了这样的事实：他们并没有获得我们文化中的人相信对儿童而言是健康的那种教养。……无论是否由于这些状况，显而易见的是，这些儿童在体验到最悲惨和有创伤的童年时期之后不但活了下来，而且获得了很高的成就。[3]

在这些人格中，高度的渴望和失望之间的紧张可能是创造性——以及随之而来的文明——得以产生的一个必要的源头。这种类型不能被归入任何"适应良好"综合征。巴赫（J. S. Bach）是一个明显的例外，但他的满足——如果他真的获得了满足的话——却似乎是幸运的社会状况的附带结果。"适应良好"的人很少能成为伟大的画家、雕塑家、作家、建筑家、音乐家。对于像菲利普这样经历了混乱的童年早期的人，这种创造性能力可以被认为是后来的一种补偿。问题是：一个像菲利普这样的人能抓住这些可能性吗——他能够获得新的自由却又不得不承受悲惨的命运，但对

这种命运置若罔闻，并且把它们结合到一幢意义非凡的建筑物、一尊塑像、一幅画或其他某种创作之中吗？

除了菲利普在对抗他母亲时所造成的这种损失之外，还有另一种特别有价值的东西。如果他能够接受这种他曾翘首企盼的关爱的剥夺，如果他能够直面这种孤独，那么，他就将获得一种力量和能量，这将比他在任何其他地方所能获得的能量更强，形成更加稳固的基础。如果他能够接受其命运的这个方面，这种命运就会在他身上发挥积极作用，而不是消极作用。一个人就能以这种方式和宇宙和谐相处，而不是与其相背离。

最后的这些关于与命运抗争的价值观，我这次没有直接向菲利普表述，因为我不想让他为了获得创造性而接受他的命运——那样绝对不行。我确实非常强调必须参与和接受那些他童年背景中残酷的事情。用我们的日常语言而不是用治疗的话语来说，我希望他不是为了任何事情而接受命运，而只是因为命运如此才接受它。

3. 面对母亲

在我的建议下，菲利普在我的办公室里和他死去的母亲进行了一次交谈。在幻想中，他的母亲就坐在他对面的椅子上。

（菲利普：）妈妈，您和我已经走到了路的尽头。我再也不用在您面前卑躬屈膝了。在过去，如果我们这些孩子中

的任何一个不同意您的意见，您就会大叫大嚷，变得歇斯底里，跑到窗户边上，作势要跳下去。当您在楼下大声责骂和胡言乱语后，我晚上通常躺在床上睡不着。您都快把我们大家吓死了。但是，您和我已经走到了路的尽头。从此以后，我就可以直言不讳地讲话了。我再也不怕您了——上帝知道我过去是那样地怕您。我也不会为了不说出我的想法而撒谎或推诿。您还记得那次我因为设计了纽约市的教堂而获奖的事情吗？您就在现场。当您看到那个模型时，您对我说的第一句话就是，"菲利普，我早在40年前就有这些想法了"。您夺走了我的一切。我觉得沮丧得要命。但是，我再也不会让您得逞了。

他继续说着在孩提时代他怎样从未能够感受到任何安宁，说他的母亲的作用，其实是：只要她在家，就意味着他持续的焦虑和心理痛苦的极度折磨。

现在，我要求他坐在他母亲的椅子上，代表她说话。

（母亲：）菲利普宝贝，你可能不会相信，我非常为你骄傲。当你在学校里获得这些比赛的胜利时，我会把宣传材料带回家，把它们珍藏起来。每当你上了电视，我就会告诉所有的邻居。我有一张你获奖的那座教堂的明信片，我把它拿给到我们家来的每个人看。看到模型时，我说了那些话，因为我是那样地恐慌。那些大学教授都围在我身旁，我是谁

啊？别忘了，我从小就是一个孤儿。我一点自尊都没有。照顾你们这些孩子，我总是感到很累，我的内心因恐惧而颤抖，担心你的父亲会离开我，就像他后来所做的那样。我知道我的脾气不好，我很高兴你终于站出来指出这一点。晚上，我常常躺在床上睡不着，对我大发脾气感到后悔，并想方设法地阻止自己发脾气。但第二天，我又像往常一样发起脾气来。你是我最喜爱的孩子。我曾努力不想让别人知道，但你确实是我最喜爱的孩子。我的大儿子，每当你在我们附近设计了一幢建筑，我都会去看。每当你写了一些东西，我都会看一看并为此感到自豪，尽管你写的东西我大部分看不懂。你和一大群有学问的大人物在一起，对此我感到很不自在。但是，在我活着的时候要把这些话讲出来是很难的，我不知道为什么。

（还没等我提议，菲利普就移动到另一张椅子上：）妈妈，我想把这些事情记录下来。我一直在欺骗我自己，甚至连自己都信以为真。我认为，我始终知道我是您最喜爱的孩子，但是我决不承认这一点。遭到拒绝成为一个更好的借口——告诉每个人我受到了怎样的误解，我是怎样在不利的情况下获胜的。我是个被误解的天才，没有人能帮助我，等等。现在，我想要告诉您，我确实很欣赏您。您非常有勇气，您把这种勇气传给了我。您教导我什么是关爱，尽管您自己并没有经常使用它。还记得那一次，我很小的时候，在石头上摔碎了一个电灯泡，玻璃飞溅到我的眼睛里吗？您带我去

看医生，医生把大部分碎玻璃取了出来。他想要停止的时候，您说："请再检查一遍眼睛吧。"他又检查了一遍，又找到了一些碎玻璃。因此，现在我没有失明。是的，您很有勇气，您在活着的时候决不退却。我想要因为这些特质而感谢您。

坐回到自己的椅子上，菲利普静静地坐着，眼睛看着脚下的地毯。几分钟之后，他转向我说道："我无论如何也想不到会有这样的事情发生。"

4. 小菲利普

我拿出了在我们面询初期我要求他给我带来的那张照片。我说："菲利普，这个小男孩就处在被你隔离和封存起来的那段时期。现在，请把他唤回心灵中。让他坐在这另一张椅子上。和他谈话，让他和你谈话。"

在菲利普和他幻想的多年前的自己之间的这次谈话中，这个小男孩首先讲述了和两个患有癔症的怪人一起待在房子里，每天都处在这样的气氛中是多么的可怕，充满了反复无常、不可预测、不安全，尤其是感到孤独。"小菲利普"（菲利普现在就是这样称呼自己的）讲述了，他感受到了多么可怕的孤独，仿佛空气也是如此冷漠，以致他晚上睡觉时感到房子里根本就没有其他人。另两个人似乎远在数百万英里之外。一般来说，他和母亲及姐姐的唯一的联系

就是，他不得不为她们发生心理紊乱时做好准备。

但是，在此期间最值得注意的事情就是小菲利普的蜕变（metamorphosis）。由于菲利普在这段谈话中大部分时间是在倾听，所以小菲利普似乎克服了他的焦虑。现在，他仿佛坐在莲花宝座上，看上去就像一尊小佛，智慧超越了他的年龄。难道这种智慧来自他所观察到的最初两年里发生的事情，然后他又把所有这一切原样封存在他的心中吗？

小菲利普成了大菲利普的向导和朋友。现在，他就坐在大菲利普旁边。他镇静、快乐，但并没有笑出来，而是散发出平静，仿佛在一直不为长大的菲利普所知的这些年里，他已克服了令大菲利普深深困扰的问题——害怕被抛弃，害怕女人的不可预测性，害怕残忍地被孤独离弃。

"是的，他已经克服了这些问题，"我说道，"因为你——他就是你——并没有屈从，而是在生活中获得了成功，尽管你还有这些问题。"

于是，菲利普开始慢慢地抽泣起来，但他仍继续说着。"小菲利普说：'我要和你在一起……我们将成为伙伴和朋友……当你需要安慰时，我就在那里，或者当你只是想找人聊聊时，我会一直和你在一起。'"

我向菲利普指出，他的哭声似乎并不是源于悲哀，而是源于感激，他发现了他自己身上的这个新的部分，并终于把它重新整合在一起了。难道他的哭声不就是每个人在重新体验到这些早期经历时所积累的情绪的发泄吗？他点了点头。

小菲利普作为一个幻想的人物，又能提供真正的安慰，后来一直和菲利普在一起，乘着飞机在这个国家旅行，去看望妮科尔，而且无论在哪里菲利普都需要他。确实，不管菲利普在什么地方，都有小菲利普的身影。他总是召之即来，总是准备在必要的时候提出意见，是一个永恒的伙伴，但在大多数情况下又只是陪在一旁（presence）。这极大地扩展了菲利普的自我。

对于已经长大成人的菲利普来说，所有这一切似乎是一种令人惊讶的发现。他说，仿佛他是第一个体验到这种现象的人。"我再也不孤独了。我的孤独似乎主要是因为我自己放弃了早期的自我。"在随后的几周里，每当他发现他在为妮科尔而妒忌时，菲利普只需在心中回忆起这个友好的伙伴，这个"小佛"似乎就可以填充这种空虚，否则这种空虚就会是一个空洞，焦虑和妒忌就会在里面泛滥成灾。"我再也不会被抛弃了！"菲利普以令人惊奇的快乐声调说道。

菲利普在意识中体验到他的自我的一个新的——其实早已有之——方面。它是觉知新的可能性的曙光，而这些可能性实际上一直就在那里。对菲利普来说，这是迈向个人自由的重大的一步。

而且，这实际上是菲利普放弃坚持孤独的开端，是他开始"欣然接受一切"，把他自己和早期的自我结合在一起。当生活遭遇不幸或威胁时，他为了生存而不得不把这个自我锁在一个地牢里。虽然这并不会改变最初缺乏基本信任的状况，但它确实是一种超越（surmount）。

5. 愤怒是通往自由的道路

关于愤怒心理，我们听到最多的说法是，愤怒会蒙蔽我们的视线，使我们相互之间产生误解，而且通常会使一种理性、清晰的生活观所必需的冷静受到干扰。人们指出，愤怒会剥夺人的自由。以上所说句句属实。但是，这种说法却是片面的：它忽略了愤怒的建设性的方面。

在我们的社会中，我们把愤怒（anger）与不满（resentment）相混淆。不满是一种被压抑的愤怒，不断地在我们的内部侵蚀着。我们在不满中储存着弹药，以便向我们的同伴"进行报复"，但我们却从未直接以可能解决问题的方式进行交流。正如尼采如此明白地指出的，把愤怒转换为不满是一种中产阶级的疾病。它侵蚀着我们作为人类存在的发展状况。

或者我们把愤怒与怒气（temper）相混淆；一般来说，怒气是被压抑的愤怒的爆发。或者与狂怒（rage）相混淆，狂怒可能是一种病态的愤怒。或者和使性子（petulance）相混淆，使性子是一种孩子气的不满。或者和敌意（hostility）相混淆；敌意是被吸收到我们的人格结构中的愤怒，直到它浸染了我们的每一次行动。

我指的都不是这些敌意或不满。相反，我说的是把自我的不同方面都聚集在一起的愤怒，它把自我整合起来，使整个自我活灵活现地存在，使我们充满生机，使我们的视觉敏锐，激励我们更加

清晰地思考。这种愤怒带来的是一种自尊和自我价值的体验。它是使自由成为可能的健康的愤怒，是使人摆脱不必要的生活负担的愤怒。

菲利普向我讲述了他和妮科尔在特立尼达的一次旅行。有一天晚上，他们计划去跳舞。但是，在参加了几个鸡尾酒会和在晚宴上喝了几杯酒、回到他们的房间之后，还没来得及继续去参加舞会，菲利普就始料不及地在床上晕晕乎乎地睡了过去。像平常一样非常渴望跳舞的妮科尔为此大发雷霆。几个小时后，菲利普醒了，却发现自己在迷迷糊糊的意识状态下和妮科尔做起爱来。对于他晕了过去，她变得越来越心烦意乱，就脱下他的裤子并且告诉他，当他处在半意识状态时，她就想要做爱了。

他还是迷迷糊糊的，却想要知道这段空白，所以便询问她，在他失去记忆的时候她在做什么。

她回答说："我走出去到了前面的草地上。有一个来自北卡罗来纳的男人在那里。我们开始谈话，然后干那种事。我们做爱足足做了一个小时。"

菲利普还处在迷迷糊糊的状态，不知道她讲的故事是真实的还是编造的。整个晚上，他都受到这种矛盾心理的折磨。早上，他问她这个故事究竟意味着什么。她脸红了，说她其实是开了个玩笑。

（罗洛·梅：）这个故事给你什么感觉？

（菲利普：）我被它搞得非常心烦意乱。

（罗洛·梅：）你不觉得它残忍吗？

（菲利普：）没有。我认为这不是残忍。我只知道每当我想到有一个陌生人和她做爱做了一个小时，就像有一块烧红的热烙铁烙在我的心上。

（罗洛·梅：）请想象一下妮科尔坐在这个椅子上。她只是给你讲述了这个故事。你有什么感受呢？对她说出来。（针对妮科尔的一连串话语从菲利普的嘴里说出来，有些表达了他对她的愤怒，但大多数表达了她对他造成了多大的伤害。）是的，你一直感受到她的残忍。妮科尔的价值观并不是你的价值观。这是两种不同的价值体系的冲突。如果就像你说的那样，在她4岁的时候，她的父亲就离开了，此后她就从未有过一个可靠的父亲，那么，她当然会对怎样应对男人感到很混乱。她想惩罚所有的男人而进行报复。因为你没有娶她，所以你也要受到惩罚。但所有这一切都不是这里的问题所在。在所有这些事情上，你都没有考虑到你的角色。是谁想要通过给妮科尔钱而把她收买下来？是谁谈论到保险？是谁使自己经受所有这一切痛苦，忍受这一切只是为了再看一看妮科尔？是谁一而再再而三地使自己受辱，而只是为了能和她在一起？是谁跟随着其他的家伙排队上她的床，为了吸吮乳头，或者做爱，就要接受所有这一切羞辱呢？（菲利普似乎吃了一惊。）确实，这是妮科尔在特立尼达告诉你的一个残忍的故事。但是你要注意，你并没有感到它的残忍——而只是感到它对你造成了多大的伤害。你没有感受到它的理由是，你无法承认你自己的残忍——在大多数

情况下是对你自己的残忍。今天的你非常像是那个要饭的小男孩与莫德和母亲在一起的样子，"骂我吧，打我吧，只要你让我生活在这里，你愿意怎么做就怎么做吧！"是的，我知道，要回到那个家里去，你就不得不凭借欺骗而生存下去，你就不得不掩盖你真正感受和想到的事情。你放弃了你的自由。你总是试图预见到，在你讲话之前另一个人的反应会是什么样的。你躲藏在诸如"责任""孝顺""高尚的儿子"等这些冠冕堂皇的名词后面。但是，你一定恨那些在莫德和你的母亲面前扮演的角色。

（菲利普：）天啊，真是这样啊！

（罗洛·梅：）请想象一下，现在是莫德坐在这把椅子上。她已经死去两个月了。告诉她你真实的感受。

（菲利普：）好的。莫德，我总是很痛恨来见你。我从来不敢这样说——你已经够痛苦的了。我假装是那个很好的、负责任的兄弟。你谈过你的排便问题，你是多么地痛恨所有的医生，你的外甥女是怎样偷窃了你的钱，以及所有那些欺骗过你的人。我一直悄悄地看着我的表，看一看我还得忍受这个患妄想症的家伙多久……

把这种愤怒发泄出来使菲利普获得了部分的自由。至少他开始知道他能够说出他的感受了。但是，这仍然是一种囚禁着的自由。他还缺乏波涛汹涌的愤怒来改变自己的生活，缺乏彻底摆脱一个人的意愿，也缺乏把所有的负担和过分的顾虑都弃置一边的意愿。

在特立尼达，妮科尔向菲利普讲述了她在前面的院子里与一个男人做爱的故事。在他们从特立尼达旅行回国后一周，菲利普直截了当地问她，这个故事是真的还是编造的。令人吃惊的是，她回答说，这当然是编造的，并且反问他，他知道有什么人真的会做这种事吗。他回答说："知道，我姐姐。"

这就展现了一个新的维度：把莫德与妮科尔相等同，也可能是对妮科尔的某种投射实际上来自他的姐姐。莫德是个滥交的人——她在大街上招引男人。菲利普非常害怕自己像莫德一样。因此，他进行过度控制，害怕失去控制。这是他对姐姐的精神分裂症冲动的一种防御。

（罗洛·梅：）菲利普，我注意到，你曾向妮科尔表明她对你的伤害有多深。你的反应就像巴甫洛夫（Pavlov）的那些狗——你确信她看到了你有多么悲痛。但是，你并没有告诉她，你实际上是怎样感受的。你连这样的话都没有对她说过："瞧，我爱你，我不希望你在这个国家到处乱跑，和其他男人性交"。

（菲利普：）我以为我说过这样的话。

（罗洛·梅：）我没有听到。我只听到你说她和×××睡觉使你受到多大的伤害，因为她在那个周末离开了而使你所有的伤口流血。

（菲利普：）我不想对她下命令。

（罗洛·梅：）你认为你向她展示所有这些流血不是在

向她下命令吗？唯一的差别在于，对你们两人来说，展示这种流血是一种更痛苦的方式。我听见你向全世界宣布："如果我受到伤害，他们就不应该这样做""与其让别人流泪，不如自己受伤"。每当她们——你的母亲、莫德或妮科尔——开始哭泣时，你便举手投降了……你总是宁愿受到伤害，也不愿意关怀一下你自己，即便这样做也会使别人受到伤害。

6. 青衣少年

就在我们大概进行到这个阶段的治疗时，菲利普的幻想中出现了一个青衣少年（the green-blue lad）。这个人物——年龄还不太确定，但大概不到 20 岁——作为菲利普愤怒的一种化身而出现。直到我告诉了他，菲利普才知道，在中国传统中绿色和蓝色是代表愤怒和恐惧的颜色。[1] 但是，这个青衣少年并没有阴沉着脸怒目而视，就像我们文化中的大多数人所预期的那样，因为当我们愤怒时我们就是那样做的。相反，他是完全开放的、诚实的和充满生机活力的，无论他说的是什么，他都绝不会屈尊或伪装。最令人惊讶的是，他是激发菲利普幽默感的刺激物。这个青衣少年嘲笑失败，就

---

① 哈罗德·拜伦（Harold Bailen）是美国医学和针灸医生，他告诉我，在中国传统中，绿色是代表愤怒及其对立面平和的颜色，蓝色是代表恐惧及其对立面勇气的颜色。在中国传统中，一个人必须经历这些才能达到快乐。红色是火的颜色，也是代表快乐的颜色。

像希腊人佐巴（Zorba the Greek）^①一样。当他被击倒在地时，他能够毫无畏惧地站起来；用吉卜林（Kipling）的话说，他能够"孤注一掷"。他似乎摆脱了一切循规蹈矩的束缚。他随性而为，他的动作仿佛是在跳舞，而且他随时会大笑起来。

在这个青衣少年在菲利普的幻想中出现数周之后，菲利普在日记中写下了如下的文字。他把这段文字读给我听：

> 当我感到情绪低落、什么也不想做时，这个青衣少年就会在我面前出现。我在情绪低落时就像狄更斯小说中的人物尤赖亚·希普（Uriah Heep），卑躬屈膝，随时准备按别人的指令办事。突然，这个青衣少年出现了并且感染了我。就在我看到他的脸和他生机勃勃的动作时，我突然变成了一个强壮的人，嘲笑麻烦和失败。我的自尊得到了再生。我感到很强壮，能够应对一切。于是，在我看来根本就没有诸如失败这样的事情，因为我胸有成竹。即便是外部生活中的一次失败，在我看来，也是我内在的一个胜利，因为我已经尽力了。这个青衣少年和我只知道能够（can）这个词——我们只知道可能性。当我们站在一起时，对这个青衣少年和我来说，根本就没有不可能（impossible）这个词。

在某次面询中，当这个青衣少年第一次出现时，菲利普说道：

---

① *Zorba the Greek* 是希腊作家卡赞扎基斯（Nikos Kazantzakis）于1946年发表的一部小说，1964年被改编成电影。——译者注

"如果妮科尔想要继续这种随便和男人上床的行为，她会下地狱的。我要和别人一起过日子。"

那次面询结束后，他在一种欣喜若狂的状态下离开了。再也没有什么事情能够阻止这位来访者维护他的自由、把握他的生活和重新创造生活了，这正是治疗中的一种突破的时刻。我从窗户里看着他沿着大街向前走去。他似乎长高了6英寸。

在出现愤怒的同时，令人痛苦的妒忌在菲利普身上也消失了。我知道这种感受还会部分地回来，但绝不会像以前那么强烈和压倒一切。害怕被抛弃的感觉在菲利普身上也消失了。他知道，如果一个人抛弃或拒绝了他，还有其他人不会这样做。再者，他能够从此选择他想要与之亲密的人了。

对某些读者来说，这似乎是很奇怪的，这个青衣少年竟然是菲利普愤怒的化身，他竟然在这个特殊的时刻出现。为了理解这一点，我们必须认识到，许多来寻求治疗的人都因为他们对愤怒的压抑而失去了自由，这种压抑通常都是由于他们在生活早期习得的"任何愤怒都要受到严厉惩罚"的观点所致。他们经常采纳菲利普从一开始就表现出来的这种方式：欺骗人，掩盖他们真实的想法，学会不直接把话说出来，而是在讲话之前预测另一个人会做出什么样的反应。他们的愤怒在压抑中被转化成了怨恨，这种怨恨往往是导致他们缺乏整合、继续放弃自由及其选择可能性的核心原因。

虽然怨恨总是完全主观的，但是，对菲利普来说，这种被那个青衣少年象征化的建设性的愤怒却通常是客观的。只要菲利普感到他只是对其母亲怨恨，那么，他所说的有关她的一切就都是消极

的。但是，在治疗中，当他在幻想中对母亲感到愤怒时，令他惊讶的是，这让他发觉他私底下是多么感激他的母亲对他的关爱和栽培，并为此而感到骄傲。我们还记得他曾客观地陈述，他的母亲尽其全力在没有任何帮助的情况下把孩子们抚养大。看起来这似乎是一个"借口"，但我并不这样认为。相反，我认为，这是一种努力，想要把愤怒置于最初引发这种愤怒的条件之上。换句话说，一个人是针对命运而表现出愤怒的。

命运的概念使经历愤怒成为必要。我们可以肯定地说，那种"从来都不会愤怒"的人也是那种绝不会与命运交汇（encounter）的人。当一个人与命运交汇时，他会发现愤怒自动地在他身上产生，但却是作为一种力量而产生。被动性绝不会是这样的。这种情绪不一定是负面的。请回忆一下，那个青衣少年充满了幽默和强壮。与自己的命运交汇就要求有力量，无论这种交汇采纳的是拥抱、接受还是攻击的形式。对愤怒这种情绪状态的体验和对命运的构想就意味着，你不再自视过"高"；你能够投身到任何事情之中，都不必为那些微不足道的细节问题感到焦虑。

在菲利普看来，愤怒是一条通往自由的路径。我们注意到，当他变得愤怒时，就是他获得有价值洞见的时候，此时他就会作出一些建设性的表示——例如，当他责备妮科尔想要和克雷格结婚并且游遍这个国家的计划时，他称之为"我所听说过的最疯狂的计划"。

像菲利普所经历的这些体验类似于一条驶向大海的航船，船的缆绳从停泊处解开了，开始扬帆远航，此时它通过与风、大海和星辰的合作而获得力量，就像我们通过与命运的合作而获得力量一

样。我们的自由，就像这条船的自由一样，来自参与到命运之中，知道这些因素随时都在那里，我们必须与之交汇或拥抱。建设性的愤怒就是与命运交汇的一种方式。

但是，水手们却常常发现，他们不得不与这些因素搏斗，例如在大海上遇到风暴的情况下。我们发现，我们的自由处在我们无法控制但只能交汇的各种力量的结合点上——就像与风暴搏斗的航船一样，这种自由常常表现出我们所具有的一切力量。于是，这艘航船不仅要在顺风条件下行驶，还要在与大海和风暴的搏击中乘风破浪地航行。

我们一直在讲述的这种建设性的愤怒是使用我们的力量，让我们选择与命运交汇的方式。命运可能做出各种各样的反应，合作是交汇方式中的一端，另一端则是搏斗。我们的愤怒使我们具有力量，能够与命运斗争。正如贝多芬（Beethoven）的呐喊："我要扼住命运的喉咙！"由此，他才创作了《第五交响曲》（Fifth Symphony）。

7. 孤独与再生

几次面询之后，菲利普来进行最后一次面询，至少在当时，他感到很悲哀、失落，尤其是感到孤独。这些心境——对最后一次面询的来访者来说是很常见的——是他们与治疗者、帮助者告别时的混乱和孤独的主要表现方式。这种悲哀就是被独自放飞到这个世界上的绝望。它使我们有最后一次机会来深入观察这位来访者的绝望。

菲利普哭了一会儿，这似乎使他放松下来了，然后他开始自由地谈论这种绝望。"我感到每个人都死了。母亲死了，莫德死了，妮科尔在此刻似乎也正在死去。而我和你的关系也将死去。每个人都死了。"

我提醒他，我今年秋天就在这里，如果他想要和我聊聊的话，随时可来找我。再者，我希望我们会成为朋友。然后，我询问了他有关孤独的一些事情。

"我觉得就像是一棵立在北极的云杉树，方圆一百万英里之内没有人烟，也没有任何东西。……在北极我感受到一种极大的诚实（honesty）——我的意思是说孤独。"他因这种言语的失误而笑起来。想了一会儿，他补充说："是的，我猜想，这是一种巨大的'诚实'——这是一种来自孤独和感受孤独的诚实。那里没有母亲的照料。"

他的言语失误表达了某种重要的东西。从某种意义上说，孤独就是诚实。在诚实中，你就不得不使你自己与那些芸芸众生分离开——你不再人云亦云。诚实就是孤独，从这个意义上说，你使自己具有个性色彩，你把握住了成为你自己和单独属于你自己的时机。要成为你自己，从你自己的心灵深处讲出肺腑之言，就一定要有最初的孤独。

我对他的话做出回应："这难道不是我们大家都经常体验到的那种孤独吗？那种不可与人类的状况相分离的孤独？如果你敢于诚实地成为你自己，你就会是孤独的。在我们的自我意识的每一时刻，我们都是孤独的。谁也不可能真正地进入我们内心最隐秘的圣

地（our sanctum sanctorum）。我们孤独地死去，谁也无法逃避。在其最深刻的意义上讲，这就是命运。当我们认识到这一点时，我们就能够在一定程度上克服这种孤独。我们认识到，这是一种人类的孤独。换句话说，我们都在同一条船上，因此我们能够选择，是否让别人进入我们的生活。嗨，你瞧，这样我们就使用了这种孤独，让我们变得不孤独了。"

由于某种当时尚不清楚，但后来却显而易见的原因，菲利普告诉我，他在伊斯坦布尔的罗伯特学院度过三年，他从大学毕业之后就去那里教书了。在那里的第二年他感到处在痛苦的孤独之中，主要是由于孤独地处在一片外国的土地上，在那里英语社群很小、很令人厌烦。而且，给土耳其的男孩子们教英语并不那么吸引人。菲利普采取了他通常使用的防御手段：他使自己以更大的热情投身于工作之中。但是，他越是努力地工作，他就越感到孤独。最后，他的身体累垮了，他不得不卧床休息几个星期。他把这件事情称为"神经崩溃"。

他告诉我说，后来他改变了自己的生活方式。他开始绘画。他到处游荡，画田野里的罂粟花和伊斯坦布尔古老的清真寺。他放弃了刻板地计划其生活的习惯，开始让能量随心所欲地流动。但是，所有这一切都毫无目的或没有方向感、变得疏离。他经常感到自己像一个无足轻重的人一样，因为他证明其价值的所有旧的生活方式都不再发挥作用了。

（罗洛·梅：）请闭上你的眼睛，想象你自己回到你生

活的那个时期。倾听你周围的事物发出的声音：蜜蜂的嗡嗡声，那年春天鸟儿的叫声。成为那个患有"神经崩溃"的年轻人……发生了什么事情呢？

（菲利普：）他就站在校园里面四处走动。他感到很空虚、失落……附近有一群人，大多数都是这所学校的男孩子。他朝他们那里走了几步。……是不是该到吃晚饭的时候了？……他没有什么事情要做……根本就没有方向。……他就像一个聋子和哑巴……他什么话都没有说……

（罗洛·梅：）你想对他做什么？

（菲利普：）我想要往前走……我想要用胳膊搂住他……我想要说："我们喜欢你，菲尔。"……我想和你一起去吃晚饭……

（罗洛·梅：）其他人一定也很喜欢这个年轻人。我发现你对他充满了爱意……你的哪一部分和这个年轻人相认同呢？

（菲利普：）我的心，我的肌肉……我感到他一直陪伴着我。

（罗洛·梅：）你瞧，你能够给他爱和温情。（现在，菲利普又开始哭泣起来。）你之所以哭泣，是因为你已经觉察到其他人可能很喜欢你和爱你，而你对此却一无所知吗？……这些感激的泪水是不是恰恰表明，现在的你能够接受这些事情了呢？

然后，菲利普向我讲述，那年春天，他毫无目标、没有方向，已经放弃了他的严格的计划，就在那之后，开始了"我曾度过的最好的夏天"。"我在暑假期间开始向里海出发，没有计划，没有要跟随的固定向导。我偶然遇见了一个由十五六位艺术家组成的群体，他们集体进行旅游和从事艺术。我在他们那里找到了一份工作，干些零碎杂活。我一直和他们一起沿着里海在村庄里旅游和写生。这是我成为一名建筑师的开端。我深深地爱上了那年夏天。我失去了我的童贞，但却得到了最大的快乐。这真是一个传奇般的夏天啊！"

我们应该把菲利普所描述的他遇到这群人称为"偶然"吗？这是否真的是一种命运的显现呢？我认为是这样的。当他放弃他那种刻板而强迫性的生活要求时，当他能够"信马由缰，随心所欲"时，意想不到的可能性就能够以不可预测的方式表现出来，要不然，他是永远也不会知晓的。这就是已经被意识到的命运的不同面貌。

我们在治疗上的问题是：为什么关于这个"传奇般的夏天"的联想会在这个特殊的时刻表现出来？因为菲利普下意识地把这个夏天与他当前的时刻联系起来。他用象征的方式告诉我，他当前的情境就像那年春天和夏天，他希望并相信，这将引领他从绝望走向快乐，走向"我度过的最好的夏天"。

和菲利普在一起的一个小时里，我想要为他的信心提供支持，而又不会把他由绝望带来的力量驱走，因为绝望完全有可能导致最深刻的顿悟和最有价值的改变。对菲利普来说，在那次"神经崩溃"事件中确实发生过这种事。在随后的那年夏天，正如他所说，

他体验到了以前从未有过的十足的快乐。确实，大多数人在绝望或抑郁时会退缩——他们倾向于退缩到毫无希望的状态。我希望菲利普能建设性地体验到他的失望，使之成为一种机会。那么，这种绝望就能像《创世记》（Genesis）中的洪水那样对这个人发挥作用：它能把大片的废墟——错误的答案、虚假的浮标、肤浅的原则——冲刷得一干二净，为新的可能性打开方便之门。也就是，为了新的自由。

我们知道，在心理治疗中，绝望的时刻对来访者发现隐藏的能力和资质是很重要的。一些治疗师认为，每当来访者感到绝望时，都要使他安心，这是治疗师自己义不容辞的责任。实际上，这些治疗师受到了误导。这是因为，如果患者从未感受到绝望，他是否能感受到在表面之下的任何事物，这是值得怀疑的。来访者的这种体验肯定是有价值的，不管怎么说，他再也没有什么更多的东西可以丧失了，因此他完全可以产生必要的飞跃。在我看来，这似乎就是"绝望和信心都会消除恐惧"这句民谣的意义。

注释

[1] John Bowlby, *Attachment*, vol.1 of Attachment and Loss series（New York：Basic Books, 1969）, p.223.

[2] Jerome Kagan, ed., *Creativity and Learning*（Boston：Houghton-Mifflin, 1967）, p. 27.

[3] Richard Farson, *Birthrights*（Baltimore, Md.：Penguin, 1974）, pp. 29-30.

第三章

自由动力学

我不需要看到或检验才能获得自由。即便是处在受奴
役的混乱状态，我也是自由的。我享受未来的自由——世代
之后的自由。当我死去的时候，我将作为一个自由的人而死
去，因为我已经为自由而奋斗了终生。

——尼科斯·卡赞扎基斯，《自由或死亡》(*Freedom or Death*)

只要一个人有与自己相矛盾、与其本性相抵触的力量，
他就是自由的。人甚至有放弃自由的自由；就是说，他能够
放弃他的人性。

——保罗·蒂利希

自由，就其本质而言，是难以捉摸的。由于这个词的易变性，
人们对此很难下定义：自由总是在变动。你可以说明自由不是什
么，或者你想要摆脱什么——这就是"摆脱"(freedom from)这个
短语绝不应该受到忽视的原因。但是，人们很难说明自由究竟是什
么。所以，我们总是听到人们说，为自由而斗争，为自由而奋斗。
但是，当有人告诉我们"我是怎样发现自由的"时，我们会感受

到，有某些东西是虚假的。卡赞扎基斯正确地指出："最伟大的美德不是要获得自由，而是要不停地为自由而斗争。"

自由就像是当你走进树林时在你面前翩翩起舞的一群白蝴蝶——以许多不确定的方向成群结队地飞来飞去。洛伦·埃斯里（Loren Eisley）写道："使用'自由'这个词，立刻就消除了本来想要描述的这个实体"。换句话说，一旦你的自我意识确信你是自由的，你就已经失去了自由。

因此，我们发现我们几乎总是在描述自由不是什么，而不是自由是什么。"明天我有空"（I am free tomorrow），意思是说，我不必去工作；"我有空档"（I have a free period），意思是说，那时我没有课。马林诺夫斯基对此指出："人们经常不断地把自由想象为消极的性质。自由与健康、美德或天真非常相像。在我们失去自由之后，我们对它的感受最强烈。"[1] 词典一点也没有减轻我们的困惑。在《韦氏大词典》（Webster's）的 18 种不同的意思中，有 14 种是消极的，例如，"没有处在奴役状态"或者"不依附于外部权威"。在剩余的 4 个中，有一个是"自由权"（liberty）——它应对的是政治自由——其他的则只不过是一些同义反复，例如"自发的、自愿的、独立的"（spontaneous，voluntary，independent）。

自由在持续不断地创造着它自己。正如克尔凯郭尔所说，自由就是扩展。自由有一种无限的性质。总的来说，这一套常新的可能性就是心理学家回避这个主题的一部分原因，因为自由不能像心理学家们惯常所做的研究那样明确。

在心理治疗中，我们所能达到的对行动中的自由进行辨别的最佳

时刻就是，当一个人体验到"我能"或"我愿意"时。一旦接受治疗的来访者会说这样的话，我总是确定让他知道我听见了他说的话。"能够"和"愿意"是对个人自由的一种声明，即便只是存在于幻想中。这些动词指向未来的某一事件，可以是马上发生的，也可以是长久以后的事。它们还隐含着这样的意思，使用它们的人会感受到某种力量、某种可能性，并且觉察到有能力使用这种力量。

1. 行动的自由，或存在的自由 [1][2]

虽然我们知道，自由的终极意义难以理解，但我们仍然可以尽我们所能给这个术语下个定义。第一个定义是在日常行为领域的心理学层面上的：

> 自由是在同时面对来自许多方向的刺激时停顿一下的能力，在这个停顿时期，依据个人价值作出某种反应，而不是另一种反应。

这就是我们在一家商店里停下来购买一条领带或一件外套时所体验到的那种自由。我们在想象中唤醒这种意象，想象我们戴上这

---

[1] 我使用存在的自由（existential freedom）这个术语，意思是说发生在我们的日常存在中的自由。我希望不要把它和存在哲学相混淆。对存在哲学的原则我已经有很多的了解，但这里所提出的自由观是我自己的观点，不应该把它和有这个名称的哲学相等同。

条或那条领带时看起来如何，对此别人将说些什么，或者这种颜色将适合什么样的上衣。然后，我们买下这条领带，或者继续购买别的东西。这就是行动的自由（freedom of doing）或存在的自由。

这种自由在超市里表现得最为有趣。当我们推着购物车，在摆着琳琅满目的食物的货架之间的通道前行的时候，每一种食物都通过其鲜亮的标签静静地呼喊："请买我吧！"我们看到顾客们带着犹豫不决、茫然若失和惊异的表情，停在那里寻求灵感，看看所有这些食物中哪一些适合于用来做今天的晚餐。顾客们似乎受到了催眠，陶醉了、被迷住了。他们就像在精神病院病房里的病人一样，当我直接在他们的视线里走过时，他们竟然视而不见。这种惊异和犹豫的表情是一种准备、一种邀请、一种对货架上的某一刺激物的开放态度，旨在说服他们在选择时以这种或那种方式打破平衡。

我们每个人每天都要数百次地体验到这第一种自由。当我们在心理学的课堂上讨论自由时——如果我们曾经这样做过的话——它会以诸如决定／选择这类受人尊重的术语出现。

这种自由的最深刻例证就是我们提出问题的能力。例如，在听了一个讲座之后，我提问了一个问题。这个问题是从我的心头涌现出来的，这个根本的事实意味着，有不止一种答案。否则，一开始就提这样的问题也就毫无意义了。这就是自由，其含义是，在我提问的问题中有某种可能性、某种选择的自由。在我提出问题之后，演讲者就会停顿几秒钟，在他的心中把几种可能的回答翻来覆去地思考几遍。

我们感觉到，在提问和回答问题时，有大量的更多的事情在发生，它们具有更丰富的性质，而不仅仅是对各种刺激物的反应和对某种回答的选择。提出问题隐含着某种价值判断：这个人的生命的某种投入，某种要求分享和联系的邀请，某种考虑一个新观念的挑战。

所以，我们必须继续前进，看看我们的第二个层次的定义。索尔仁尼琴认为，任何只指涉"行动的自由"的自由的定义都有肤浅化的倾向。他在斯坦福大学做过演讲。在接受胡佛研究所的美国友谊奖的时候，他说：

> 很遗憾，在最近几十年里我们的自由这个根本观念已经被削弱，和过去的时代相比变得肤浅了；它几乎完全降格到免受外界压力的自由、摆脱国家高压统治的自由——在法律层面所理解的自由，仅此而已。

2. 生命的自由，或本质的自由

"行动的自由"指的是行为。而"生命①的自由"（freedom of being）指的是促使行动出现的背景关系（context）；它指的是一个人的更深层的态度，是"行动的自由"诞生的基础。因此，我把这第二种自由称为"本质的自由"（essential freedom）。这可以在布鲁

---

① 指一个人肉体和精神的综合体。——译者注

诺·贝特尔海姆的证词中得到证实，这个证词和他在第二次世界大战期间在一个集中营度过的两年有关。他根本就没有行动的自由，他没有力量改变纳粹德国党卫队的行动。但是，他确实拥有他之所谓"终极自由"——自由地选择用什么态度面对逮捕他的人。这种生命的自由或本质的自由包括反思和沉思的能力，提出问题的自由（无论是有声的还是无声的问题，都是从这种能力中产生的）。

一个接受过菲利普·津巴多（Philip Zimbardo）访谈的圣昆廷监狱的囚犯在这里给我们提供了我们所需要的出发点。这名囚犯是一个墨西哥裔美国人，也是一位诗人。在监狱里，他无法随意行动；五年来，他一直被单独监禁着。在圣昆廷，对这类单独的监房有一种奇怪的嘲讽，它们被称为"最大的适应中心"。我引用在访谈中他说的话：

> 他们把我和我的家人分离开，剥夺了我和我的小儿子接触的机会。他们把太阳、月亮和星星都藏起来不让我看，用他们的钢筋混凝土来交换大地和鲜花以及一切温暖和柔软的东西。
>
> 吹过我的发际的风被他们讲给我听的规则所取代。
>
> 眼泪不许掉在捆绑的绳子结上。我的肌肉的力量被铁链和镣铐束缚着。
>
> 他们试图否定我的存在——而且几乎成功了。
>
> 他们什么都没有给我留下，什么都没有，除了一个内在的核心，一个秘密的、隐私的地方，这是一个他们还没有找

到怎样到达的方法的地方。

讲这些话的人显然并不是想要在"刺激物"之间做出选择。这显然是一种不同的自由，是用"内在核心"和"一个秘密的、隐私的地方，这是一个他们还没有找到怎样到达的方法的地方"诸如此类的话语表达的自由。他继续说道：

> 就是在那里我在思考我是谁，就是在那里我想了解我的敌人究竟要干什么以及为什么要这样做，就是在那里我使我的意志活着，在一个使我觉得我什么都不是，充其量仅是一只动物——一只被捕获的野生动物——的地狱里保持求生的意志。

我们注意到，他并没有说"我要做什么"，而是说"我想要了解"。他自己的思想正经历着一连串的跳跃，这些跳跃意味着一些突破，达到了他与自己的关系中的一个新的维度。这显然不是一种行动的自由，而是一种生命的自由。

他还告诉我们——这是非常重要的——这就是他使他的意志活着的地方。这就是使他感到鼓舞和精神振奋的自由，他正确地将其解释为，他在单独监禁的极度痛苦的孤独中生存下来多亏了这种自由。他得出的结论是：

> 虽然我有时候变得很抑郁，感觉自己好像要放弃了，我

的思想的发现却给我带来了快乐，因为只要他们没有办法拿走我的思想，我就是自由的。

在这个最绝望的地方，知识就是自由，就是希望的源泉。

一个人没有自由权（liberty）可以活着，但若没有自由（freedom）就不能活着。

在最后那句动人心弦的话语中，他使用的术语就是我选择要在本书中予以界定的术语，"自由权"指的是政治状态。如果我们不得不在纳粹的统治下生活或住在监狱里，我们很可能会非常痛恨它，但我们仍然能存活。然而，自由却基本上是一种内在状态。这个"核心"、这个"秘密的地方"对我们作为人类存活下来却是绝对必要的。它就是给人以存在感的东西，让人有了自主性和同一性的体验，使人能够使用"主我"（I）这个代词代表全部完整的意义。

我不希望把这种内在的自由与对它所做的感性的主观表述相混淆。在南北战争时期的戏剧《谢南多厄河》（*Shenandoah*）中，有一段黑人小男孩表演的歌舞，其中有一句话就是，"自由只是一种心态"。对马丁·路德·金（Martin Luther King）来说，自由只是一种心态吗？对自由的游行者来说，自由只是一种心态吗？对于华盛顿和在瓦利福奇的大陆军来说，自由只是一种心态吗？对于那些妇女解放运动者来说，自由只是一种心态吗？

只要是真正内在的自由，就迟早会影响和改变人类的历史。这包括布鲁诺·贝特尔海姆所谓的"终极"自由。这种历史的影响来

自他从集中营出来后所撰写的那些有深刻洞见的书中。这种自由包括圣昆廷的那个因犯所描述的那种自由，它对历史产生的影响，其中之一就是我们在这里引用他的话语。自由的这些主观和客观的方面是绝不可能相互分离的。

我认为，我们所引用其诗句的那个因犯比圣昆廷的那些狱警更自由。他在监狱里写了一首诗，我们在这首诗中发现了这样的话："虽然我们身披锁链，但狱警却并不自由！"谁也不能否认，作为一个奴隶，爱比克泰德比他的所有者和主人更自由。这位因犯也把自由作为生活的一种内在条件来体验，这是他的人类尊严的根源及其写诗的力量的根源，"用我的牢房里的一支旧铅笔把监狱的栅栏勾画掉"。

"我的思想的发现给了我快乐"，这位因犯的这句话是一个深刻的评论，也对我们的生活具有深远的含义。他的自由并不是一种安全的自由，而是一种发现的自由。发现自己思想的快乐是一个真理，我们很少听到一个未曾受过寂寞岁月锤炼的人说过这样的真理。

在圣昆廷的那位因犯还告诉我们"知识就是自由"和他的"希望的源泉"。在生命的自由中，新的可能性不断涌现，这些可能性包括对自我的新发现、新的想象飞跃，以及对世界和生活在其中的新的愿景。泰拉蒙特斯（Talamantez）并没有说"希望获得"某件东西；他宣称，认知的自由本身就是希望，无论任何具体的事情最终是否会发生。

我假定，我在这里所谓生命的自由或本质的自由，类似于奥古斯丁（Saint Augustine）所谓的"大自由"（freedom major），因为

他的"小自由"（freedom minor）类似于我之所谓行动的自由。本质的自由是其他形式的自由得以涌现出来的根源。

谢林同样写道："在自由这个概念中，我们可以发现阿基米德寻找过但没有找到的东西——一个能够让理性架设其梯子的支点，但它并不是在当前或未来的世界上，而是在内在的自由感（inner sense of freedom）之中，因为它把这两个世界结合起来了，所以它也必须是对这两个世界进行解释的原则。"[3]

正如圣昆廷的囚犯在访谈中向我们阐述的，这种基本的自由是他快乐和精神的根源。前者在他自己的"（它）给我快乐"这句话中得到体现。后者体现为他的勇气、他的希望，体现为这个事实：他存活下来并保持了理性和可能性的意识。在这种情境下，换了别人，可能早就在绝望中放弃了，也很可能会在精神病中寻求避难。他在监狱里写的一首诗中说道，精神失常经常伴随着他，但他设法通过专注于写作而避免陷入其中。

在集中营里存活下来的幸存者也对这种本质的自由及下述事实给予了类似的证明，那些能够选择他们自己对党卫军态度的囚犯在精神上并没有成为奴隶。如果必要的话，这就是他们有本质的自由这个现实的实际证据。

毕加索（Picasso）给我们提供了一个关于生命的自由与行动的自由的对比。1904年，塞尚（Cézanne）忠告其他画家"要用圆柱、球形和圆锥形来解释自然"。作为当时年轻艺术家之典型的毕加索吸收了其同业的技法和原理。他能画得非常漂亮，而且他知道透视法和比例的法则。所有这些都是"被给予的东西"（givens），我

称之为命运。毕加索深谙这门学科：在其早期的"蓝色时期"，尤其是在那些关于西班牙农民的绘画中，每一种表达方式都表现为画得很华美。但是，这仍然属于行动的自由或存在的自由。

但是，毕加索，那样一位有勇气和有热情的艺术家，却与这些限制做过斗争。有没有一种超越这些旧规则的方式、一种努力向新维度发展的方式？

1907 年，他的油画《亚维农的少女》（*Les Demoiselles d'Avignon*）取得了突破。这标志着立体主义（cubism）的诞生。他已经不再像学院派那样准确地绘画胳膊或腿了，也不再确切地用绘画来表现现实中手指的本来样子。现在的挑战是，如何把人类的身体看作对各种自然形式的具体体现。毕加索在他的绘画中用以前从未达到的完美做到了这点。现在的问题是，在这种绘画中怎样把女人的胳膊和腿的线条与空间联系起来，怎样使它们适合于画布并相互适合。现在，"圆柱形、球形和圆锥形"在我们面前清晰可见了。当我们观看群山时看到的那些圆锥形，海浪掠过后沙滩上的曲线，平原的垂线被那些从田野的水平线上升起的树木的垂直线条分割——所有这些都是我们的身体和我们自己的一部分，在我们走路所保持的那种令人惊异的平衡中、在我们呼吸和心跳的节律中表现出来。[①]

这种由梵高（Van Gogh）和高更（Gauguin），当然还有塞尚和马蒂斯（Matisse）所预示的立体主义的突破，是对与行动的自由相

---

① 我们并不是说，立体主义就是艺术的最高级形式，或者说每个人都一定喜欢它，而只是说，它代表一种重要的——而且，对我们的时代来说，一种决定性的——发展。

反的生命的自由的证明。这是一种"飞跃"，可以在其中看到油画作品的新的语境。它改变了我们看待油画的态度，也改变了艺术家就其作品而提问的问题。它让我们与自然的关系焕然一新。

立体主义开辟了很多新的可能性，给我们自己和我们的世界提供了一种新的统一性。例如，这些艺术家在20世纪的最初十年里与空间建立联系的新方式就预示着"太空时代"（space age）的到来，在20世纪60年代被一些知识分子和科学家所采纳并得以重新表现。它证明了一位艺术家是怎样为其同胞，以及为他自己、为他的文化而发声的。

3. 行动的自由与生命的自由有冲突吗？

在这里，我们面对一个有趣的问题。行动的自由与生命的自由是矛盾的吗？有些人只有当现存世界中的一切都变成不自由时才达到了基本的自由，这是为什么？这似乎就是集中营幸存者们的那种体验。索尔仁尼琴证实，他在苏联劳动营的那些年中确实是这样的——当时所有行动的自由都被剥夺了，他觉得自己被推回到本质的自由的水平。再者，这是那些因参加游行示威而被投入监狱的人对自由的体验，正如在后来一些游行示威者出版的几本书中得到表现的那样，诸如《我在监狱里发现了我的自由》（*I Found My Freedom in Jail*）。保罗（Saint Paul）说，基督徒在束缚中获得自由，这个句子最初似乎是毫无希望的自相矛盾，但是，一个人越是对它进行思

考，就越能体会到它所具有的意义。

只有当我们的日常存在受到阻碍时，我们才能达到本质的自由吗？依据宗教法庭大法官的论点，既然大多数人能够接受面包和安抚，他们就将这样做。但是，当面包和安抚再也得不到时，人们在这时——而且只有在这时——才会被迫产生其本质的深度体验吗？如果我们对这些问题回答"是的"，我们便否认了一种流行的观念，即人们是从生理的向心理的再向精神的需要层次发展的。毋宁说，这意思是说，人们是通过冲突和斗争发展的，从低级需要向高级需要的发展并不是简单而平静的发展。当低级需要得不到满足时，他们便被迫进入高级需要。作为达到宗教真理的一种方式，斋戒就是此类例子之一。理查德·法尔森（Richard Farson）在对所阐释的"灾难理论"（calamity theory）是另一个例子。这是说，实际上在灾难中、在艰难困苦中，许多人被迫把注意力转向内部，并且向更高级的水平进行必要的跳跃，我们在前面已做过说明。

难道监禁，包括有时间进行思考这个简单事实，是体验本质自由所必需的一个方面吗？泰拉蒙特斯坐过牢。约翰·利里（John Lilly）也认为，在其隔离罐（isolation tank）的实验中，禁闭是非常重要的：人在一个完全黑暗的水箱里漂浮，在里面他感受不到重量，也没有任何来自外部世界的刺激。此时，对有些人来说，在他们的生命自由感中产生了一些显然很激进的而且高度积极的事情。当人类再也无法逃避时——当他们再也无法东奔西跑、无法看这个或那个电影、无法沉溺于电视，或者无法用消遣来填满他们的时间时——当这些逃避的道路都再也不对他们开放时，他们就必须倾听

他们自己的声音。

但是，在这里我们却遇到了一个令人着迷的问题：难道我们的命运本身不就是我们的集中营吗？对我们产生影响，强迫我们看到我们的束缚的不正是命运吗？难道我们的命运不是对我们生命的设计，不是在用监禁、节制，甚至常常是残忍来约束我们，迫使我们超越日常行动的限制来进行思考吗？无论我们是年轻还是年长，难道死亡这个不可避免的事实，不就是我们所有人的集中营吗？生活既是一种欢乐同时又是一种束缚，难道这个事实还不足以驱使我们考虑身心生命存在的更深刻方面吗？这是生命的伟大，也是梭罗（Thoreau）① 所说的"平静的绝望"（quiet desperation）。

詹姆斯·法默讲述了支持种族平等大会的斗争，以帮助黑人把亚伯拉罕·林肯写在纸上的自由宣言变成真实而实际的自由。在他和他的追随者所经历的那些战斗和他们不得不忍受的暴力中，法默写道：

> 在为非个人的种族自由事业而奋斗的过程中，几乎就像感恩祷告一样，每个人都体验到极大的私人的自由。或者可以称之为对自身同一性的一种新理解、一种自我界限扩展的直觉。[4]

他认为的自由的"终极根源"，我称之为生命的自由。他描述过一个事件，在这个事件中他和他的追随者忍受着警察的暴行，"在

---

① 1817—1862，美国文学家、哲学家、思想家。——译者注

那两个暴乱日中逐渐站在我和暴民之间的那些男人和女人们，做出了采取行动的决定，而不是任人宰割"。

4. 在自由中成长

我们作为人类进行想象、思考、感到好奇和有意识的能力，都是一些不同程度的自由。罗素（Bertrand Russell）写道："在心灵的领域中是没有限制的。"在我们的想象中，我们能够把我们自己在一瞬间带回到三千年前，倾听眼盲的荷马（Homer）在马其顿的一堆营火旁诉说他的故事。或者我们也可以在古代雅典的狄俄尼索斯剧院里的石凳上就座，也是在一瞬间，被索福克勒斯（Sophocles）[①]和埃斯库罗斯（Aeschylus）[②]的戏剧所吸引。或者我们也可以把自己投射到未来的任何时间之中。所有这些行动都可以在一瞬间做到——我们能够同时征服空间和时间——这个事实本身就是自由本质的标志。

可以把个人自由看作有机体可能的运动范围。托马斯·阿奎那（Saint Thomas Aquinas）说过，有四种存在。第一种是无生命的东西，例如石头，它们只不过存在而已。第二种是存在并且成长的东西，如植物。第三种是存在和成长并且移动的东西，如动物。第四种是存在、成长、移动和思维的创造物，如人类。（对我们来说，

---

① 古希腊悲剧作家。——译者注
② 古希腊悲剧诗人。——译者注

"意识"这个术语更加精确。）这每一个阶段都代表一种剧烈增长的自由，行动的变化范围越来越大，超越了前面的阶段。

正如瑞士生物学家阿道夫·波特曼（Adolf Portmann）所说，从婴儿的移动潜能这个意义上说，我们天生就是自由的。"肢体的自由活动给人类的乳儿提供了比新生的猴子和黑猩猩丰富得多的可能性，这就提醒我们，我们自己在出生时的状态并非只是孱弱无助的，而是具有某种有意义的自由的特点。"[5]当代实验证明，当新生儿的脐带被剪断时，这种甚至在胚胎时期就出现的运动的自由便得到了很大的增强，并且随着新生儿的成长而继续发展。婴儿运动范围的一次飞跃发生在这个孩子能够爬行时，另一次发生在他能够走路时，还有一次发生在他上学时。所有这些都是人类儿童运动范围——用航海的术语来说，就是"巡航范围"——的扩大。这种运动不仅仅是身体的，更是心理的。心理的运动在儿童学会讲话这种大的飞跃中有其根源。

可以把所有这些从一出生就已展开的"飞跃"、这些把自己与父母区分开来的事件看作心理的再生体验。因此，它们既能产生焦虑又能成为挑战。在青春期，还有其他运动范围的"飞跃"，集中表现在性领域中。正如克尔凯郭尔所说，一个人体验到"有能力（being able）这种令人惊恐的可能性"。上大学、结婚、谋生、搬到一个新城市——所有这些都可以看作一个人自由范围的扩大。

自由是一种走出去（moving out）的同时保持着与人们，尤其是在家里与母亲的人际联系。在这两个极端之间有一种微妙的平衡。如果走出去得太少并且对家有太多的依赖，自由就可能为了安

全而屈服，这样做的结果就成为对自由的逃避。如果这个人走出去太多并且在家里安全感太少，他就会产生病态的焦虑，可能以其他剥夺他的自由的方式进行退缩。所有这些更高水平的运动都是通过切断与家庭和母亲及父亲的生物联系以及建立心理和精神联系而扩大"巡航范围"。我们在菲利普的案例中发现，当他在与母亲的谈话中接受了过去和现在时，他就不再谈论她过去应该为他做些什么，而是关注她为他做过什么。他很欣赏她并对她做出高度评价。显然，他的母亲并没有发生改变：记忆中的态度实际上来自菲利普态度的改变。在他人生的这个阶段，动态的问题很少再是"发生过什么"，而是"你对发生过的事情的态度是什么"。自由的实现使菲利普现在能够改变看待母亲的方式了。这就是生命的自由。

在这个运动成长中，在这个朝圣者的进程中，最后和终极的飞跃发生在一个人临终之时，此时，正如奥托·兰克（Otto Rank）所说，我们经历着最后阶段的演变。

在治疗中——我已经说过，核心的目的是帮助来访者发现、建立和使用其自由——我发现，当来访者以完全没有能力为理由时，提醒他，他已经迈出一只脚，就要踏入我的办公室了，这种提醒是很重要的。而且他也可以离开。就在那一刻，我们就能够开始建构那个自由的范围了。

在演变中成长的每一步都伴有一种与新的自由对等的新的责任（responsibility）感。可以对这个词作这样的理解：这是一种反应的能力（response-ability），当我们生活在家庭或村庄的共同体之中时，对他人需要的某种觉知，也包括对一个人的自我需要作出反应

的能力。我们选择我们对其他人作出反应的方式，这些其他人便构成了我们的自由发展的背景。只有当一个人有责任时，他才是自由的，这种悖论在自由的每一点上都是至关重要的。反之亦然，只有在一个人是自由的时候，他才能负起责任。这就是主张我们是完全被决定的这种论点会造成不负责任的原因。你必须觉察到你的决定的重要性，才能为它们负起责任。

这种责任感开始于婴儿与母亲的关系：随着年龄的增长，婴儿懂得了，母亲也有她自己的需要。母亲并不是每次他一哭就来，他咬母亲的乳头势必会引发她脸上痛苦的表情。这样，成长总是同时具有两面性：自由与责任，两者同等重要，两者也相互需要。我们不让我们 3 岁的孩子自己穿过纽约百老汇大街，因为他还没有形成允许自己有这种自由的足够的责任。

阿尔贝·加缪（Albert Camus）对此做了很好的表述：

> 艺术的目的、生活的目的只能是，增加每个人身上和世界上的自由与责任的总和。[6]

鉴于责任会对自由造成限制，它便成为命运之极的一个方面。只要我们是女人生的（而不是克隆人），我们就必须接受母亲不仅是食物的来源这一事实，而应越来越将她作为一个承载着她自己命运的人。随着一个人对他人命运的觉知的增长，其自身的自由也随之增长。

这种与运动有关的新的自由能力是作为一种艺术形式而得到实

现的，这一点非常重要。人类把音乐、舞蹈——芭蕾舞、民族舞、爵士舞、交谊舞等——作为美学可能性的一种表达方式。每一种艺术形式都是作为表达一个人的兴奋和自由的仪式而发展起来的。阿兰·奥肯（Alan Oken）在《水瓶座时代》（*Age of Aquarius*）中写道："对我们来说，摇滚乐就代表自由……感受的自由、与某种更高级的集体力量成为一体的自由、与某种宇宙的节律一起移动的自由。"一个人"为了欢乐而舞蹈"，或者表达性欲或宗教感受，就像托钵僧的旋转舞一样；或者为了战斗而"鼓动"情感，就像美国原住民的战争舞蹈那样。

运动和自由的扩展就是个体从出生到死亡的一生的象征性表达。

注释

[1] Bronislaw Malinowski, *Freedom and Civilization*（New York：Roy, 1944）, p. 74.

[2] Isaiah Berlin 甚至认为，作出两种不同的分类——"消极的"和"积极的"自由——在他关于这个主题的书中是很适合的。参见 Isaiah Berlin, *Four Essays on Liberty*（New York：Oxford University Press, 1969）。

[3] Friedrich Wilhelm Joseph von Schelling, *Works*, I, xxxvii.

[4] James Farmer, *Freedom-When?*（New York：Random House, 1965）, pp. 17-18.

[5] Rollo May, *Psychology and the Human Dilemma*（New York：Norton, 1979）, p.21.

[6] Albert Camus, "The Unbeliever and the Christians," in *Resistance, Rebellion, and Death*, trans. J. O'Brien（New York：Knopf, 1963）.

第四章

自由的悖论

> 看看吧，所有的一切是怎样迅速地创造其对立面的啊！战争在和平中持续地进行。欲望产生于富有。就在同一个实验室里，同样一些人在同时寻找毁灭的东西和防止毁灭的东西，既在培养善又在培养恶……
>
> ——保罗·瓦莱里（Paul Valéry）

我们已经说过，自由，由于其独特性而充满了悖论。例如，在人们能够自由地在街上行走和在边疆的城镇里饲养家畜之前，法律和秩序必不可少。安全是自由的对立面，但是，要想使自由从根本上存在，又必须有某种程度的安全。斯宾诺莎（Spinoza）认为，政府的目的就是要保持足够的安全，这样，每个人在生活中就无须害怕他的邻居。人类学家多萝西·李（Dorothy Lee）自相矛盾地说道："不得不"是一种"奇怪的自由"。

我使用悖论（paradox）这个词来描述两个对立的事物之间的关系，尽管它们是相互对立的，并似乎是相互毁灭的，但是，如果没有对方，另一方也无法存在。上帝与魔鬼、善与恶、生与死、美

与丑——所有这些对立物看起来都截然相反。但是，这种悖论却是，与一方对抗使另一方充满了生机与活力。当我们觉知到死亡时，生活就更加充满活力和有滋有味。而且正是因为有了生命，死亡才具有意义。上帝需要魔鬼。我们看到，只有当自由与命运相对立时，自由才有生命力；只有当命运与自由相对立时，命运才有意义。对立的事物使双方互有所得，每一方都给对方提供活力和力量。

悖论在我们身上引发的情绪是令人惊讶和神奇的。如果没有魔鬼，上帝就不会存在，这种主张使那些相信生命购买的是通往天堂的单程车票的人们大跌眼镜。男性和女性需要相互之间有差异，这使那些抱有一些简单论希望的人感到踌躇不决，这些人希望在未来成为勇敢的新雌雄同体（androgyny）。

赫拉克利特（Heraclitus）曾宣称，人们"并不理解，与其本身不同的事物是怎样达成一致的：和谐是由对立的张力组成的，就像弓与里拉琴一样"[1]。他用弓和弦来作为例证：人之所以能用弓来射箭，就是因为弦对弓产生了拉力。里拉琴架与琴弦也是如此。所有这些对立物都是因为两种力之间所产生的那种张力才对我们有用的。

我们在这一章所面对的悖论是自由与命运之间的悖论。它可以多种方式来说明。一种方式是，自由是从它与命运的并列中获得其生机活力及其本真（authenticity）的。而且命运，例如在死亡中的命运，之所以对我们重要，就是因为它永久地威胁着我们的自由，死神就站在我们所走的任何道路的尽头。但是，无论在什么特定的

时刻我们的自由是多么的缺乏，新的可能性都在我们的梦想中、在我们的渴望中、在我们的希望和行动中召唤着我们，而且这种可能性推动着我们承认、交汇、面对、投入或反抗我们的命运。

悖论在心理治疗中是十分重要的，这是一个尚未被大多数治疗师认识到的观点。例如，只有当菲利普开始与其生活的悖论相妥协时，他才获得其个人的自由。最主要的悖论就是他与母亲的那种爱与恨的关系。也有其他一些派生的悖论，例如他与妮科尔的那种依赖与爱的关系。诸如生、死、爱、焦虑、罪疚感这些主要的经验并不是需要解决的问题，而是需要面对和承认的悖论。所以，在治疗中我们应该把问题的解决只作为一种使生活的悖论更加清楚地突显出来的方式来谈论。① 就像是如果要使我们自己摆脱神经症的焦虑，就必须接受正常焦虑一样，如果我们想要从我们的强迫性和神经质中获得自由，那么接受生活的正常悖论——爱与恨、生与死——就是必要的。

在我们的时代关于自由的困惑在于，我们把自由想象为一张没有弦、无法拉紧的弓，或者是一副没有琴架、无法绷架所以不能产生音乐的里拉琴。美国《独立宣言》告诉我们，我们天生就是自由的，因此我们就设想，根本就不存在任何限制。这样，自由便失去

---

① 英国最敏感和最有技能的分析师之一温尼科特（D. W. Winnicott）很有洞察力地写道，他希望使人们"注意这种悖论。……我的贡献就是要寻找一种可以被接受、容忍和尊重的悖论，而且寻找它不是为了解除它。通过转向一种分离的理智功能，就有可能解决这种悖论，但这样做的代价是使悖论本身的价值丧失"[《游戏与现实》（ *Playing and Reality*, Harmondsworth： Pelican, 1974）]。再说一遍："我愿意在这里提醒大家，在转变的客体与现象的概念中主要的特征……就是悖论，以及对悖论的接受。"（同上书，第104页）

了其生机活力，就像壁炉里发出的火焰，在我们最需要它的时候熄灭了。

1. 宗教法庭的大法官

对人类自由与安全这个悖论所作的最透彻和最深刻的描述是陀思妥耶夫斯基的《卡拉马佐夫兄弟》（*The Brothers Karamazov*）中那个宗教法庭大法官的传奇故事。这个传奇故事开始于 16 世纪的塞维利亚，100 名异教徒将在广场上被烧死。正如陀思妥耶夫斯基所说，这场"宏大的判决仪式"是由教会的红衣主教——那位宗教法庭的大法官，在法庭上，当着国王、骑士和女士们的面主持的。镇上所有的人都在那里，他们把柴草堆到即将被处死的异教徒们的脚下。

第二天早晨，在火刑开始之前，耶稣回到了塞维利亚。"他是悄悄地来的，没有被人发现，但是，奇怪的是，每个人都认出了他。……人们都不由自主地涌向他，他们把他围起来，他们聚集在他周围，跟随着他。他寂静无声地在他们中间走着，带着无限同情的温柔微笑。……拥挤的人群流着泪，亲吻着他脚下的土地。孩子们向他面前抛撒鲜花，唱着，喊叫着'和散那'（Hosannah）[1]。'它是上帝——它是上帝啊！'"

那位宗教法庭的大法官——一位身形高大挺直、目光敏锐的九旬老人从大教堂里走出来了，他"眼睛里燃烧着一团凶恶的火"，

————————

[1] 赞美上帝之语。——译者注

观察到一切事物。在观看了几分钟之后，他示意宫廷卫士逮捕耶稣，并把他投入监狱。那天晚上，在暗夜的掩护下，那位大法官来到监狱，对这位沉默不语的囚犯说道："真的是你吗？你？……你为什么要来阻碍我们呢？……明天我要把你作为最坏的异教徒予以宣判并把你烧死。而那些今天亲吻你的脚的人……只要我稍一示意，就将冲上前来，把余火堆积到你的火堆上。"

他指控的核心是，耶稣教给人们自由，向他们承诺自由，期待他们成为自由的。"难道你不曾经常说，'我将使你们自由'吗？……是的，我们为此付出了很多的爱，"那位老人继续说道，"十五个世纪以来我们就一直和你的自由作斗争，但是现在为了利益，这种斗争要结束了。……我不妨告诉你，现在，就是今天，他们将比以往更加相信他们有完美的自由，不过他们把自由交给了我们，把它谦卑地放在我们的脚下。……你给他们一个自由的承诺，但就他们的单纯和他们天生的任性而言，他们甚至对此都不能理解，他们对此感到害怕和恐慌——因为对于一个人和人类社会来说，没有什么比自由更不可容忍的了。"

那位年长的大法官论证说，耶稣的最大错误就是，他拒绝接受撒旦的魔力。"把（这些石头）变成面包，人类将追随你，像一群野兽，感激而顺从，并且永远是战战兢兢的，唯恐你把手撤回，不再把你的面包给他们。……哦，绝不能，要是没有我们，他们绝不可能养活他们自己啊！只要他们是自由的，任何科学知识都不可能给他们面包。最后，他们将……哭喊着：'让我们成为你的奴隶吧，但你要养活我们。'……我告诉你，人类所受到的焦虑的折磨之大，莫

过于迅速找到一个人，把命运不济的人类天生就有的自由交给他。"

　　虽然那位宗教法庭的大法官认为，人类将选择面包和面包所象征的安全，而不是自由，但他并不是一名简单的物质主义者。他觉知到，为了夺走人的自由，教会必须管理人类的良知，抚慰它，使男人和女人摆脱关于善与恶这类知识的负担。这是因为，道德选择——或良知的自由——是所有事情中最诱惑人的。人类必须有某种稳定的关于生活目的的概念，否则他们就会自杀。确实，人类需要三件东西，他说，所有这些东西教会都有："神秘、奇迹和权威。"这些不但使人免除了身体上的饥饿，而且使人免除了良知上的斗争——而且，我要补充一句，也使他们失去了惊奇、敬畏、独立和自主感——在这个宗教法庭的大法官所呈现的世界中，对在所有生活水平上的安全的渴求获得了胜利。

　　人们将被告知要相信什么：教会将告诉他们，什么时候他们将能够和妻子睡觉，什么时候他们不能。那位宗教法庭的大法官呈现了一幅诱人的画卷：他们将再也不会犯罪，因而再也不会有罪恶。是的，为了做这些事情，教会将不得不撒谎，他承认——尤其是当他告诉人们他们仍然追随基督的时候；而且这种"欺骗将使我们遭受痛苦"，这位大法官说。他承认，教会一直在追随撒旦的这种"智慧和令人畏惧的精神、自我毁灭和非存在的精神"。在 756 年，当法兰克国王矮子丕平（Pepin the Short）把拉文那的土地献给教皇斯蒂芬三世（Pope Stephen Ⅲ），从而确立了教皇的世俗权力时，教会便达成了这种交易。

　　但是，所有这一切将使教会能够"规划人类的普遍幸福"。教

会将致力于"把所有的一切都合而为一，形成全体一致的与和谐的蚁冢（anthill）"。人类就像"可怜的孩子"，但是，"孩子般的幸福却是所有幸福中最甜蜜的"。

只要得到教会的允许，每一种罪恶都将得到宽恕。如果人们顺从——现在顺从已被提升为最高的美德——他们将被允许有自己的孩子。在数以百万计的人里，每个人都将是幸福的，除了那些指导这一伟大计划的人。只有我们——"这几万个统治他们的人"——将是不幸福的，大法官说，只有那些"守卫这种秘密的"人、只有那些认为自己接受了"善恶知识的诅咒"的人不会感到幸福。

最后，他直视着耶稣的面孔并向他挑战："如果你能并且胆敢的话，就对我们进行宣判吧。……我也很珍视你赐福于人类的那种自由。……但是我觉醒了……并且加入到那些纠正你的工作的人的行列中。我将因为你来妨碍我们而把你烧死。这是因为，要是有人值得用火烧的话，那就是你。明天我将把你烧死。我已经说过了（*Dixi*）①。"

最使我们感到震惊的是那位大法官对人类所持有的那种鄙视的形象：他们是虚弱、卑鄙、邪恶、可耻、命运不济、可怜、无助和有罪的；并且，如果不使人类受到严格的限制，他们就会倾向于反叛。对这些人类而言，最高的道德原则——以及教会所教导的——就是绝对的顺从。因此，人类将表现出他们孩子般的欢笑、满足和其他情绪，所有这一切都在教会的管辖范围之内。"我发誓，"那位大法官对耶稣叫嚣着，"人类天生就是奴隶。"他们不可能凭借他们

---

① 拉丁语，字面的意思是：我已经说过了我要说的话，因此争论已经得到解决。——译者注

自己的力量来对抗"善恶知识的诅咒"。因此，那位大法官把人类重新推回到伊甸园中的那种天真的前意识状态。没有比这更能说明自由是人类高贵性的标志了，如果没有它，人类就是如此的卑贱。

那位大法官的传说向我们每个人提出了一些尖锐的问题。我们是否选择舒适而不是冒险、选择迟钝的确定而不是创造性的怀疑？我们是否选择因为收入稳定而继续从事单调而又乏味的工作，是否选择因为害怕孤独而维持有破坏性的婚姻，是否选择像易卜生所说的依附那个玩偶之家的安全感？我们是否宁愿选择在婚姻的争吵中一走了之，而不是在解决问题的过程中直面不可避免的误解和对个人自恋的打击？

那位大法官的表白象征着，他知道自由的悖论简直太真实了。他们——教会的官员们——必须面对这种悖论，即使他们在保护人类免于产生这种悖论方面获得了某种成功。他含蓄地承认，这种悖论在所有寻求实现自我的人身上都存在。但是，教会将保全人类，使他们免于自我实现，使之不会经历在每个人的成长中都会出现的那些自由的危机。他们将使人类像孩子一样，绝不会品尝到来自人类尊严感的失败、挣扎、渴望、反叛和生活的欢乐。他们将绝不会理解在奥尔德斯·赫胥黎（Aldous Huxley）的《美丽新世界》（*Brave New World*）中那位迷人的印第安人身上的这种讽刺：那个人持续不断地引用莎士比亚（Shakespeare）的诗句，并且到处徘徊着寻求痛苦。那位宗教大法官的那些"孩子们"将绝不会因《李尔王》（*King Lear*）的剧情而被吸引，或者认识到《仲夏夜之梦》（*A Midsummer Night's Dream*）的快乐，或者为贝多芬的《第九交响

曲》（Ninth Symphony）而感到震撼。

2. 自由与反叛

使那位宗教法庭的大法官受到震动、对其自鸣得意造成威胁的因素是人类的反叛精神。他对此深感困扰，他一遍又一遍地对此因素反复思考。"人生来就是一名反叛者，"他懊悔地说，"而反叛者怎么能够幸福呢？"而且，"要是他（人）到处都反抗我们的权力，并且为他的反叛而自豪，那该怎样办呢？这是一个孩子的傲慢，一个学龄儿童的傲慢"。"人类当然是奴隶，"他安慰自己说，"尽管他们具有反叛的本性。"他郑重地宣告，这些对立的力量是没有用处的，"尽管人可能会一百次地成为一名反叛者"。

有很好的理由可以说明他的这种忧虑。反叛 [2] 是人类能够证明他们不属于那位宗教法庭的大法官所谓的"奴性、卑鄙、可耻、虚弱和怯懦"的一种方式。

人类的这种固执和对立的倾向让我们思考这个问题：对人类自由来说，反叛是必要且不可避免的吗？我的回答是肯定的。我们已经看到，只有当有某种与之相对立的东西，并把它剥夺了时，自由才为人们所知。因此，自由这个词总是伴随着诸如抵抗（resist）、反对（oppose）、反叛（rebel）这类动词。我的意思并不是指沉溺在孩子气的挑战模式这个意义上的反叛，也不是指在纯粹破坏这个意义上的反叛，不是为了反叛而反叛，或者为了在生活的某一领域

转移兴奋点以逃避另一领域的承诺而进行的反叛。

我的意思是，反叛的能力是对人类尊严和精神的保护。我认为，反叛指的是接受与一个人的自主性和谐一致的行为，学会尊重自己说"不"的行为。这样，反叛的能力就是独立的基础和人类精神的护卫者。反叛保护的是生命的核心，是将其存在作为自我而意识到的自我。这种反叛的能力使人的合作具有效力。否则，人就是一具没有生命力的行尸走肉，而不是一个合作的人类存在。如果一个人感受到这些特点对自己的重要性，那么就算是为了保持他自己的心理整体性，他也必须赋予世界上的其他人这种尊严感，以及必要的尊重感。罗素写道："若没有反叛，人类就会像死水一般，不公正就无法消除。因此，拒绝遵从权威的人在某些情况下具有某种合理的功能，假定他的不遵从具有社会的而不是个人的动机。"

《独立宣言》从政治角度这样说："每当任何形式的政府变得对这些目标（生活、自由和追求幸福）有破坏作用时，人民就有权利改变或废除它。"我们的国家是在 1776 年诞生的，依靠的就是我们祖先的这种反叛精神。

这种反叛性是对菲利普治疗的转折点。"如果妮科尔想要继续像现在这样和别人乱上床，真该死——我也要和别人过日子"，他的这种呼喊就是他坚持挣脱她的神经症束缚的关键一步。

甚至在创造性中，这种"反叛"也在某种不同的意义上表现出来。正如毕加索喜欢说的那样，每一种创造性行动都是以某种破坏行动为先导的。创造性的科学方面在这里与艺术方面是一致的。创造性贡献的基本特征就是，它超越了以前的经验并包含着对它的某

种反叛。关于内在价值观，这种通过反叛而保持人的自由的能力在艺术家中仍然存在，这是很有意义的。亨利·米勒（Henry Miller）对此做了绝妙的表述：

> 艺术家含蓄地为自己提出的任务就是推翻现存的价值观，把他周围的混乱变成一种他自己的秩序，去激起冲突和动乱。这样，通过情绪的释放，那些死气沉沉的人可能会恢复生机。当我对此进行反思时，我便满心欢喜地跑向这些伟大但还不完善的人，他们的混乱给我以滋养，他们的结结巴巴在我听起来就像神圣的音乐。

艺术家在发挥推翻现存价值观方面的功能时，也在建构一种新的秩序。他激起冲突以便使情绪上死亡的人恢复生机——这确实是一个值得称赞的目标啊！怪不得乔伊斯（Joyce）宣称，艺术家创造了人类未曾创造的良心。

反叛可以在我们心理成长的每一阶段所经历的再生的体验中被辨别出来。当然，"正常的"反叛可以在青少年身上最清楚地看到，他们反对其父母所代表的东西，而愿意创造一个新的、属于他们自己的自由世界。在心理治疗中，当年轻人自己还没有发展到有足够的勇气宣称其独立性并开始为他自己的生活负责时，治疗师常常支持青少年对其父母的这种反叛。

弗朗茨·法农（Frantz Fanon）[3] 在两本有说服力的书中论证说，对非洲黑人来说，反叛是他们赢得（earn）自由的唯一方式。这些黑

人若要锤炼出他们坚持"我能"和"我要"这种新能力，反叛就是他们的铁砧。支配自己的自由不仅仅是通过以前的主人签署一份独立的法令并搬出去而实现的。（"自由不是一块掉进嘴里、等着被吞咽下去的蛋糕，而是一个受到武力冲击的堡垒。无论是谁从外国人手里获得自由，他都仍将是一个奴隶"[4]，卡赞扎基斯宣称。）

作为一名在法国受过精神病治疗师训练的非洲人，法农的信念是，非洲人必须经历这个阶段，在这个阶段他们把所有的一切都献给了某种理想，对他们来说，这比生命本身更重要。法农所说的"赢得"的意思是指尊严的发展、那种相互依赖感，以及一个人在战场上体验到的那种集体神话——所有这些心理体验便构成了一种结构，使由自由个体组成的自由国家能够建立其上。这种反叛最有意义之处在于内部过程，它将改变那些变得自由的人的性格特质，这是一个把人类尊严镶入现在每个自由人的过程。

把每一个成员与群体联结在一起的那种团结感，那种以整个社会的自由为导向的集体意识——这些就是把那些曾经是奴隶的人紧密地结合在一起，形成一种国家意识本身的一个必要组成部分。一些女性主义者认为，这场运动具有尖锐性是不可避免的，解放运动无法避免具有对抗性，因为它不得不和那么多的对手战斗。这种斗争可能是妇女赢得自己的自由和平等的方式。在易卜生的戏剧《玩偶之家》（The Doll's House）中，当诺拉终于走出家门并摆脱婚姻时，人们便深深地松了一口气，因为她终于能够反抗一种有破坏性的和令人窒息的纠缠关系了。

如果我有反叛的可能性，这同时也意味着我不需要反叛。我

可以自由地选择用合作来代替。这时，我的合作就有一种现实性和本真。如果我是被强迫合作的——就是说，如果我没有反叛的可能性——情况就不是这样了：一个奴隶的合作根本就不是合作，而是奴隶劳动。

或者，我也可以非暴力地反叛。无论一个人对甘地（Gandhi）的非暴力是怎样认为的，其做法基本上都是反叛的一种形式。马丁·路德·金于1958年写道：

> 我们将采取直接行动反对不公正，而无须等待其他机构采取行动。我们将不遵守不公正的法律，也不会屈从于不公正的习惯做法。我们将和平地、公开地、快乐地做这件事，因为我们的目的是劝服。我们之所以采取非暴力的手段，是因为我们的目的是建立一个本身和平的社会。

金知道这可能包含着多么大的代价。但是，这会使黑人获得尊严感、再生和自尊——他的人民将因此赢得自由。他后来说道：

> 非暴力方式意味着愿意遭受痛苦和付出牺牲。它可能意味着被捕入狱。如果真的发生这种情况，反抗者就必须愿意被塞满南方的牢房。它甚至可能意味着肉体的死亡。但是，如果肉体的死亡是一个人为了使他的孩子、为了使他的白人弟兄们从永久的精神死亡中解脱出来而必须付出的代价，那就没有什么更多可以遗憾的。[5]

一个人坚持自己的立场时所产生的内在尊严、再生的体验是什么？我们不妨来看几个例子。

> 帕特·卡西克（Pat Cusick）说，当一个人第一次被捕时，他的内心深处会发生一些变化。他要穿过一道界限。这是一种使他感到震惊和混乱的情绪体验。后来，在这种情绪影响逐渐消失之后，他就会对自己作为一个公民的身份有新的感受。至少帕特有过这种感受，并且猜想别人也会有这种感受。他们都违背了某条法律。他们都坚持认为他们在遵从一种更高级的法律。但即便如此，他们也已经违背了一个社会的法律、城市的法律。在这样做时，他们便跨越了一道障碍。既然他们已经有过前科，他们就可以比以前更加自由地遵从其良心的支配了。[6]

詹姆斯·法默写道，那些黑人

> 再也不愿意成为州警察的牺牲品了，他们被转变成为一个由人组成的共同体。尽管受到最严厉的限制，他们仍然能够自由地甚至英雄般地行动。他们后来在投票站的行为以及发起学校联合抵制的行动表明，这种自由，尽管是个人的，但将最终导致社会行为，而一旦那种自由获胜，它就不容易屈服。[7]

再者，法默也是根据他自己的经验这样讲的：

> 如果我们不鼓励那些贫困的共同体直接参与到罢工示威、抵制、集体抗租中——那么世界上的所有金钱和爱的关怀都不可能成功地使他们过上有尊严的生活。……我们的人民一定会感受到，他们在塑造他们自己的生活；他们在强迫强权政治生活发生改变。你不可能操纵自由。一个被释放的人还不是自由的。

因此，人们自由的权利确实是要他们自己赢得的。他们体验到他们自己脱胎换骨，塑造他们自己，体验到一个独立的人的尊严。法默继续描述作为一种宗教仪式的这种内部的改变。

> 我们可以认为这种示威行动是一种激发仪式，通过这种意识把黑人召集起来以形成一种神圣的自由。这也是整个国家要驱除那些种族仇恨的魔鬼而必须经历的一种仪式。如果在解放的狂热中，这些仪式引起不便，或者违背有教养的高雅人士的准则，或者打扰一些生活正派的人们的清梦——我认为这是可以原谅的……这些狂热和……不便是一个国家在纠正历史错误时所要付出的一些小的代价。[8]
>
> 自由是一种需要练习的艺术，而我们太多的人却都没有练习过。[9]
>
> 自由并不是终点，它是一个开端和一个过程。过去十年

的抗争取得了进步，但我们现在感觉离终点更远了。……自由绝不是稳定的，绝不是一劳永逸地获得的，这就是这个事实的一部分，这是因为本质的自由是一种必须在每一次行动中得到重申的内部状态。[10]

我们需要在这里强调，贯穿本书的重点是，命运总是作为限制因素出现，它可能会使获得自由的斗争比最初所想象的更加困难。对女性主义运动来说就是如此，这些成员并没有把根扎得足够深，以抵御以后将会受到的冲击。

在提到本质自由是一种在每一次行动中都要得到重申的内部状态时，法默说的是对的。他写道，这场斗争肯定比他们所预见的更加复杂，但是，这种"复杂性是非常好的，或许这也是自由"。只有当人们在他们的肌肉中、在他们自己的心中感受到，他们已经获得了真正体验自由所必需的那种尊严感时，存在的自由才能获得。这样，就像我们在 1776 年形成集体神话一样，他们也将形成他们的集体神话。用以前曾是奴隶的弗雷德里克·道格拉斯（Frederick Douglass）的话来说：

那些自称热爱自由但又不赞成动乱的人是想要收获庄稼但又不深耕土地的人。他们想要的是没有电闪雷鸣的雨水。他们想要的是没有波涛汹涌的可怕呼啸的海洋。这种斗争可能是精神的斗争，或者可能是一种物理层面的斗争，或者也可能既是精神层面的又是物理层面的斗争。但是，它必须是

一种斗争。如果不提出要求，权力是不会让步的。它从未让过步，也绝不会让步。[11]

3. 自由就是参与

自由是一种人类现象——就是说，人类都在某种程度上体验过它。但是，它也是一种文化的产物。因此，在全世界自由的意义有很多的变式。在这些年里，最重大的区别是西方的自由与东方的自由之间的区别。

在西方社会，我们把自由体验为个人的自我表达；而在东方社会，自由则被体验为参与。在后者中，一个人更多地生活在共同体的背景关系中，他的自由来自对该群体的参与。①

在东方社会中，自由是以传统为媒介的，是一种个人参与其中的群体现象。与亨利·福特（Henry Ford）的那句令其声名狼藉的声明"历史就是瞎话"相反，东方社会很崇拜传统和祖先，他们的自由就是凭借其传统而不是脱离它而存在的。这就意味着，当大学生和妇女推翻传统而拥护现代主义的时候，东方社会会出现比西方社会更大的动乱。在寻求自由时，他们可能实际上失去了他们的自

---

① 自由就是参与，理查德·福尔克（Richard Falk）教授以个人的经验讲述了近年来他与近东地区的联系，尤其是他对近东地区的广泛访问，例如，在近东地区清真寺里的宗教生活。在这些小组讨论中，小组的人坐成一圈，进行自主的参与。每个人都可以讲话，每名参与者都可以在他认为合适的时候帮助宗教领导者对其观点加以澄清或深化。没有人期待因提出的观点而获得什么好处，人们只是努力想要帮助这个小组继续运行。小组中没有西方意义上的等级层次。

由，因为自由是由他们参与其群体及其传统而形成的。

自由在今天已成为全世界的一个紧迫而急切需要解决的问题，特别是对于西方（相比于东方）和女人（相比于男人）而言。有反对意见认为我们关于个体自由的观点根本不适用于印度，但这并不重要。东方人有一种不同的自由，这个事实并非意味着，对他们来说自由并不存在和没有意义。人类学家多萝西·李指出，虽然自由和自由意志这些术语只在西方文化中得到广泛使用，但她所研究的其他文化也通过其他手段达到了同样的目的。它们可能通过高度评价个体的自主活动，或者通过坚持个人的价值，或者通过保护每个人独一无二的特质，或者通过推广它们文化中的不同模式的行为方式来表达它们的自由，从而达到与我们西方人强调自由同样的效果。

东方社会倾向于产生更多的温情、更多的集体情感。为什么日本的工厂还能够那么有效地生产出汽车呢？在力图回答这个问题时，人们发现，日本工厂的工人们喜欢集体的某些真正的方面。一旦某个工人开始在某个工厂工作，他便获得了一生工作的保障。如果这种产品不再继续生产，他也一定会获得另一个职位。管理者和工人早上来上班时要做集体操。然后，他们一起起劲地唱一首歌，描述他们对工厂的忠诚及其生产的产品的优良。"在西方人看来这似乎很傻"，松下的一位经理说，"每天早晨8：00，在整个日本，有87 000人在背诵价值观准则并且一起歌唱，就好像我们都是一个整体"[12]。

日本的工人从受到高度重视中获得一种自由感。工人们经常被征求意见，公司账目随时对工会开放。在本书的后面，我们将指

出在人类精神和人类自由之间的这种密切关系，在这一点上，《日本的管理艺术》(*The Art of Japanese Management*) 这本好书的作者帕斯卡尔 (Pascale) 和阿瑟斯 (Athos) 把松下公司说成日本态度的代表，是很恰当的。书中写道："谈到企业生命时，精神是一个特殊的术语。但是，没有任何其他词能够足以把握作为松下哲学之基础的强烈的信念系统。"松下强调："利益不应该是公司贪婪的反映，而应视为关于社会的信任的一种投票，相信公司所提供的是有价值的。"[13] 考虑到我们在前面提到的托尼对自由放任的习惯做法的批评，松下坚持认为"公司管理层应该作为品格的培养者，而不仅仅是人力资源的剥削者"[14]，这一点是很有意义的。

俄国诗人叶夫图申科 (Yevtushenko) 以某种方式阐述了这种群体的感受是对社会中的相互依赖表现出一种不同寻常的关注。他的诗的题目是《论自由的问题》("On the Question of Freedom")：

你跟我谈自由吗？这个空洞的问题
在空中炸弹的笼罩下
离开了你自己的时代，这是一种耻辱
比成为它的奴隶要可耻一百倍

是的，我是塔什干女人的奴隶
是达拉斯的子弹的奴隶
还有越南的寡妇和俄罗斯的女人
镐头放在轨道旁，头巾遮盖在眼睛上

是的，我没有离开普希金（Rushkin）和勃洛克（Blok）

没有离开马里兰州和津马车站

没有离开魔鬼和上帝

没有离开地球的美及其污秽

是的，我强制性地有一种想要拿起湿拖把的渴望

甩到全世界所有为小事而争吵的人和屠夫们的脑袋上

是的，我强制性地想要获得这种荣耀

打破地球上所有坏种的嘴脸

或许我将因此而受到人们的爱戴

因为我把生命耗费在

（在这个无情的时代并非没有先例）

从为自由而进行的真正斗争中

使不自由得到颂扬 [15]

但是，在东方和西方的自由观之间的紧张是在下述事实中表现出来的，叶夫图申科提到的那位俄罗斯诗人勃洛克曾在 1921 年攻击苏维埃当局剥夺了"创造的平静……不是表现自由主义者的那种自由，而是创造性的意志——秘密的自由。诗人正在死去，因为再也没有任何可以呼吸的东西"[16]。这种"创造性的意志——秘密的自由"听起来就像是西方的自由概念。

在个人自我表达的自由和参与的自由之间总是存在着紧张。在美国，我们坚持认为这些形式多样的制度化的自我表达就是经济学和工业中的自由放任的信条，是霍雷肖·阿尔杰（Horatio Alger）的神话中任何有足够"勇气"的人都能战胜他的竞争者并且和老板的女儿结婚，是我们"自食其力"以及"人不为己，天诛地灭"的座右铭，是我们的自我心理学。这种自由观甚至出现在《独立宣言》的字里行间："我们认为……所有的人都是天生平等的，他们被造物主赋予了某些不可剥夺的权利。"

尤其是在美国，这片美好的个体主义的国土 —— 有我们的先驱者的精神和我们的霍雷肖·阿尔杰以及我们的盖茨比（Gatsbys）——我们低估了群体的意义。东方可以给我们提供一种借鉴，这就是随着佛教禅宗和道家学说在西方的出现而正在发生的事情。而这和放弃我们的传统有根本的不同——就好像能够跳出我们自己的生命而进入另一个人的生命一样。

我们必须以源自我们自己本性的方式在西方发展我们自己的集体形式。在一篇题为"自由就是参与"（Freedom As Participation）的文章中，彼得·斯蒂尔曼（Peter Stillman）认为，黑格尔和阿伦特（Arendt）都曾相信，"为了获得自由，个体就必须积极地、持续地和直接地参与"[17] 到公共领域中。他继续说道：

> 对黑格尔和阿伦特来说，只有旨在把自由视为参与，而且同时重视结构化的参与性机构，革命才能成功地获得权力，达到值得达到的理想和改变政体。[18]

西方的自我实现的传统是我们的伟大观念之一。它已经产生了许多宏伟的创造——最具戏剧性的成果就是西方科学无疑是一个重要的成果——无论这些创造多么容易受到批评。东方的风景画通常把人显示得很小和不起眼。但是，只要看一眼希腊的雕塑或文艺复兴的绘画，谁都不可能认识不到，个体的人是非常有意义的。我们西方人的自由观念可追溯到希伯来－希腊文明，其天生就有对作为个体的人的尊严和价值的一种新看法。千万不要轻视这些有潜在发展可能性的概念——例如，希伯来人认为，当上帝在人类历史上发挥作用时，人要与上帝合作；还有希腊人对个体智慧的热爱和对超越生活本身的勇气的崇拜。东方文化中的一些有识之士对西方精神的贡献充满敬慕，就是对这种现象的部分证实。

注释

[1] Kathleen Freeman, *Ancilla to the Pre-Socratic Philosophers*（Cambridge, Mass.: Harvard University Press, 1948）, p. 29. 赫拉克利特也说过，"对立之中有和谐，从不同的事物中产生出最美妙的和谐"（25页）。

[2] 像心理学家 B.F. 斯金纳，他不承认人类有任何的反叛性，他攻击陀思妥耶夫斯基是一位有"神经症"的作家。在《地下室手记》（*Notes from the Underground*）中，陀思妥耶夫斯基对这种人类命运中的固执、顽固和纯粹的倔强做了很长的描述："出于十足的忘恩负义，人会对你采取卑鄙手段，只是想要证明，人仍然是人，而不是钢琴上的键。……而且，即便你能够证明人只是一个琴键，他仍然会搞出一些事情——他会制造破坏和混乱——只是因为倔强。……如果所有这一切都能反过来通过预测它会发生而得到分析和预防，那么，人为了证明自己的想法就会故意变得疯狂。"

斯金纳，在引用上述观点的过程中，又补充说："这是一种可以理解的神经症的反应。……可能很少有人表现出来，许多人很欣赏陀思妥耶夫斯基的说法，因为他们也有这种倾向。但是，认为这种反常行为是人类有机体想掌控控制条件的反应，这纯粹是胡说八道。"

斯金纳的研究主要是用老鼠和鸽子做的，可能对它们来说，这"纯粹是胡说八道"。但是，我认为，从一位与人类打交道的治疗师的毕生经验角度来说，没有什么东西能比人类的这种反叛、这种倔强、这种固执更真实地表明，人"仍然是一个人"，这绝不是神经症，它是人类心理健康的核心标准，也是人类尊严的基本根源。

[3] Frantz Fanon, *The Wretched of the Earth*（New York：Grove, 1965）and *Black Skin, White Masks*（New York：Grove, 1967）.

[4] Nikos Kazantzakis, *Freedom or Death*（New York：Simon and Schuster），p. 278.

[5] John Ehle, *The Free Men*（New York：Harper & Row, 1965），pp. 81-82.

[6] 同上书，86 页。

[7] Farmer，同前，35 页。

[8] 同上书，36 页。

[9] 同上书，170 页。

[10] 同上书，197 页。

[11] 同上书，73 页。

[12] Richard Tanner Pascale and Anthony G. Athos, *The Art of Japanese Management*（New York：Simon and Schuster, 1981），p. 50.

[13] 同上书，49 页。

[14] 同上书，50 页。

[15] 由 Lawrence Ferlinghetti 和 Anthony Kahn 翻译。

[16] Rollo May, *The Courage to Create*（New York：Norton, 1975），p.75.

[17] Peter Stillman, "Freedom as Participation: The Revolutionary Theories of Hegel and Arendt," *American Behavioral Scientist* 20, no. 4 (March-April 1977) : 482.

[18] 同上书，489 页。

第五章

论人类的命运

一个自由的人就是一个不滥用自我意志而行使意志力的人。……他相信命运，也相信它需要他。……他必须为了他的崇高意志而牺牲其微弱的、不自由的意志，也即受事物和本能控制的意志，为了命中注定的存在，而不再为特定的存在所定义。

——马丁·布伯（Martin Buber）

就像自由和命运一样，任意的自由意志与命运也是相连的。然而，自由和命运的相互承诺是庄严的，并且从意义上看联系在一起。

——马丁·布伯

隐喻地说，就其实质而言，自由是对适合你和你适合的枷锁的接受，对朝向一个被你自己选定和重视，而且不是对作为强加的目标受到的约束的接受。它不是，而且绝不可能是没有限制、义务、法律和责任的。

——勃洛尼斯拉夫·马林诺夫斯基（Bronislaw Malinowski）

自由与决定论之间的关系是什么？它们两者都在我们日常生活中运作。如果我们要么拒绝接受自由、要么拒绝接受决定论，我们就会减少我们生活的可能性。举个例子，如果没有确定和可预测的日程表，我们的生活就会在混乱中迷失。但是，如果没有自由和与之相伴随的生气勃勃，如果没有自由所必需的诗和奔放的想象，我们就会在冷漠中被耗尽。

我阅读了我能发现的关于这个主题的所有资料，我长时间地思索着这个问题，正如奥马尔·海亚姆（Omar Khayyám）所说："我始终是从我进去的同一个门出来的"。

一天早晨，我为了进行研究很早就起床了，我走出去拿晨报，报纸被扔在我家房子前面的人行道上。当我离房子大约十五步时，在这种放松的、工作之前的心境下，我的心中突然出现了——如此清晰，就像是有人对我大声讲出来似的——这些句子：自由和决定论是相伴相生的。自由的每一次进步都会催生一种新的决定论，而决定论的每一次进步则会催生一种新的自由。自由是决定论这个更大的圆圈内部的一个圆圈，反过来，决定论又被一个更大的自由的圆圈所包围，如此永无止境。

马上涌上我的心头的是对这个假设的证实。以弗洛伊德和他对潜意识的描述为例，在他的心理决定论中，他证实，我们的需要是由我们潜意识中的童年期的经验所决定的，我们所谓"理性的"价值观实际上并不是理性的，而是对我们的潜意识中的非理性冲动的对立面的补偿。弗洛伊德似乎把我们的自由取消了。

但是，我们很快就开始发现，弗洛伊德决定论的直接影响是增

进了人类心灵的宽度和深度。用我们现在的术语说，他只不过是澄清了命运的一个方面，因为从此以后心灵就不但会包括意识、理性的心灵，而且会包括潜意识、前意识，并且由于荣格的帮助，还有集体潜意识。你瞧，弗洛伊德理论中的决定论为自我发展的自由、指导我们心灵的自由和享受理智探讨的心醉神迷的自由提供了深远的可能性。

另一个例证是达尔文（Darwin）及其进化论的决定论。《物种起源》（*Origin of Species*）遭到了强烈的抗议与咆哮。难道达尔文想以他的决定论使我们都归入猴子一类吗？但是，在愤怒平息下来之后，我们开始发现，达尔文的新理论——它是决定论的——实际上给我们提供了一种理解我们过去的新的理智的自由，特别是在20世纪，提供了控制和指导我们进化的可能性中的新自由。

所有这一切在我的心头闪过了几秒钟。在这阵思潮过后，我马上捡起报纸，开始回头向房子走去。但是，在几秒钟之内，思绪又顺着原路返回，我敏锐地觉察到掠过我的心头的一首诗的片段：

……其他朋友早已飞走——
次日他也将离我而去……

我不知道这个令人惊讶的对句来自何处。在那一刻，我也丝毫不知道它究竟意味着什么。

但是，我开始觉察到，我即刻充满了焦虑。我那受到惊吓的心灵现在完全被与我几分钟之前的兴奋完全相反的想法占据着。我开

始认识到，这是一个相伴的阴影、一个敌对的朋友，他总是就在这些时刻斜着眼地出现。围绕在我心头的这个诗句的背景表明，它表达了这个不速之客所投射的那种焦虑。他讲得如此急切，以至于我除了倾听之外别无他法。仿佛他正在说："别再胡说了。忘记你获得的这些新观点吧，你天真地想象这些是原创的，但人们已经熟知这些东西有几个世纪了。把它们全部忘掉吧，进来享受你的早餐。"

我此刻非常焦虑但又很兴奋。我急忙走进房子，不是去吃早餐，而是将这些观点可能会在焦虑所催生的混乱中丢失之前把它们潦草地记下来。

后来在早上，我回想起了这些诗句的出处。这是在艾伦·坡（Allen Poe）《渡鸦》（"The Raven"）中的一个诗节，正如每个学龄儿童都知道的（虽然后来我们可能已经忘记了），这首诗的场景是深更半夜的艾伦·坡的房间。受孤独和疏离感的压迫，很可能是在药物的影响下，艾伦·坡与这只飞进他的房间并且栖息在窗户上的渡鸦进行了一场谈话。艾伦·坡逐渐开始感受到对这只奇怪的鸟的一种感情。在提到的这些诗句中，他害怕这只鸟将弃他而去——"次日他也将离我而去"。但是，这只渡鸦用这些单词做了回答，就像在这首诗诗节的一半的结论中所说的那样，"永不再"。

作为一名精神分析学家，我忍不住思索"永不再"这个词的意义。它是否意味着，我们将永远无法摆脱人类命运的悖论？就是说，当我们获得足够的自由以取得新的顿悟、新的看法时，我们是否将受到像一个影子一样伴随着自由的焦虑的攻击？我们可以通过冷漠或通过教条主义，依靠那些绝不会烦扰任何人的既定观点

而封闭我们的新思想。但是，无论我们选择什么形式的否认，这种"永不再"说的是，我们绝不能完全脱离人类的这个悖论：在每一种新的观点中预先假定的这种自由，总会带来同样使我们苦恼的焦虑。这就是成为人的那个诅咒和祝福——我们是自由的但同时又是命中注定的。但与此同时，"命运"这只黑鸟在说一些有帮助的话：正如艾伦·坡所体验到的，它的出现将"永不再"弃我们而去。

1. 从决定论到命运

自由与决定论是相伴相生的，虽然这个假设可能是真实和有用的，但我却开始觉察到，它也有严重的难题。这个难题就是决定论（determinism）这个词的性质。在极端的例子中，难道这个术语没有严重地限制我们必须应对的这种现实性吗？难道决定论这个词没有忽略"敌对的朋友"所传递的丰富、希望，以及恐惧这种根本的人类焦虑？

决定论是从物理学中借用来的，特别适合于描述弹子球模型的物理运动：当一个球击中另一个球时，前者就向后者传递了一种可以预测的方向和运动。从一个人没有觉知到他的生理和神经反应这个角度上说，决定论这个术语也是适合于那些领域的。因此，在描述巴甫洛夫的狗和斯金纳的鸽子时，决定论是部分适当的。但是，当描绘人类意识时，我们发现，必须寻求一个更有包容性的词、一

个恰当地表达人类经验的无限细微差别的词。

而且，决定论这个词受限于其自身，迫使我们陷入一种有限的自由观。我们关于自由的概念变得如此混乱的一个原因是，我们试图牵强附会地对自由概念进行缩减，直到它与决定论相平行。这样产生的这种唯一的自由就是挑选和选择，也就是行动的自由。在心理学课上，它被称为"决定-选择"，可以把它简化成一些互不关联的项目。但是，这样就没有了终极自由的容身之地，就像贝特尔海姆所称的他在集中营里的自由，或者是我在这本书中所谓本质的自由，即生命的自由。

决定论这个术语的不适当性还表现在它没有给神秘性留下容身之地。它没有特别敏锐地看到，神秘性是所有人类经验的一部分。我们每个人出生时就有一种神秘性，尤其是对我这个夜里11点出生在俄亥俄州的一个小村庄里的人来说；有时候，我们遇上并爱上一个特定的人，这是一种神秘经历；我们最终在某个不可预测的地方以某种不可预测的方式死去，这是一种神秘经历。阿尔伯特·爱因斯坦（Albert Einstein）说："神秘感是真正的艺术和真正的科学的摇篮。"

重要的是要看到，神秘性并不意味着否认因果。我们将迟早发现在现在似乎神秘的那些情境中的决定成分，但这种论点并不适用，因为神秘性与这些成分据此相互关联的模式有关，而不仅仅是这些成分本身。一个人怎样对某种情境作出反应已经包含着他的自由，而且那种自由可能把许多不同的原因结合起来。这就是弗洛伊德所谓的"多元决定"（overdetermined），即同时由许多原因决定。

坠入爱河可能是由一个人的力比多（libido）①、一个人的文化、一个人的早期家庭背景、一个人的个人计划或几种诸如此类事物的结合所决定的。"模式"的意思是说，不同的事件或原因是以某种特殊的形式聚集在一起的，就像一片雪花是由某种水晶体的模式聚集在一起的那样。这种形式不能分离成为部分，因为正如毕达哥拉斯（Pythagoras）②所说，形式就是部分之间的关系。我们需要一个新的单词——一个能够涵盖形式中的丰富性、复杂性、神秘性和艺术成分在内的术语——来恰当地描述这种人类现象。

因此，我将决定论留给诸如弹子球之类没有生命的东西。对人类来说，我将使用命运（destiny）这个术语。保罗·蒂利希写道，人类自由是"一种有限的自由，其所有的潜能都受到……其对立的一极——命运的限制"[1]。

决定论是命运的一部分。我们都将死去；我们是受条件限定的；我们可以如此轻易地受到教导，就像机器人一样行动——所有这一切难道不是我们命运的一部分吗？我们反思我们的生命；我们焦虑地预期我们的死亡；我们意识到这个事实，即我们绝不会知道我们什么时候要离开这个地球或者怎样离开——所有这一切难道不是得归因于命运吗？

当个体对发生在自己身上的事情产生了自我意识时，就会出现从决定论向命运的转换。意识的出现创造了人类对其命运作出反应的条件。阿尔贝·加缪在其散文《西西弗斯的神话》（"The Myth of

---

① 即弗洛伊德学说中的性本能。——译者注
② 古希腊哲学家。——译者注

Sisyphus"）中描述了意识和命运之间的关系：

> 那个时刻就像是一个休息时间，就像他受的苦难一样肯
> 定会回来……这就是意识的时刻……（人）并不屈服于他的
> 命运。他比宿命的巨石更强壮。……如果人有自己的命运，
> 就不会有更高级的命运。……西西弗斯教导的真理是更高级
> 的忠诚：否定诸神，举起巨石。……那块石头的每一个原子，
> 晚上填满了大山的每一片矿石，其本身就形成了一个世界。
> 这种朝向高度的斗争本身就足以充盈人心。一个人必定能想
> 象到西西弗斯的快乐。[2]

2. 什么是命运?

在菲利普的案例中，我们看到了一个人面对着他的命运。我们
观察到，他一直在寻觅一个人，对他出生在这样一个不幸的世界上
予以补偿，这个世界由一位心理不正常的母亲和一个患有精神分裂
症的姐姐组成，这是一种他根本就无法选择的命运。到目前为止，
他曾试图掩盖这种早期背景，为此进行补偿，并有意识地予以否
认——他用尽方法避免使自己直接面对其婴儿时期这一方面的问
题。但是，这只能增加他的怨恨，以及一种他无法理解的渴望与向
往，像堂吉诃德一样在风车旁徒劳地骑马持矛冲刺。

只要他继续这样做，他就会受到母亲的约束，他的怨恨只会

为这种约束提供动机。他还会对妮科尔与其他男人的风流韵事加倍敏感，他总是会受到这个问题的限制——"为什么这个应该给我安全感和对过去进行补偿的女人，仍继续把我的心撕成两半呢？"但是，当他开始把命运视为一个给定的、不可改变的系列事件时，无论他多么痛苦，都必须予以承认和接受时，他才开始能够体验到从过去的奴隶变成现在是自由的人的那种宽慰。

我们每个人的自由是与我们面对自己的命运并生活在自己的命运中的程度相匹配的。

遗憾的是，命运这个术语一直被好莱坞的电影滥用和误用着，以致这个术语几乎只表示不可避免的灾难、神秘的死亡、不可改变的毁灭——所有这一切都赋予这些电影一种不可思议的情欲的味道，就像是宙斯被伪装成一头公牛一样，代表我们所有人潜意识的性冲动。

确实，命运的这些定义的确包含着"不可改变的命运"，但它们也包含更多的意思。这个词的动词形式——命中注定（destine）——就被定义为"注定、献身、牺牲"。命运是目的地（destination）这个术语的同根词，它隐含着朝向某个目标的意思。这分别代表两种不同的意思：一种是方向，另一种是要达成目标的计划或设计。这就是人类的生存处境，这是弹子球远远无法比拟的。

我把命运定义为构成生活中的"注定的东西"（givens）的局限性与天赋的模式。这些可能在一个大的尺度上，就像死亡，或者在一个较小的尺度上，例如汽油短缺。我们将要看到的，正是在面对

这些局限性时，我们的创造性才会出现。我们的命运不能被取消，我们不可能消除它或者用任何别的东西来替代它。但是，我们能够选择我们将怎样作出反应、我们将怎样利用我们了解的自己的那些才能。命运是在社会学判断和道德判断之前对我们的状况进行描述的一个术语。命运是原型和本体论的术语，它指的是一个人在每一时刻的最初体验。它是宇宙的设计，是通过我们每个人的设计阐述其观点的。

命运是在不同水平上直面我们的。有在宇宙水平上的命运，就像诞生和死亡。例如，我们可以通过戒烟稍微推迟死亡，或者我们可以通过自杀来加速死亡；但是，死亡一直待在那里，不可改变地等待着。狄兰·托马斯（Dylan Thomas）就其父亲的死而写的诗就是一件充满激情的和给人深刻印象的创造性作品。但是，它并没有抹杀这个事实：他的父亲已经死了。

在这个宇宙水平上的命运还有地震和火山喷发，在保险业中被传神地称为"上帝的行动"。我们可以选择从地震或火山的邻近地区逃离，或者我们可以听任命运的安排，留在火山喷发的路上。但是，我们不能逃避这个事实，即无论我们是否存在，火山和其他诸如此类的宇宙的爆发现象都确实会发生。当我们承认命运的这些所谓毁灭性的方面时，我们也发现了这种模式的积极方面，比如"在没有道路的丛林中的快乐"和"独自在海岸边的狂喜"。

还有第二种"注定的东西"——遗传（genetic）。我们的命运表达在我们的身体特点上，例如我们眼睛和皮肤的颜色，我们恰巧出生于此的种族，我们是男性还是女性，等等。"解剖学就是命

运"是弗洛伊德提出的著名观点。一个人的天赋——例如对音乐、艺术或数学的特殊才能——就是其中的一部分。一个人感受到被它们所占有。否认天赋是会受到惩罚的，试图否认的一个名称就是神经症。

第三，命运还有一个文化的方面。借用海德格尔的话，在出生时我们是被"扔"（thrown）到一个我们没有选择余地的家庭中的，来到一种我们一无所知的文化环境中的，来到一个不容置喙的特定的历史时期的。我们可能——有时候也必须——反抗我们的家庭，但没有任何成功的方式可以否认我们的来源。马林诺夫斯基写道："自由具有伟大的情绪效能，这要归因于这个事实：人类的生活以及对幸福的追求确实依赖于文化提供给人们的那些手段，其性质与效能是与环境、与其他人和与命运本身作斗争。"[3]

第四组"注定的东西"是境遇（circumstantial）。股票市场的起落、宣战、珍珠港遭袭，一旦这些情况发生，它们就不可逆转也不可避免、不可忽视，也不可能再次发生。

可以用一种具有各种不同等级的光谱来代表不同形式的命运。在左端的位置上，我会放上哲学家所谓的必要性和诗人所谓的宿命，像地震或火山爆发。这些根本就不受人类变化的影响。我会把决定论也放在靠近这一端的地方。在中间，我会放上人类心灵的潜意识功能，因为这是部分地由人类活动决定的，并部分地受人类活动的影响。我会把命运的文化方面放在靠近这个图谱的右端，因为虽然我们在选择我们的社会和历史时期方面没有发言权，但我们在怎样运用它们方面却有大量的自由。在极右端，我会放上天赋，因

为虽然从某种意义上说它是注定的，但在我们怎样运用它方面，我们却有大量的自由。

　　与一个人的命运相联结的方式还有很多。其中一种是与其合作。罗马斯多葛学派的马可·奥勒留（Marcus Aurelius）心中的命运是最符合于相互合作的："分配给某个人的命运是适合于他的，并且使他成为他自己。"[4] 另一种方式是觉察到和承认一个人的命运。我们大多数人，至少表面上，接受了身材大小、解剖结构和死亡。第三种方式是比较积极的——介入自己的命运。第四种方式是毫无保留地面对和挑战一个人的命运。菲利普与其死去的母亲的谈话就是这种方式的例子。第五种也是最积极的反应，是正面冲突和反抗命运。狄兰·托马斯的"愤怒，对光亮的消失表示的愤怒"就是这种方式的例子。可以肯定地说，这些方式并不是相互排斥的，我们都在不同的时间使用它们。

　　作为命运的一种形式，天赋的作用表现在贝多芬写的一封信中，当时他28岁，已经耳聋得很厉害了，以致别人"听到牧羊人在唱歌，而我却什么也听不到"：

　　　　哦，要是我能摆脱掉这种苦恼，我就能拥抱世界了！我感到我的青春刚刚开始，难道我会从此一直生病吗？……我承认，由于我的苦恼，我只有一半的自由，因此——作为一个完善的、成熟的人，我将回到你身边，更新我们友谊的旧感受。你一定会看到，我在尘世间尽可能地幸福——绝没有不幸福。不！我无法忍受。我要扼住命运的喉咙，它不会完

全把我战胜。哦，生活是这样的美丽——去活上一千次吧！我觉得自己绝不是为了过寂静的生活而生。[5]

当然，我们可以把我们的生命耗费在试图篡改和逃离我们的命运上。F. 斯科特·菲茨杰拉德（F. Scott Fitzgerald）的《了不起的盖茨比》（*The Great Gatsby*）就是关于一个试图篡改其过去的年轻人的故事。盖茨比更改了他的姓名，声明与其父母脱离关系，修习了一种英国口音，耗费了世界大战之后最关键的几年想要赢回黛西（Daisy）的心，这是一个他在接受军事训练时爱上的富家女孩。用菲茨杰拉德的话来说：

> 真实的情况是，长岛西埃格的杰伊·盖茨比，是从他自己的精神恋爱概念中产生出来的。……因此，他创作的只是一个 17 岁的男孩子都会创作的那种杰伊·盖茨比，他对这个概念一直忠贞不贰。

在这个悲剧的结尾处，那些华丽的管弦乐舞曲寂静下来，最后一个人已经离开了曾经拥挤的晚会，盖茨比的那栋大房子变得空无一人，黛西已经和她富有的丈夫回家了。而盖茨比的尸体漂浮在他自己的游泳池里。菲茨杰拉德这样完结了这个悲剧，并把它与我们大家联系起来：

> 盖茨比走了很长的路才来到他那蓝色的草地上，他的梦

似乎是那么的接近，以致他几乎不可能抓不住它。他并不知道这个梦就在他的身后，就在这座城市之外的广袤的黑暗之中的某个地方，在那里合众国黑暗的大地笼罩在黑夜之中。

盖茨比相信希望的光芒，相信一年又一年在我们面前远去的欢愉的未来。此时，它躲避着我们，但这并没有关系——明天我们将跑得更快，把我们的双臂伸展得更远。……真是一个美好的早晨——

所以，我们艰难地行进着，小船冲击着水流，不停地驶回过去。

怀着美妙的洞见，菲茨杰拉德看到了人类重蹈覆辙的强迫症："明天我们将跑得更快。"这难道不是我们共有的傲慢自大吗？许多世纪以前，荷马就宣称："无论是男人还是女人／无论是懦弱还是勇敢，都不能避开他的命运"[6]。我们人类艰难地行进着，就像"小船冲击着水流"，而我们一直"不停地驶回过去"。菲茨杰拉德正确地观察到，我们每个人在一定程度上都篡改、否认或躲避着自己的命运——对人类来说犯错误太司空见惯了。他自己就尤其这样，就像有想象力的作家们经常表现出来的那样，他自己的命运有独特的困难，他早期的盛名导致他嗜酒如命和过早死亡。所以，他说的东西他自己再了解不过了。

从一个人的内部观察命运，奥尔特加·伊·加塞特（Ortega y Gasset）把我们每个人的命运称为我们的"生命蓝图"。这就把命运作为目的地，或者我们每个人内在感受到的重大方向或方向的冲

突来强调。"我们的意志可以自由地选择实现或不实现我们最终将找到的这种生命蓝图，但我们却不能……改变它，缩短它，或者用任何东西来代替它。"我们居住的环境，我们面对的外部世界，以及我们自己的性格，都只不过使这项任务更加容易或更加困难了。奥尔特加继续说道："生活就意味着必须认识到我们每个人的存在蓝图。……生活的意义……就是每个人接受他的不可阻挡的环境，并且在接受它的时候，把它转变为自己的创造。"[7]

从这个意义上说，命运就是我们花费多年时间试图发现、寻求和摸索的生活蓝图，尝试这份工作或那份工作，爱上某个男人或女人，沉重地走进某位心理治疗师的办公室，有时候成功，有时候失败。特别是目前在美国，我们相信能够在我们希望的任何时间改变一切，在性格或存在中没有什么东西是固定的或注定的（在洛杉矶甚至连死亡都不是）；现在通过心理治疗或祭礼，我们就能在一个周末重新塑造我们的生命和人格，这种倾向不但是对生命的一种错误看法，而且也是对它的亵渎。

精神分析工作者及其后继者提供了各种方式，试图发现我们每个人的这种生命蓝图。宗教的精神领袖们——或者其他宣称能够通灵的人——在我们的时代受到如此高的评价，因为他们想教导我们：我们的生命蓝图究竟是什么。

从这个程度上说，我们能够超越我们的命运，我们体验到一种满足感和成就感，让我们相信自己能够成为我们想要成为的那种人。它是一种本真的体验、一种与宇宙一致的存在感受、一种真正自由的信念。威廉·詹姆斯（William James）可能早已经理解了我

们所谈论的事情：

> 把我们束缚起来的这个巨大的世界把所有各种问题都推给了我们，它以各种方式来检验我们。某些检验是容易的，可以通过行动得到解决，而有些问题我们是可以用明确系统阐述的词语回答的。但是，那个最深刻的问题却不容回答，只能让意志无声地转向，心弦绷紧着说："是的，我甚至愿意这么做！"[8]

但是，当这个生命蓝图被掩盖和隐藏起来时，敏感的人会觉得自己像道学先生一样——他感到不真实、不真诚、非本真。奥尔特加声称："这种蓝图并不是一种被有关的人设计的和自由选择的观点或计划。这种蓝图超越了一个人的理智观念，超越了一个人的所有意志决定。生活本质上是一场戏剧，因为它是一场——与事物甚至与我们自己的性格进行的——绝望的斗争，以期成功地成为实际上我们设计想要成为的东西。"[9]

我们否认命运的压力[10]通常来自我们的不安全性、我们对受到排斥的恐惧、我们的害怕和焦虑，以及我们缺乏冒险的勇气。反过来，这些又主要源自顺从的压力：与其他人一样是比较安全的。这样，这种生命蓝图，这种本真的模式，就被远远地抛在后面。[11]

但是，否认我们命运的这种倾向有可能源自一些可能性之间的冲突——比方说，像在歌德的生命中那样成为一位科学家与成为一位诗人之间的冲突。例如，在古典的悲剧中就有这种冲突，在俄瑞

斯忒斯对他母亲的爱与怜悯和他必须为父亲报仇之间的冲突，这种爱－恨两难就源自欲望与命运之间一种基本的人类冲突。

我们有一种倾向，通常把在命运中有某种邪恶含义的东西称为厄运（fate），并把它与建设性的、我们通常称之为命运（destiny）的东西分离开。马丁·布伯说了一些很重要的有关命运的话，但是，当他在《我与你》中写到需要避免"厄运－意志"（fate-will）并且选择用"命运－意志"（destiny-will）[12] 来取代时，他似乎也犯了这个错误。他在厄运的自我意识和命运的自由意志之间作了区分。但是，这却削弱了命运的力量，使之枯燥乏味。正如我们早先说过的，命运的概念先于善与恶的道德标准，记住这一点至关重要。"所以，不要混淆道德的应然（ought to be），它只存在于人的理智区域，有其至关重要的责任，个人天命的实然（has to be）则存在于我们最深刻和最根本的存在之处。"[13]

如果我们想要体验到命运的力量，我们就必须把消极的厄运成分和积极的命运成分一起来接受。希特勒通过对自身命运的运用形成了他对德国人的强权，尽管这种权力是魔鬼。当他谈到德国人的命运时，他正确地使用了这个术语，无论他的总统竞选活动多么具有毁灭性。"魔鬼也能使用圣典"有一种远远超越我们通常想象的意义。

命运和自由形成了一种悖论、一种辩证关系。对此，我的意思是说，它们是相互需要的对立物——就像白天和黑夜、夏天和冬天、上帝与魔鬼一样。从与命运力量的交汇中产生了我们的可能性、我们的机会。在与命运的结合中，我们的自由诞生了，就像白天战胜了黑夜，光也随之而至一样。正如我们已经说过的，不要认

为命运是折磨人类的弹球和锁链，而是：

> 有一种塑造我们目的的神性，
> 我们依此雕刻未来。

但是，正如莎士比亚指出的，这同样也是事实：

> 亲爱的布鲁图斯（Brutus），错误并不在我们的星辰上，
> 而是在我们自己身上，我们只是走卒而已。

这些话听起来像是有明显的矛盾，但实际上它们是一些悖论。自由根本就不是没有命运。如果没有可以面对的命运——没有死亡、没有疾病、没有疲劳、没有任何各种限制以及没有针对这些限制表现出来的才能——我们就绝不可能发展起任何自由。

自由与命运之间辩证关系的意义在于，即便它们是对立的，它们仍然结合在一起。它们相互隐含着。如果命运改变了，自由就必然改变，反之亦然。正如黑格尔所说，首先出现一个主题（thesis），然后产生其对立面（antithesis），反过来这又导致综合（synthesis）。命运就是这个主题；命运产生自由，自由就是其对立面，而这反过来又导致两者的综合。一方不仅使对方成为可能，还刺激着另一方的活动，把力量和能量给予对方。这样，我们就能够真正地说，命运产生于自由，而自由也产生于命运。

自由是在与命运的斗争中磨炼出来的。在我们面对命运时发展起

来的自由产生了丰富、无尽的多样性，宽容、狂喜、想象力，以及其他具有这个世界和作为有意识生物的我们自己特点的能力，我们是自由的但又是有命运的，在其中不断前行。从这个意义上说，正如维吉尔（Virgil）① 所说的那样，命运是个人的："我们每个人都遭受着自己的命运之苦"[14]。创造性和文明正是从命运与自由的辩证关系中产生的。卡尔·雅斯贝尔斯赞同地说："这样，自由和必然（命运）就不但在我当前和未来的选择中，而且在我的存在的根本个体性之中相会和融合。每一个决定都为我真正的历史自我的形成建立了一个真正的基础：我受到我的选择的决定性特征的束缚。依靠这些选择，我就成为我想要自己成为的人。"[15]

所以，关于自由有各种悖论的说法。汉娜·阿伦特声称："就我们出生的这个根本事实来说，我们'注定'是自由的。"[16] 在这里，她和圣·奥古斯丁（Saint Augustine）的意见一致，圣·奥古斯丁说过同样的话。或者正如萨特所说："我们是被迫处于自由状态的。"或者如奥尔特加所说："人是被迫把生命的必然转换成为自由的。"[17]

3. 命运与责任

我们要为我们的命运负责吗？如果我们胆敢回答"负一部分责任"，那么我们就面临另外一个同样难回答的问题。那就是，如果命运是一种注定，一种给予我们才能和限制而我们又不能取消的生

---

① 古罗马诗人。——译者注

命蓝图，那么责任又怎么能够有任何意义呢？

古希腊文明在伦理意识形成过程中就面临这个问题，连同命运的道德内涵一起思考。在公元前 1 000 年左右这段时期，荷马讲述了下面这个来自特洛伊战争的有趣的事件。

联合起来的希腊军队驻扎在特洛伊的城墙周围。希腊军队的首领阿伽门农从阿喀琉斯（Achilles）的帐篷里掠走了他的情人。当阿喀琉斯回来发现之后，他怒不可遏。他不仅是一个脾气暴躁的人，还是希腊军队中最好的战士。这个奇特的问题亟待解决：整个希腊军队的远征将被这两个人的仇恨毁于一旦吗？

当这两位英雄见面时，阿伽门农说道：

> 造成这次行动的原因……不是我，而是宙斯和在黑暗中行走的复仇三女神：就在那一天，当我专横地把阿喀琉斯的战利品从他身边拿走时，就是他们……把野蛮的疯狂强加到我的理智上。所以，我能怎么办呢？神总是我行我素。[18]

换句话说，命运——宙斯和复仇女神——是不容拒绝的。难道阿伽门农不是在说"我被洗脑了；这不是我，而是我的潜意识做的"吗？看起来可能是这样的，但他并非如此。他早已准备好承担自己的责任的方式。然后，他继续说道：

> 虽然疯狂使我失去了判断力，而且宙斯拿走了我的理智，但我愿意和解并作出大量补偿。

啊！既然命运对我做了这些事情，我就要作出补偿。

冷静下来之后，阿喀琉斯回答说：

> 就让阿特柔斯（Atreus）的儿子（阿伽门农）走他自己
> 的路吧……因为宙斯王拿走了他的理智。

在这里，这些希腊人说的是，即使神在内部发挥作用，即使他
们拿走了他的理智，一个人也要负责任。就是说，一个人的命运是注
定的，但也要为这个命运使他做的事情负责。虽然阿伽门农是受命运
驱使的，这是通过他的潜意识心灵的力量起作用的，但他还是要负责
的。责任是不能与自由分离的。一方是自由与责任，另一方是疯狂与
命运——这些是同时在人类辩证的和内心深处的悖论中发挥作用的。

朱利安·杰恩斯（Julian Jaynes）使我们想起了来自荷马和特
洛伊战争的另一个事件。赫克托耳（Hector）发现自己在白热化的
战斗中面对的是阿喀琉斯，在那一刻赫克托耳不想和阿喀琉斯打
仗，所以他撤退了。他的退缩不是由懦弱决定的；就是说，他不是
被阿喀琉斯的剑逼退的。相反，女神把云彩式的盾牌放在赫克托耳
周围，使他能够退出战斗而又不会失去尊严。

在黑暗中行走的复仇三女神和用云彩围绕着赫克托耳的女神都
是命运的绝好的代名词。确实，诸神就是命运的化身；他们为人类行
为设置了终极的限制，也为人类开放了可能性。任何一个想要彻底反
对它们的人都会被诸如宙斯手里的闪电之类的手段——我们现代人称

之为"上帝的旨意"的东西——所毁灭，就是这种古代信念的延续。

这种责任感部分地受文化对我们的影响。如果我们想要在社会中和谐地生活，我们就必须有责任。文化能帮助我们缓和或改善命运：通过文化，我们学会了建造房屋以阻挡风雪和冬天的寒冷；通过文化，我们用我们的服务来交换食物，这样我们就不会饿肚子。但是，文化不可能推翻命运、不可能消除它。我们可以集体捂住我们的眼睛，不看我们行动的后果，使我们自己看不到我们的残忍和我们对那种残忍所负的责任，就像我们在越南战争中所做的那样。但是，这会让我们麻木不仁，并且迟早受到神经症症状的危害。

对荷马来说，承认命运完全不是沉湎于罪疚感之中，而是对个人责任的一种接受。荷马在《奥德赛》（*Odyssey*）中借诸神之口说了这段话：

> 哎呀，现在人类怎么能谴责诸神呢！因为他们说，邪恶
> 都来自我们（这些诸神）。但他们自己，却由于他们的罪恶，
> 而命中注定地要遭受痛苦。[19]

通过这些荷马史诗的传说，早期古希腊人懂得了——这是文明中的一项艰巨任务，需要千百年的时间——自由与命运是并存的，它们处在相互的辩证关系中。阿伽门农知道，他必须为了他相信是诸神——命运——让他做的事情向阿喀琉斯补偿。

再者，希腊人发现，他们在对待诸神的态度中表现出来的对命运的信任，使他们个人充满了能量和力量。读过希罗多德

（Herodotus）或修昔底德（Thucydides）作品的人都知道，典型的古希腊人都是不可思议的自立和自主的。从他们的活动可以看出并且认识到，相信命运倾向于使一个人消极和有惰性的说法是不真实的。正相反——如那些花童①所证实的——相信不受限制的自由往往使人失去活力。这是因为，不受限制的自由就像是一条没有河岸的河流，水会不受控制地随意流动，流到四面八方，最后消失在沙子里。

因此，这种决定论，例如，加尔文主义和它的预定论，都有如此伟大的力量，看上去似乎是一种悖论。一个人可能会认为，人既然是其预定命运或其经济状态的结果，就不可能有很多的改变。但是，加尔文教派的人都积极地活动着，想要改变人们，并且往往取得很大的成功。换句话说，他们对命运独特的信念给了他们力量。

一个人在经历了无数次小的选择之后，偶尔地会达到某个点，在这里他的自由和命运似乎结合起来了。对马丁·路德（Martin Luther）来说，情况确实如此，当他把《九十九条论纲》（ninety-nine theses）钉在维滕贝格大教堂的门上时，他说："我站在这里，我别无选择。"这些行动是多年来的一些小的决定的实现，最终在这一关键决定中，一个人与自由和命运合二为一。

通过直接与命运交汇，古希腊人也有了他们自己的使之缓和的方式。像尤利西斯（Ulysses）这种聪明人知道在献祭时借助哪些神灵去对抗其他神灵。古希腊人为了确保从奥利斯顺风航行到特洛伊，献祭了阿伽门农的女儿伊菲革涅亚（Iphigenia）。这种残忍

---

① 主张爱情、美好与和平的佩花嬉皮士。——译者注

的行为最终注定了阿伽门农的命运——作为迈锡尼血腥遗产的一部分，他后来被他的妻子杀害了。

在埃斯库罗斯的戏剧中，当阿伽门农从特洛伊回来时，他作为一位骄傲的征服者走进来，人们几乎无法制止他的夸耀，他已经完成了让特洛伊俯首称臣的使命。合唱队急忙警告他不要傲慢，这种过分自负的骄傲的罪恶，会使诸神妒忌并引起他们的报复。这和我们现代的箴言一样，"骄者必败"。但是，阿伽门农大叫大嚷地表现出傲慢，这直接导致了他的死亡。

傲慢是拒绝接受自己的命运，是相信所有这些伟大的行动都是他自己一人完成。这是一种篡夺诸神权力的倾向。它也否认了一个人总是或多或少依赖其同胞及其社会。命运本身是我们才能的源泉，能帮助那些在诸如特洛伊战争这些伟大工程中的胜利者，当我们看不到这一点时——就像我们表现出傲慢时所做的那样——恶的后果将接踵而至。

对当时的情境采取行动的可能性或力量，是否赋予一个人做这件事情的某种责任？我选择回答：是的。责任不再仅仅与过去的原因相联系——与一个人做过的事情相联系，还必须适合于表现自由——我能做的事情。行动的自由赋予我行动的责任。从这个意义上说，自由和责任是统一的。责任不只是一种道德教诲，不只是伦理生活的另一条规则。它是生活的潜在本体论结构的一部分。这显然意味着，有需要我们为之负责的大量的事情，而我们永远无法完成。但是，承担未履行的责任，好过于某种"纯粹"良心的伪装。

人们在人类社会的集体性质中相互依赖，所以我们需要对

多种多样的事情负责。显然，我并不是说我们要养成神经症的良心——有很多理由让我们不该如此。例如，我的朋友教育孩子的方法不对，我最好不要根据我的看法认为，我知道怎样教育孩子，而他不知道。但是，在某种友谊关系中内在固有的自由确实赋予我一种责任，使我公开地与他就此事进行交谈，并分享我所具有的任何见解。我不是说我们要做爱管闲事的人。我是建议，我们应敏感、有同情心，并且觉察到我们人类社会复杂的相互依赖。

注释

[1] Paul Tillich, *Systematic Theology*, vol.2（Chicago：University of Chicago Press, 1957）, pp.31-32.

[2] Albert Camus, *"The Myth of Sisyphus" and Other Essays*（New York：Vintage, 1955）, pp.89-91.

[3] Bronislaw Malinowski, *Freedom and Civilization*（New York：Roy, 1944）, p.24.

[4] Marcus Aurelius, *Meditation*, 3：4.

[5] J. W. N. Sullivan, *Beethoven：His Spiritual Development*（New York：Vintage, 1960）, pp.72-73. 沙利文继续说道："很有可能每一位一流的天才都觉察到了自己与天分间的这种奇特的关系。即便是最清醒的天才，像克拉克·麦克斯韦和爱因斯坦这样的科学天才，也流露这种被天赋灵感占有的感受。一种除了模糊的预感之外他们在正常情况下无法觉察到的力量把他们笼罩起来。对贝多芬这种异乎寻常的有创造性的人来说，一种或多或少潜意识的骚动状态一定会经常出现。但是，只有当有意识对抗的贝多芬屈服了时，只有当他的骄傲与力量都消耗殆尽，以致他甚至渴望死去和放弃这种斗争时，他才发现，这种创

造性的力量确实是不可摧毁的，而正是这种不死的能量才使他不可能死去。"

[6] Homer，同前，6：488 页。

[7] 引自 Rockwell Gray, "Ortega and the Concept of Destiny," *Review of Existential Psychology and Psychiatry* 15, nos. 2-3（1977）：178。

[8] William James, *Principles of Psychology*（New York：Dover，1950；1980 重印版），Ⅱ, p. 578。

[9] Gray，同前，141 页。

[10] 一位朋友写信给我说，女人在试图证实她们生命蓝图或命运时遭受了很大的痛苦。她说："我想的是现在已经得到解放的我的许多女性朋友遭受的那种极度痛苦。"

[11] 最极端的例子就是易卜生在其最后的剧作《当我们清醒地死去时》（*When We Dead Awaken*）中所描述的那种人。他说："当我们清醒地死去时，我们将看到什么？"答案有很多种，但所有的答案说的都是同一码事："我们将会发现，我们从来就没有活过。"

[12] 引自 Gray，同前，178 页。

[13] 同上书，151 页。

[14] Virgil, *Aenied*，6：743.

[15] Kurt F. Reinhardt, *The Existential Revolt*（Milwaukee：Bruce，1952），pp. 183-184. 这些话是 Reianhardt 对 Jasper 观点所做的解释。

[16] 引自 J. Glenn Gray in Melvyn A. Hill, ed., *Hannah Arendt：The Recovery of the Public World*（New York：St. Martin，1979），p. 231。

[17] 引自 Gray，同前，16 页。

[18] 引自 E. R. Dodds, *The Greeks and the Irrational*（Berkeley：University of California Press，1968），p.3。

[19] Ruth Nanda Anshen, *The Reality of the Devil：Evil in Man*（New York：Harper & Row，1972），p. v.

第六章

命运与死亡

忘记你个人的悲剧吧。我们从一开始就被命运捉弄，你尤其要经历极大的痛苦才能严肃地写作。但是，当你感到这种痛苦时，要利用它——不要用它欺骗自己。要像一位科学家一样忠诚于它。

——欧内斯特·海明威（Ernest Hemingway）写给 F. 斯科特·菲茨杰拉德

只有在面对死亡的时候，人的自我才得以诞生。

——圣·奥古斯丁

我们对死亡的觉知是命运的一个最生动和最令人信服的例子。因为自然界中的一切都随着时间流逝而死亡，所以我说的是对死亡的觉知而不仅仅是死亡。人类知道自己会死去。他们有一个词来表述死亡，他们预见到死亡，他们在想象中体验到死亡。这种想象自己死亡的体验体现在许多事件中，诸如在路上看见一只死鸟、穿过一条车水马龙的大街、系好安全带，或者达到性高潮。

在物理学以及在道德洞见方面的一个天才——帕斯卡尔

（Blaise Pascal）对此给我们做了最美妙的讲述：

> 人只是一棵芦苇——一棵自然界中最脆弱的芦苇，但他是一棵有思想的芦苇。没有必要使整个世界为了消灭人而武装起来：一点蒸气、一滴水，就足以杀死他。但是，即便这个世界把他压垮了，人仍然比杀死他的东西更高贵；因为他知道（know）他会死，也知道宇宙对他所具有的优势，而宇宙对此却一无所知。因此，我们所有的尊严就在思想之中。通过思想，我们就必然提升我们自己，而不是通过我们无法填满的空间和时间。那么，就让我们努力地去好好地思考吧——道德原则就存在于此。[1]

对死亡的这种觉知是生活热情的根源，也是创造艺术作品，甚至创造文明的动力源泉。尽管人类的焦虑普遍地与终极死亡有联系，但对死亡的觉知同样也会带来好处。其中一种好处就是可以自由地讲述真理：我们越是觉知到我们会死亡，我们对下述事实的体验就越生动，即撒谎不但不会提升我们的尊严，而且也没有用处。罗马不会再被烧第二次，那为什么要在它被焚烧时惋惜呢？这样，我们就可以和奥马尔（Omar）一起说："时间之鸟只需要短暂地振翅，而它已经在飞翔。"

历史上有智慧的人都理解我们对死亡的觉知对于生命的价值。西塞罗（Cicero）说："像哲学家似的思考就是为死亡作准备。"而塞内卡（Seneca）说："没有人能享受生活的真正滋味，除非他愿

意并准备好放弃生命。"

一个曾学习成为心理治疗师而现在却是我的来访者的年轻人告诉我，他在一群年长的开业咨询师面前报告一个案例之前，曾持续强烈地焦虑了好几天。在开车来到会场时，他突然产生了这种想法："总有一天我们都会死亡——为什么不忘记这种神经症的焦虑，尽我所能地做到最好呢？"这给了他一种免除焦虑的突然而短暂的宽慰，这是很奇怪的。另一位来访者告诉我，几年前他曾带着焦虑的问题去看过一位治疗师，因为工作要求他必须周游全国，这让他实在忍受不了。那位治疗师说："你可以将一把左轮手枪放在你的小提箱里，以便随时向自己射击。"这也使这个人极大地减轻了焦虑。

这两个人通过对死亡的这种参照都体验到从困境中解脱出来的感受。当他们认识到，如果他们在必要时能从受害者的角色中走出来时，焦虑便失去了其力量。当尼采说"自杀的可能性拯救了许多生命"时，我们明白了他的意思。

1. 瞬间之痛

真正承认一个人必死的命运就是得到解脱，达到一种自由感。奥林匹斯山上不死的诸神并没有真正意义上的自由。他们是无聊的、空虚的和了无兴趣的生物——除非他们卷入终有一死的人当中。宙斯和他的追随者只有通过到地球来流浪旅行，和凡人发生恋

爱关系，才能使他们的生命有活力。在希腊神话中其生涯多姿多彩的那些人物，是那些为终有一死的人做事情的半神半人者，像普罗米修斯（Prometheus），或者像那些关心人类事务者，如特洛伊战争中的诸神，或者像主持对俄瑞斯忒斯的审判的雅典娜（Athena）那样的。换句话说，必须引入凡人，才能使不朽的神富有生机活力。一个由现代法国剧作家写的《安菲特律翁38》（*Amphitryon 38*）就证实了这种观点。宙斯走下山把一名因参加战争而离开的士兵的漂亮妻子诱奸了，他后来告诉墨丘利关于他与一个凡人发生关系的经过：

> 她的话不多，这拓宽了我们之间的深渊。她会说"当我是个小孩子时"——或者"当我年老时"——或者"我的一生中绝没有"——这刺痛了我，墨丘利。……我们失去了某样东西，墨丘利——瞬间的心痛——终有一死的暗示——那种想要抓住某种你无法把控的事情的甜蜜的悲哀。[2]

荷马同样向我们讲述了，奥德修斯（Odysseus）是怎样受到美丽女神卡吕普索（Calypso）的引诱但却拒绝永生的。卡吕普索对他说：

> "拉厄尔忒斯（Laertes）之子和宙斯的后裔，足智多谋的奥德修斯，你仍然还是那么渴望回到你自己的家乡和你父亲的国土吗？无论你怎样做，我希望你一切都好，但是，如

果你从自己的内心知道，在回到你的国家之前你命中注定要
经历多少艰难困苦，你就会和我一起待在这里，成为这个家
的主人，成为不朽的。你朝思暮想、再次渴望见到的妻子就
在这里。但是，我认为我能够说，无论在体形还是身材上我
都不比她差，因为终有一死的女人在体形和美貌上是不可能
向女神挑战的。"

接着，轮到足智多谋的奥德修斯讲话了。他对她回答
道："女神和女王，不要对我生气。我自己知道，您说的一
切都是真实的，谨慎小心的珀涅罗珀（Penelope）绝不可能
在美貌和身材上与您相提并论。她毕竟终有一死，而您是不
朽的和长生不老的。但是即便如此，这些年来我想要的和我
渴望的就是回到我的家乡，过着我回到家乡的日子。如果有
位神把我狠狠地打到深蓝色的水中，我也将忍受，我会在内
心保持一种顽强的精神，因为我已经在风口浪尖上和在战斗
中吃了那么多的苦，付出了那么多努力。所以，就让这场冒
险继续吧。"

当他说完后，太阳落山，黑暗降临。这两个人退缩
到空洞的洞穴深处，享受着爱的滋味，整夜地相互依偎在
一起。[3]

拂晓时，奥德修斯起身，砍倒了一些树，造了一艘船。三天
后，他便远航离开了。正如卡吕普索预言的和奥德修斯担心的，他
回家的旅程漫长且充满了艰难困苦。但是，他已经选择了珀涅罗

珀、家和终有一死，而不是与卡吕普索一起过上不朽的快乐生活。

这就是亚伯拉罕·马斯洛在心脏病康复时写的下面这段话的意思："死亡及其永远存在的可能性使爱——激情的爱更加成为可能。如果心醉神迷是完全可能的，如果我们知道我们绝不会死亡，那么我不知道我们是否还能有激情的爱。"这不仅仅是对"我几乎失去了这一切……我快要死了"的一种表示，而且是对来自当时已经门户洞开之处的命运和新的可能性、对具有美感的新自由的觉知的一种丰富而深刻的感受。

没有人知道在死亡界限之外还有什么。但是，如果除了消亡之外还有任何别的东西的话，我们可以肯定，在时间飞逝的这个短暂的间隔，为此所能作的最好的准备就是，尽可能发挥我们的生命力和创造性，尽可能全面地体验和贡献出我们所能做的一切。

但是，如果我们通过相信死亡是简单和轻而易举的来保护自己免遭死亡的恐惧，那么生活就会变得乏味而空虚，自由的概念也没有什么意义。

大多数读过和听说过库布勒-罗斯（Kübler-Ross）的人都会对她在应对濒死的病人时自我牺牲的故事留下深刻印象。我并不希望对此加以诋毁，她有权相信她认为是正确的东西。但是，这并不妨碍我们清楚地看一看她得出的那些结论的含义。库布勒-罗斯说，死亡就像破茧成蝶的过程一样。我认为，这是一种否认的形式：它消除了一个人充分利用生命的动力能量。库布勒-罗斯还引用了她的某些病人的话说："我迫不及待地要死亡和见到我的朋友们。"如果死亡是这样的美好，那么我们就会急切地向它走去，没有诗歌，

没有对为我们的孩子们建造文明的关注，没有流传万世的油画，没有贝多芬的《第九交响曲》。而自由甚至也不是一个要考虑的概念。

这才导致真正的毫无希望，因为它夺去了人类生活的辛酸。我们不妨留神倾听尤利西斯的这首歌：

……我要饮尽

生活……

……生活堆砌在生活之上

一切都太少……

接着，丁尼生（Tennyson）[①]对与命运对抗和超越人的各种可能性作了描述：

……来吧，我的朋友。

寻找一个更新的世界还为时不晚。

我们是……

有着雄心壮志，

时代和天命使之脆弱，但意志坚强

要奋斗、寻求、发现，而不是要屈服。[4]

但是，我们紧接着就遇到了我们的文化中无处不在的对死亡

---

① 英国诗人。——译者注

的否认。在关于我们绝不会死亡的歌曲和仪式的伪装中，我们的社会是有病的，这就是事实。当休伯特·汉弗莱（Hubert Humphrey）因患癌症而形容枯槁，在国会最后一次露面时，那些参议员们，在他们的发言中，都做了乐观的讲话："快点好起来吧，休伯特。我们需要你回到这里来。"他们在哄骗谁呢？当然不是汉弗莱，他已经勇敢地知道，他离死亡只剩几个月的时间了。不是也有数百万人在观看电视吗，有谁能更清楚地看到他正在死亡呢。是他们自己吗？形成鲜明对照的是理查德·纽伯格（Richard Neuberger）在他因患癌症死亡前不久所写的声明，他是这样写的：

> 对我曾经认为是理所当然的事情的一种新的赏识——和一个朋友一起吃顿午餐，抓抓玛菲特（Muffet）①的耳朵等着听它的呜呜声，我的妻子的陪伴，晚上在幽暗的锥形床头灯下看一本书……我第一次体验到生活的滋味。我终于认识到，我不是不朽的。[5]

但是，一个人直到快要死了才体验到生活的滋味，这是多么大的悲剧啊！

许多著名的精神分析师清楚地展示对死亡的否认，这更令人惊异。埃里克·弗洛姆在他的《人心》（*The Heart of Man*）一书中说："良善的人绝不会想到死亡。"[6] 在这本书中，他用"嗜生者"

---

① 一只猫的名字。——译者注

（biophiliacs）——对生命热爱的人，与"嗜死者"（necrophiliacs）
——对死亡热爱的人进行对比。最后，显然弗洛姆对后者非常痛
恨，把一些历史上有毁灭性的人归于此类——希特勒、拿破仑等。
"善就是为生命服务的一切；恶就是为死亡服务的一切。"问题是，
这样一个人却把关于死亡的所有想法都压抑下去了，这就直接导致
对死亡和邪恶的否认。在那些想法中，我们便无法理解歌德在《浮
士德》（Faust）中所说的：

> 上帝：人的活动，太容易弛缓，
>
>   动辄贪求绝对的宴安；
>
>   因此我才愿意给人添加这个伙伴，
>
>   他要作为魔鬼来刺激和推动人努力向前。

而且，当梅菲斯特（Mephistopheles）[①]向浮士德揭示了他自己
的面目时：

> 浮士德：那么，你是谁呢？
>
> 梅菲斯特：不可理解的力量的一部分，
>
>   它总是使恶随心所欲，总是控制着善。

在对死亡的否认中，弗洛姆只是遵循着大多数弗洛伊德学派的

---

① 欧洲中世纪有关浮士德传说中的魔鬼。——译者注

人以及弗洛伊德本人的指引。这位精神分析的创立者在开创这种新时尚时论证说，一般来说，对死亡的焦虑是阉割焦虑，因为没有人实际体验过所谓的死亡，所以死亡不可能处在潜意识之中。但是，正如亚隆（Yalom）尖锐提出的，谁体验过真正的阉割呢？弗洛伊德只是在他的死本能的理论中以及受第一次世界大战刺激所撰写的一些散文中提到过死亡的问题。但是，死本能的理论——无论其神秘性的价值观如何，我都认为其是很伟大的——从未成为精神分析思想主体的一部分，而且受到正统弗洛伊德学派的广泛拒绝。除了奥托·兰克和梅兰妮·克莱因（Melanie Klein）与这位大师决裂并且建立了他们自己的学派之外，在正统的精神分析圈内对死亡的这种无视似乎或多或少是普遍存在的。

至于弗洛伊德及其正统的追随者们为什么会如此屏蔽死亡，而把这个领域留给存在治疗师，使之恢复其本来面目，这确实是很令人困惑的。我认为，理由是精神分析的不可战胜性（invincibility）这种幻觉。这是因为，面对和承认死亡——我们自己的死亡以及他人的死亡——是对人类可战胜性的主要说明。对死亡的觉知就是命运的出现，现在是在必然性的意义上，以其极端和终极的形式出现的。承认命运的这个方面、承认有限性，就是要承认，精神分析——以及弗洛伊德和弗洛姆还有我们这些其他终有一死的人——将不得不放弃对不可战胜性的渴望。这是要接受我们的有限性和我们的终有一死。这是要加入人类的群体——有限的、可战胜的、脆弱的群体，令人痛苦的、终有一死的群体。

对死亡的觉知是人类意识的是非正反这种特点所要求的。意识

绝不是一成不变的：它之所以知道某件事，是因为它与另一件事相反。它是辩证地体验事物的，就像电流有正极和负极一样。或者正如格雷戈里·贝特森（Gregory Bateson）经常说的，我们是根据事物与其背景的对立而觉察到某事的。如果有翅昆虫是完全静止的，青蛙就绝不会看见它。一旦有翅昆虫移动，青蛙就会看见目标；有翅昆虫再次移动，青蛙就会把它吞食掉。我们听到了赫拉克利特的古代智慧的回声："人们并没有认识到，与某事相对立的东西也与之相一致。"

生命是死亡的对立面，如果我们想要有意义地思考生活，对死亡的思考就是必要的。在某一极其快乐的时刻，谁不曾想到过"我真希望我永远不会死啊"；或者在看到阿尔卑斯山令人激动的美丽景色时，在心底呼喊"这使我感到就像是永恒——我超越了生与死"；或者在辛苦地从事某一有挑战性的任务时，"愿上帝保佑我，让我有足够长的时间来完成我的工作"；或者在某些令人沮丧的时刻，"不如死了算了"；或者在极其疲劳时，"要是能休息一下该多好啊"。我们根本无须谈论关于自杀的想法，因为以上所有的例证都显示了生命的悲凉，它们都包含着对死亡的提及。对生命的最强烈体验伴随着对死亡的最强烈体验。

2. 巫术与命运的投射

当人们不能或不愿意承认和面对其命运的某些方面时——例

如，突如其来的疾病、莫名其妙的死亡、一个畸形婴儿的诞生——命运便受到了压抑。它常常被投射到他们自己之外的人物身上，例如诸神、巫师、恶魔和女巫。我并非贬义地使用投射（project）这个词。投射是人类心灵的一种普遍和正常的功能。我们都在使用这项功能，只是方式不那么奇特。许多有天赋的人都体验到他们在绘画或音乐中的一些幻想，至少部分地来自他们自身之外。当一位画家画一幅风景画时，要区分有多少是来自他可以看到的景色、有多少是从他自己的形状感知中投射的，这是不可能的。实际上，真正的艺术依赖于他所投射的东西，而不是依赖于客观地存在于"那里"的东西。内部和外部现实之间的界限是不可能明确划出的，就像卡尔·普里布拉姆（Karl Pribram）[7]的脑研究阐明的那样。但是，在这里我们将主要讨论命运的投射在巫术（witchcraft）中表现出来的破坏性方面。

自从 12 世纪以来，在以欧洲为中心的西方，尤其是在天主教和新教的教堂里，巫术一直是一个很悲惨和很严重的问题。在 13 世纪，宗教法庭请求教皇亚历山大四世（Pope Alexander Ⅳ）（1254—1261 年）准许教会有责任对巫术进行宗教法庭审判。[8]虽然教皇拒绝了，但他表示自己相信所有的巫师都是撒旦的仆人。到 15 世纪末，巫术被比作异端邪说，那些被宗教法庭发现因践行巫术而有罪的人就被绑在火刑柱上烧死了。

如果一个人不相信巫术，他的这种根本不相信就会使他处于被谴责为异端邪说的危险之中。如果你相信，"在魔鬼和人类之间不存在或者不可能存在契约"，或者"在魔鬼与人之间没有性交"，或

者"魔鬼或巫师都不可能引起大风暴、暴风雨、雹暴之类"[9]，你就已经被怀疑与撒旦结盟。甚至新教的宗教改革的领袖们也相信巫术的存在。路德写道："保罗把巫术视为肉体的行为，它……不是肉欲或淫欲，而是一种偶像崇拜。这是因为，巫师是与魔鬼缔结盟约的。"[10] 约翰·加尔文（John Calvin）也相信有巫术，并且经常引用《圣经》新约全书的一段话："穿上上帝的全套盔甲，你就能够与魔鬼的奸计相抗衡了，因为我们并不是与血肉之躯搏斗，而是与权天使（principalities）① 搏斗、与权力搏斗、与黑暗世界的统治者搏斗。"[11]

巫术不但否认当今的伦理标准，而且否认美学标准。现存的文献中记载着巫师的令人厌恶的安息日："新生儿的尸体被他们吃掉了，这些新生儿是在晚上从他们的保姆那里偷来的；他们喝着发臭的液体，任何食物中都没有滋味。"[12]

我们现在称为"宇宙的"（cosmic）命运的某些方面，例如火山喷发或地震，就是因为这些现象被与敬畏和恐怖的情绪联系在一起，应该把它们看作某些超自然力量的作品。但是，在任何有想象力和患有癔症的人看来，即便是生活中的一些普通事情也是很敏感的，都被称为巫师的作品。所以，"许多年的持续不断的荒年就是巫师通过魔鬼的恶意引起的"[13]。

引用许多被投射的事物中的一个例子。男性阳痿曾被广泛地认为是由巫术引起的。举个例子，一对夫妇，准备了很久打算结婚。

---

① 权天使，九级天使中的第七级。——译者注

就在晚上，在紧张而令人激动的婚礼仪式之后，新郎却发现自己阳痿。从他的困惑、愤怒和自卑感中，他完全能够产生幻想——有某种魔法引起了这种令人尴尬的现象。皮埃尔·贝尔（Pierre Bayle）在 18 世纪早期写道："有些人不能圆房，并相信阳痿是一种咒语的作用结果。从那时起，新婚夫妇便用邪恶的眼睛互相看着对方，他们的不和经常会导致那种最可怕的仇恨，一方的眼神都会使对方颤抖。"[14] 他补充说，据说巫师们会在结婚的祝福期间说一些话，这被称为"编结"。"这就是有些母亲会同意提前完成婚礼之夜，以便挫败巫师的原因。"[15]

托马斯·阿奎那以"巫术的作用是否对婚礼造成阻碍"为标题，对这个问题做了讨论。他得出结论认为，巫师不能阻碍圆房，那些更强烈的邪恶的精神，例如恶魔和撒旦，却能够这样做。"天主教的信仰……坚持认为，恶魔确实存在，他们可以通过他们的活动来阻碍性交。"[16]

巫师审判中的线索常常和性有关，而且听起来确实就像今天的色情描写的前身。

安娜·玛丽·德·乔治尔（Anne Marie de Georgel）宣称，一天早上，当她洗衣服时，她看见一个身材高大的男人趟过河向她走来。他皮肤很黑，他的眼睛就像燃烧的煤一样，他穿着兽皮做的衣服。这个恶魔问她是否愿意为他献身，她说可以。于是，他向她的嘴里吹气，从接下来的星期六起她就得参加那个（巫师的）安息日，就是因为这是他的

意志。在那里，她看到了一只公山羊，在向他问候过之后，她便任由他快乐地摆布。作为回报，公山羊教给她所有各种神秘的咒语；他向她解释一些有毒的植物，她从他那里学到符咒以及怎样在圣约翰日的守夜期间、在圣诞夜和在每个月的第一个星期五发出咒语。他忠告她，如果她能够，她可以做渎圣的人，冒犯上帝和尊敬魔鬼。而且她执行了这些不敬神的建议。

安娜·玛丽·德·乔治尔接着承认，她一直没有停止做恶事，在这些年里干着各种肮脏的勾当，从她第一次开始一直到她入狱的时刻。

有时，这些曾经的受害者也就某种重要的真知灼见作出神学的说明。安娜·玛丽继续说道："上帝和魔鬼之间的斗争一直在继续着，而且不会终止。有时神获胜，有时另一方获胜，现在的情况是撒旦一定会胜利。"[17]她被烧死在火刑柱上本身就是对"撒旦胜利"的一种证实，这是多么具有讽刺意味啊！

为什么巫师主要是女性呢？尽管宗教法庭的某些公告使用"两种性别的巫师"这个短语，但毫无疑问巫师主要是女性。[对于男性巫师（warlock）这个术语，人们并不熟悉，也不常使用。]德国宗教法庭的两位领导者——H. 尹思蒂（H. Institoris）和雅各布·斯普兰格（Jacob Sprenger）撰写的《女巫之锤》（*Malleus Maleficarum*，1486 年）常被称为一本巫术的"百科全书"，其中有一部分的题目是"为什么主要是女人沉迷于邪恶的迷信行为呢？"

作者们（带着一种近乎变态的快乐口吻）写道"关于那些与魔鬼交合的巫师们"，他们试图探寻：

> 使这些可憎行为得以实现的方式。就魔鬼这一方来说：首先，他所化身的身体是由什么成分组成的；其次，这种行为是否总是伴随着从另一方那里接受的精子的射入……他是否更经常地在一个时间和地方做这种行为……（以及）这种行为是否能被站在旁边的任何人看到。[18]

这些作者经常谈到女性的"脆弱性"，并指出，关于女性，"当她们被好的精灵支配时，她们表现出最出色的美德。但是，当她们被邪恶的精灵支配时，她们便沉溺在可能是最糟糕的罪恶之中"。确实，"女人这个词被用来表示'肉欲'的意思"。但是，女人也给男人带来了福，并且"拯救了国家、土地和城市"，就像以斯帖（Esther）①、犹滴（Judith）②和底波拉（Deborah）③那样。在提到原罪时，我们会把它归咎到夏娃（Eve）身上，尹思蒂和斯普兰格说："我们发现了一种名字的改变，就像[在'万福玛利亚'（Ave Maria）中]从 Eva 向 Ave 的转变那样……夏娃的全部罪恶都被玛利亚的祝福带走了。"

这种带着优越感的对女人的谴责使人难以苟同，但是它也展

---

① 《圣经》人物，以自己的生命拯救了同胞。——译者注
② 《圣经》人物，当犹太民族遭遇敌军围困时，靠着上帝的帮助拯救了全民族。——译者注
③ 《圣经》人物，是爱国的妇女。——译者注

示出对命运动力的投射和压抑。这种"肉欲"主要是男人自己不被承认的性欲的一种投射，这似乎是显而易见的。蛇蝎美人（femme fatale）现象阐明了一个男人在漂亮女人吸引下可能感受到的无助，特别是当他得不到她时。许多男人怨恨这种吸引力，仿佛这些激情的波浪使他们对自己生活的控制被她们带走了。在整个历史中，关于交际花、妓女、漂亮但可能冷漠的女人的画像证明了蛇蝎美人的这种力量。

无论我们生为男性还是女性，性都是我们命运的一个生动的部分。不管我们愿不愿意，性似乎都掌管了我们的身体。到达青春期时，我们的生理发展随之出现了一些新的、奇怪的和强有力的欲望与幻想。成长中的男孩子和男人常常把性体验为超出他们控制的困扰和强有力的渴望。男性性欲所产生的冲突可能通过禁欲生活得到加强，就像圣安东尼在沙漠中的性诱惑和奥利金的自我阉割所证实的那样。

所有这一切都使男人产生了对女人的敌意。但是，"好"男人会压抑这种敌意——或许是在一种维多利亚时代那样的道德标准之下，把女人当偶像崇拜——尽管这种敌意在男人的群体、男人的幽默之中以半认可的形式表现出来。在某些情境中，男性的愤怒源自女人似乎对男人的分泌腺有控制权，这些分泌腺会对其内部器官产生某种秘密的影响，这可能表现在他不由自主地勃起上。最初这使他惊奇，接着又把他诱惑了（bewitch——这个词是适当的），最后使他愤怒。我们很容易把这些不可控制的和煽动性的情绪波动想象为证明一个人受到诱惑的一种证据。这种压抑可能如此强烈，以致

一个人不得不考虑，性欲的根源可能就是他自己的命运。

与把这种神秘的影响归因于女巫相比，还有什么更好的办法来应对这种屈服于蛇蝎美人魅力的令人困惑的诱惑力呢？有时，这些女巫是年轻的姑娘，她们"唯一"的罪行就是她们的美貌；而有时，这些女巫是年长的、干瘪的和衰老的。但是，男人能够很容易地回想起，这些老女巫在年轻时就具有这种魔幻的力量，即便她们没有说出来，她们也仍然记得其中的秘密。这个"被诱惑的"男人一点抵抗力也没有地受到吸引，便把他的猜疑传达给另一个人，说某人有用魔法迷住人的力量。其他人也变得怀疑起来。不久，某人就变成了一个女巫。她的否认只会增加对她的刑罚。受到诱惑的男人告诉自己，他的行动是正确的，帮助这个世界除掉了一个有害的人。这样，当这个女人被烧死在火刑柱上时，他的敌意及其性激情便得到了千百倍的释放。

从一开始就有人反对在攻击所谓巫术时这种残忍和非人的对待，但是，这些反对者自己有受到谴责的危险。一个耶稣会修士和诗人弗里德里克·斯皮（Frederick Spee），在接受了担任在符兹堡（Würzburg）被判死刑的女巫的忏悔神父这个任务之后，被这种审判方法震惊了，在 1631 年发表了一篇对这些迫害进行攻击的文章。

1584 年，雷金纳德·斯科特（Reginald Scot）在他关于巫术的书中写道："证明女巫与魔鬼和所有可恶的精灵们之间有契约与合同……只是一些错误的新奇事物和想象的概念，揭露……巫师审判者们通过恐怖和折磨逼迫年长的、忧郁的和迷信的人们忏悔……这

是异教徒的实践活动和非人的处理方式。"

在这一段时期快要结束时，许多人论证说，对巫术的害怕本身就是迷信的结果，人类的想象变得疯狂了。皮埃尔·贝尔于1703 年在一封公开信中提出，人们传言说"某种疾病被一名巫师传给了某某人"。但是他论证说，这些"是想象对身体和灵魂的其他官能实施控制的结果"，所提到的那些疾病是"由心灵的焦虑和受恐慌驱使的灵魂的恐惧维持的"。他讲述了一个深感自己受到控制的修女的故事，并补充说："瞧，想象力一旦从过于沉思的生活中解脱，真是什么都有可能发生啊。"[19] 贝尔提醒他的读者："你并没有太相信我给你写的关于伴随着虔诚生活的痛苦的事情。你坚持告诉我，对你来说，神秘主义者似乎是世界上最幸福的人。这样就有必要借助于大量的例子来使你信服，他们并非总是享受那些你在其作品中读到的言语无法表达的甜蜜。"[20] 在这里，我们注意到贝尔的这种洞察，投射到巫师身上的这种邪恶是神秘主义者和那些压抑自己的邪恶倾向并假装体验到永恒的甜蜜和平静的人出现了心理障碍的结果。

贝尔指出，巫术是一种强烈但扭曲的想象的结果。"除此以外"，他说这话就像是一个现代心理治疗师，尽管是用过于简单的术语，"给患病的人提供全面的自信，他将有一个平静的心灵，这样他将被治愈。"[21]

在16 世纪，蒙田（Montaigne）讲述了与一个囚犯的漫长谈话："……这是一个真正丑陋而畸形的女巫，长期以来在这个职业里非常有名"，并得出结论认为"在我看来，与其说是犯罪，毋宁说是

一种疯狂"[22]。

在 17 世纪，霍布斯（Hobbes）也开始相信，对巫术的信奉是一种建立在自我说服基础上的欺骗。甚至西班牙的宗教法庭大法官也开始看到在迫害巫师中的自我欺骗。[23] 实际上，巫师的存在本身，通过其暗示性的自我实现预言的作用，导致了巫术症状的出现。还有塞勒姆（在那里有大量巫师被宣判有罪并被处死）的 12 名陪审员那动人的公开认错，他们严肃地声明："我们担心我们受到了悲哀的欺骗并犯了错误，……（并且）因此我们确实恭顺地请求原谅。"[24]

巫术和对巫师的迫害终于被笛卡尔的理性主义终结了，这种哲学信念认为，身和心是分离的，并非相互影响的。在我们的时代，这种理性主义采取的形式是，对降临在我们头上的各种事件作出事实的"科学的"解释。

但是，我认为，这种解决方式还不够。不能被"清楚而简单的"理性主义观念治愈的那些破坏性投射（对巫师的投射已经而且能够被转换到犹太人和黑人身上），我们该如何应对呢？父母可能想要知道，他们的孩子在一次交通事故中是怎样被撞致伤残的事实，但是这并不能减轻他们的悲伤。悲哀与悲伤，欢乐与欢腾，都是一些情绪反应，科学解释的则是理性现象。这样，承认和面对死亡、严重疾病，一个人在某一历史时期出生在某一种族或文化中（即命运的一些随机的方面），本质上都是情感、情绪现象。逻辑事实处在一个不同的层面。一个健康的社会必须在诗歌、绘画和音乐中为这些情绪和神话活动留出空间。

这就是我们的祖先，像贝尔和霍布斯，如此经常地谈到想象（imagination）在巫师的投射中的作用的原因。它也可以阐明为什么女人"更容易迷信"，因为在西方文化中女人总的来说比男人有更多的情绪反应。[①] 在巫术中，女人曾因为比男人更富有诗意、更具情绪敏感性、更有直觉洞察力而受到惩罚（所有这一切都可以被视为"脆弱的"）。

这也是我们在这里提出的论点没有受到加尔文责难的原因，当时他曾攻击"关于圣洁天使的无聊哲学。这种哲学教导说，天使只不过是上帝在男人心灵中唤起的一些良好的灵感或冲动，（而且）那些男人……喋喋不休地说魔鬼只不过是从我们的肉欲中来到我们身上的邪恶的情绪或烦恼而已"[25]。但是，对天命和一个人的命运的其他方面的承认却根本就不是一件"无聊的"事情。作为我们人类和我们根本存在的自由就依赖于它。

我们注意到，正是这些传统上的"好"人——虔诚的天主教徒和新教徒，资产阶级的道德公民，修道士和修女——似乎才最容易把巫术强加于生活在他们社会边缘的其他人。这些"好"人才最容易压抑他们自己身上的那些邪恶的倾向，并且假装认为并不存在命

---

① 从加利福尼亚理工学院的斯佩里（R. W. Sperry）博士开始，当代研究了解到左右脑两半球具有不同功能，现在这已被科学界普遍接受。这些研究证明，概括地说，左半球是我们经验的逻辑和理性的通道，而右半球主要是情绪、诗意、艺术的通道。在我们的文化中，一般认为，女人发展的是右脑的功能，而男人更多地依赖左脑。这样，人们可能会问，在我们的文化中，是否女人会更多地沉迷于尹思蒂和斯普兰格所谓"邪恶的迷信"之中。在这里我们声明，问题只在于女人是情绪的、富有诗意的和想象力的。

这只能从一般的意义上讲，不应该使之成为一条规则。有许多的例外，其中一个例外可以从麦克白（Macbeth）和麦克白夫人（Lady Macbeth）的人格中看到。

中注定，因此，他们才最有可能把他们不可接受的欲望投射到其他人身上。如果没有约翰·班扬（John Bunyan）在看到一个被宣判有罪的男人被处以绞刑时所表达的那种谦卑，"我在那里，只因上帝的恩典"，这种善良本身就可能导致邪恶。每当我听到这种惯常的陈词滥调"我爱所有的人"或者"我没有敌人"或者"疾病并不存在，因为上帝就是灵"时，我便叹息并感到疑惑：这个人正在压抑的究竟是命运的哪个方面呢？被投射的破坏性能量将在哪里冒头呢？

关于命运投射的一个经典描述可在莎士比亚的戏剧《麦克白》（Macbeth）中发现。莎士比亚以当时典型的风格，将被他称为"怪异姐妹"的三个女巫作为屏幕，投射出麦克白对权力的欲望和野心。在这出悲剧中至关重要的是，莎士比亚从一开始就把麦克白作为一个好人展现出来，使之受到其同龄人的普遍赞赏和尊敬。这就为麦克白人格的"公众"方面及其被压抑的权力欲望之间深刻而悲剧性的冲突设置了舞台。对麦克白性格的概述是在这出戏一开始由麦克白夫人提供给我们的：

> ……你的天性；
>
> 它充满了太多的人情的乳臭
>
> 使你不敢采取最近的捷径。你希望做一个伟大的人物，
>
> 你不是没有野心，可是你却缺少
>
> 和那种野心相连属的奸恶。你的欲望很大，
>
> 但又希望只用正当的手段；一方面不愿玩弄机诈，
>
> 一方面却又要做非分的攫夺……

麦克白最伟大成功的时刻是作为胜利日的军队统帅出现时。这就是我们都看到权力和野心的最大诱惑的时刻，也是麦克白最能接受自己命运的时刻。正如一位研究莎士比亚的学者所说："经验已经教导过我们，对好人来说，获得最伟大成就的时日常常被证明就是其命运的转折。在成功的时日到来之际，生命的本性几乎难以阻止对更大荣耀的邪恶追求。"[26]

麦克白也具有富有诗意的本性和活跃而不祥的想象，这使我们想到了想象在当时巫术中的作用。他总是用旁白和观众交流，告诉我们他的内心想法：他看见了幽灵和鬼怪，并且产生了在他面前有短剑悬挂在空中的幻觉。麦克白夫人正确地说："你的脸，我的爵爷，正像是一本书，人们 / 可以从那上面读到一些奇怪的事情。"在这出戏剧中，他在权力的欲望和人类的同情心之间举棋不定，正如在他谋杀了国王邓肯（Duncan）之后他的喊叫中所表现的那样："用你打门的声音把邓肯惊醒吧！我希望你能惊醒他！"

这出戏是在一个暴风雨的日子里开场的，女巫们一边围绕着火堆跳舞，一边在荒芜的土地上单调反复地唱歌："美即丑，丑即美。"而且，正如这些女巫们所实践的那样，她们首先否认了伦理标准。她们同样毁灭了美学的标准：在她们跳舞时酿造的饮料是由"一出生就被扼死的婴儿的手指"和"从被杀死的人的绞刑架上流出的油脂"做成的。

麦克白在最初和班珂（Banquo）一起走上舞台时说的一席话就是模仿女巫们说过的话："这是我从未见过的那么罪恶而公平的一天。"他完全没有意识到自己与这些超自然的邪恶代理人有任何关

系。但观众知道，这表示麦克白和女巫们有某种联系，与三女巫有某种无意识的联系。

接着，女巫们预言，麦克白将成为考特的爵士和国王，而班珂的孩子将继任国王。班珂对女巫们的口信不屑一顾，说这根本不算什么："土地有泡沫，就像水里有泡沫一样，/而这些便是大地上的泡沫。"他问麦克白，他们是否"误食了令人疯狂的草根，使理智成为囚徒"。但是，麦克白因为具有富有诗意的本性，并已经被拖进与神秘力量的某种关系之中，所以无法把女巫们的预言丢弃一边，尤其是因为她们就是他投射其潜意识欲望的屏幕。确实，女巫们就是由麦克白自己的潜意识构成的。

人们可能会问，如果这些女巫就是麦克白被压抑的邪恶希望和害怕的投射，那为什么班珂能见到这些女巫呢？莎士比亚是在写一出戏剧，而不是在写一篇精神分析的论文，所以他可以自由地发表他所需要的任何诗情画意的言论。但是，实际上，当我们把自己的恶进行投射时，我们也能使之听起来足够有理性，使我们的朋友"看到"它，即便他们并不像我们那样严肃地看待它。麦克白不能消除他对这些女巫们的预言所产生的想象。当其他领主来通知他，他确实因为那场胜利而受到奖励，被任命为考特的爵士时，班珂喊叫起来："什么，难道魔鬼也能说真话吗？"但是，麦克白却在一个旁白中对这个难题作了思索，

这种神奇的启示

不会是凶兆，可是也不像是吉兆。假如它是凶兆，

为什么用一开头就应验的预言

保证我未来的成功呢？我现在已经做了考特的爵士了。

假如它是吉兆，为什么那句话会在我脑中

引起可怖的印象，使我毛发悚然

使我的心全然失去常态，

扑扑地跳个不住呢？……

他被这些想法所困扰和压倒，以致他只能再增加另一个悖论：
"什么都不是 / 但是什么才不是呢？"这样，他再次赞同了女巫们
对伦理标准基础的否认。但是，他的犹豫不决仍在继续："如果
机会将使我成为国王，为什么，机会会把皇冠给我 / 却没有使我
激动。"

在这出对一个伟大灵魂进行谴责的戏剧中，我们看到一个曾经
的好人与其命运的斗争。麦克白夫人扮演了人类命运的代表这个角
色，与麦克白自己在女巫们身上投射的情境类似。她的形象被莎士
比亚描述为麦克白的对立面：她没有诗情画意但很实际、冷酷、算
计，甚至残忍。在给她的婴儿喂奶时，她哭泣说："可是我会在它
看着我的脸微笑的时候，/ 从它的柔软的嫩嘴里摘下我的乳头，/ 把
它的脑袋砸碎，要是我也像你一样，/ 曾经发誓下这样毒手的话。"
作为命运的代表，她使用了每一种说服方法，从鄙视到哄骗到迫使
麦克白"将他的勇气拧到极点"，直到最后她的丈夫在对她的钢铁
般的意志表示敬意时，祝愿她"愿你所生育的全是男孩子！"

随着这种命运的表现，谋杀接着谋杀——班珂被暗杀，麦克

德夫（Macduff）的妻子和孩子被杀死。麦克白一直在犹豫和悔恨，直到最后他变得绝望。"人类仁慈的乳汁"现在丢失在他越来越深的内心冲突、忧郁和最终的毁灭之中。

和我们其他人一样，麦克白不能为他自己的命运负责任。他曾三次回到女巫们那里要求再次作出保证。赫卡忒（Hecate），这些女巫们的女王，对她的宠臣们说："在那里他／将开始知道他的命运。"她指示她的女巫们怎样进一步欺骗麦克白：

　　……呼灵唤鬼

　　让种种虚妄的幻影

　　迷乱他的本性。

　　他将要藐视命运，呵斥死生，超越一切的情理

　　排斥一切的疑虑，执着于他的不可能的希望。

　　你们都知道，自信

　　是人类最大的敌人。

麦克白的生命变得空虚了，就像在"明日复明日"中所说的那样，但还不仅如此："在终有一死的命运中，没有什么事情是重要的；所有的一切只不过是些玩具。"

赫卡忒的预言是真实的，麦克白确实再次回来"想要知道他的命运"并且得到了女巫们的保证：他将不会死亡，"除非有一天勃南的树林会向邓希嫩高山移动"，而且没有一个"女人生的"人能够杀死他。这两种预言却都是幻想。在最后一幕，麦克德夫拎着麦

克白的头走上舞台。

这是一出如此具有精神分析意味的戏，也是莎士比亚最具体地提到心理治愈的一出戏，这绝非偶然。麦克白夫人最后成为被自己的罪疚感压倒的牺牲品，她梦游，试图划伤自己、麦克白和叫来照看她的医生的手。麦克白恳求医生：

> 你难道不能诊治那种病态的心理，
>
> 从记忆中拔去一桩根深蒂固的忧郁，
>
> 拭掉那写在脑筋上的烦恼……

当医生回答说"那还是要仰仗病人／自己设法的"时，麦克白劝诫说："那么把医药丢给狗吧；我不要仰仗它。"与此有关的还有医生早先说的话："她需要教士的训诲甚于医生的诊治。"

我们设想，麦克白的命运是他自己的本性的设计与他从中发现的自己的情境相冲突的结合。我们大家都面对着这种冲突。我们能在多大程度上包容它，就能在多大程度上避免压抑它，以及把它投射给我们自己之外的某个人。

戏剧的悲剧性之所以对我们有这样强有力的影响，是因为我们在舞台上观察到一个好人，就像麦克白，他可能受到其同龄人的普遍赞赏和尊敬，但却屈从于一直在他身上表现出来的那些冲突，然后在我们的眼前慢慢地崩溃。我们说过，好人有一种用恶来平衡他们的善的能力。在整个历史上，道德高尚的圣人们已经宣称——而且没有理由怀疑他们的判断——他们也是大罪人。这倒不一定意味

着，他们做过一些具体的恶事——情况可能是这样的也可能不是这样的。这意思并不是那样的。从本质上说，善与恶都要被理解成一个人对其行为和思想对他自己及其社会产生影响的敏感性。圣人们之所以是圣人，就是因为他们对善与恶有高度发展的敏感性。

我从卡尔·荣格那里借用这个概念。在潜意识心灵中，一个人的善与恶的潜能是直接成比例的。这样，潜意识就是对意识的补偿和平衡。当一个人对更大的善产生敏感性时，他也具有了产生更大的恶的潜能。我们能够走得越远，我们就可能陷得越深。

必要的是能够承认和面对一个人邪恶的命运。悲剧就是一种情境，就像麦克白，在这种情境中，这个人无法承认和面对其命运的这些方面，甚至也不能反叛其命运，因为他已经被阻挡在觉知之外了。当麦克白喊叫着"星辰啊，把你的火焰藏起来吧；不要让光芒看见我黑暗而幽深的欲望"时，他是在描述一种分歧，它导致了把那些被压抑的成分投射到巫师或其他不幸的、超自然的代表身上。

社会也经历了压抑和投射过程，并由此产生了巫师和巫术。有时它采取的是替罪羊的形式，就像在我们的时代里，用它来针对犹太人和黑人那样。在战争时期，每一个国家都向其人民宣扬敌人犯下的暴行，并把它自己被压抑的攻击性投射到敌人身上，这样就让其人民把他们自己的罪疚感释放在杀戮和让实际的"魔鬼"去战斗中，人们就能够团结在"上帝""民主""自由"周围。就像中世纪的"好人"一样，我们是正义的一方，在与撒旦的代表作斗争。

我们可以在我们自己的国家看到这一点，我们被告知不能与俄国人谈话，因为他们不相信上帝和后世。无论这种说法是真诚的

还是由官员们提出的，只要是把它作为谋取信教群众支持的一种方式，其动机就是相同的。它是巫术动力学的翻版。在过去的很多世纪里，巫术导致了折磨和火刑，而现在这类行为则可能使我们和我们的世界陷入不可想象的悲剧之中——核战争。如果我们想要对那些与我们不同，但我们又必须与之共存于一个具有空前残忍可能性的世界上的他人产生同情和移情，接受我们自己的命运就是必须的。

3. 命运与诗人

与命运的交战在诗人那里表现得淋漓尽致，这部分地是因为他们的文字天才，但更主要地是因为他们生活在比我们其他人具有更深刻意识维度的觉知中，并以此来进行写作。无论我们是否把这些称为深度下意识、潜意识或集体潜意识，都只有通过穿越表面存在和揭示那些深刻形式的生活而产生强烈的情感和视觉、一种心醉神迷或勃然大怒，才能达到。我们应该期待诗人们对命运以及他们自己面对命运而进行的斗争有很多话要说。而且我们不会失望。

诗人采取的方式与阴暗、平静的生活相反。在本真的诗词中，我们发现了一种面对，它不包含压抑，不掩盖，不为了避免绝望而牺牲激情，也不使用我们大多数人为避免直接承认我们的命运而使用的任何其他方式。诗歌的艺术唤起我们对命运的感悟；参与做诗的能量增加了我们的激情；借助于音乐与文字的结合，诗歌具有某

种力量，可以表达我们作为人类的尊严。

马修·阿诺德（Matthew Arnold）用"其他人要忍受我们的问题。你们是自由的"这一行诗开始了他题为《莎士比亚》（"Shakespeare"）的十四行诗。这首十四行诗的其他部分都揭示了莎士比亚的自由：

> 不朽的精神必须忍受所有的痛苦，
>
> 所有的弱点都得到减少，所有的悲伤都低下头，
>
> 发现他们唯一的言语就在那胜利者的眉头。

莎士比亚就这样为我们所有人表达了在关注我们自己的命运时所体验到的激情和悲伤。马修·阿诺德提到了"那胜利者的眉头"，指出了莎士比亚的欢乐和心醉神迷。自由是以这个水平为出发点的。至此，所有的可能性都门户大开——正如阿诺德所说，"你们是自由的"。

约翰·弥尔顿在快要失明的时候，与痛苦的命运作斗争，却没有变得愤世嫉俗。我们在他的诗中没有发现自我怜悯，而是发现了其对生活环境的一种有勇气的说明：

> 当我想到我的光明如何被耗尽
>
> 在这个黑暗而宽广的世界中，我的一生才过半；
>
> 以及那样一种掩藏即死亡的天赋
>
> 留给了我却毫无用途……

对任何人来说，失明都是一种残忍的命运，尤其是对诗人来说，它遮住了这种"掩藏即死亡的天赋"。

在写给朋友的另一首十四行诗中，弥尔顿更加鲜明地表述了对"这双眼睛的这三年"的看法：

> 失去了光明，他们的模样已然遗忘；
>
> 这无用的眼眸，再也看不见
>
> 那变幻的日月星辰，
>
> 和这世上的男人女人。

对许多人来说，失去这种看东西的宝贵能力会把他们的灵魂吞噬掉。但是，弥尔顿却拥有我们的文化中一般没有的东西——能够帮助他接受这种严酷命运的宗教信仰。他谈到了自己要承受的"温柔的枷锁"：

> 面对天国的手或意志，我并不争论
>
> 也不会减少很多心力和希望，但仍要鼓足勇气
>
> 并正确地驶向前方……
>
> 这种想法可能会引导我穿越世界虚妄的面具
>
> 我仍心满意足，即便失明，即便我没有更好的指引。

以上的诗行听起来像是屈从，但它们并不是一种放弃。屈从通常会使一个人的力量和生产力逐渐枯竭。但这就是弥尔顿，他热情

地捍卫自由，他写出了《论出版自由》（"Areopagitica"），他喊出了"给我自由，让我根据良心去认识、说话和自由地争论，使之超越所有其他自由"。这就是弥尔顿，他在意大利去看望和支持当时是宗教法庭受害者的伽利略，他致力于制作激情澎湃的小册子，以服务于克伦威尔（Cromwell）和宗教改革。当他们的事业获得成功时，弥尔顿以同僚的身份，就关于保持这种自由对克伦威尔提出了警告：

> 帮助我们把自由的良心从魔爪下拯救出来
> 驱除这些贪婪的雇佣的豺狼。

这就是弥尔顿，当英格兰共和国（Commonwealth）①最终失败的时候，他拒绝公开认错，他冒着上绞刑架的危险但以某种方法逃脱。对一个人所信仰的事业的这种热情的献身，不是屈从、顺从、驯顺或失去能量。弥尔顿的诗就是关于怎样通过艺术才能把悲剧的体验变成一种美的事物的例子。这种政治上的外部力量和诗的内部力量表明，弥尔顿仍然非常强烈地保持着他与自己的命运的辩证关系，并因而保持着他对本真自由的体验。

如果弥尔顿生活在 20 世纪，同样的情操可能会要求有不同的表达方式。我们的表达形式完全可能是斯坦利·库尼茨（Stanley Kunitz）所具有的那种"愤怒"，它是所有诗词所必需的那种强度

---

① 指 1649—1660 年克伦威尔父子统治下的共和国。——译者注

的根源。

约翰·济慈（John Keats）要面对更加困难的命运——他死于肺结核，这是他在 25 岁时患上的。关于他对这件事情的预期，他写道：

> 每当我害怕，生命也许等不及
>
>   我的笔搜集不完我蓬勃的思潮……

令人着迷的是，弥尔顿和济慈在他们十四行诗的第二行，都关注到他们心中可能永远都无法写出的诗。他们对可能性的主要表达方式，他们创造的自由，可能都将被从他们身上拿走。济慈逐一地举出了他在死亡时将不得不放弃的有意义的事情。

> 每当我在繁星的夜幕上看见，
>
>   传奇故事的巨大的云雾征象，
>
> 而且想，我或许活不到那一天
>
>   以偶然的神笔描出它的幻相；
>
> 每当我感觉，呵，瞬息的美人，
>
>   我也许永远都不会再看到你，
>
> 不会再陶醉于无忧的爱情
>
>   和它的魅力——于是在这广大的
>
> 世界的岸沿，我独自站定，沉思
>
>   直到爱情，声名，都没入虚无里。

我们不妨再想想另一位诗人，他并不关心诸如失明或肺结核之类的身体命运，而是考虑以人类存在的完全有限的形式表现出来的命运——这就是奥马尔·海亚姆。人们一般认为他是一位宿命论的诗人。但是，他更适合被看作一个毫不退缩地看待生命之短暂的人：

> 飘飘入世，如水之不得不流，
>
> 不知何故来，亦不知来自何处；
>
> 飘飘出世，如风之不得不吹，
>
> 风过漠地亦不知吹向何许。

《鲁拜集》（*Rubáiyát*）经常被视为一种犬儒主义的诗。但是，我希望呈现奥马尔·海亚姆作为一位诗人的一面，他不害怕耀眼的光。当他直视人类的命运时，他不会退缩：

> 上至地球的中心通过第七道门
>
> 我起身，坐在土星的宝座上；
>
> 一路上解开了多少死结；
>
> 但解不开人类命运的主要的结。
>
> ············
>
> 移动的手指书写着；而且，已经书写了，
>
> 继续移动：既不是你的全部虔和才智，
>
> 也无法吸引它回来删掉这半行，

你的所有眼泪也不会洗掉它的一个字。

他攻击我们都倾向于持有虚假的愿望和幻觉——我们将以某种方式，通过我们特殊的虔诚或我们的自我怜悯予以逃避的希望，这是人类共同的命运。我们根本就不知道最终的答案。但是，尽管它隐含着这种命运和不公正，我们也必须抓住我们所能抓住的自由并继续向前。秘密始终是秘密，奥马尔说；或者，正如我们将在这里指出的，我们的命运不可能被理性或智慧解开。

虽然奥马尔经常被看作一位享乐主义诗人，主张"在树下"以诗、酒和性来消磨一个人的生命，但我们仍然能够更真实地把他作为一位用坚忍与宿命论作斗争的诗人来解读。他面对命运时并没有成为一名宿命论者。同样，他在还是一个小孩子的时候，就研究了伊斯兰教的苏菲派禁欲神秘主义和科学，到成年时以波斯著名的天文学家著称。他写出了权威的代数学论文，他修正了天文表，他说服苏丹改革日历，他以其他方式在政府中勤奋地工作。他绝不是一个享乐主义的游手好闲的人啊！

如此直接和清楚地——以及如此欢乐和有勇气地——包容一个人的命运，便减少了对命运的杞人忧天造成的消极影响，使一个人从内心深处获得了自由，从而实现其外在自由。像奥尔马一样，那些似乎通常是最能够接受不可避免的事情的人，也是最有建设性和最能够获得愉快与欢乐的人。

从这些诗人身上我们发现，对人类命运的接受就是脚踏实地的一种方式。这样，我们就不再是妖魔鬼怪的猎物——我们不再与我

们凭空想象的事物作战。我们从许多想象的束缚中被解放出来。我们从请求别人关照的需要中解脱出来。因为已经遇到过最糟糕的事情了，所以我们可以放开手脚，打开大门，迎接生活的可能性。

4. 命运的用途

欧里庇得斯（Euripieds）[①] 把一些杰出的忠告传达给了我们：

> 事件将走它们自己的路，
>
> 我们对它们表示愤怒也毫无作用；
>
> 明智地对它们做最好的利用，这样的人才最快乐。[27]

我们怎样才能"明智地对它们做最好的利用"呢？我们有什么力量来指导和影响我们命运的方向呢？一个人怎样既塑造其命运又作为它的一种表达方式而生活呢？惠蒂尔（Whittier）对此做了直接表述："这一天我们使命运成形 / 我们的命运网由我们织成。"[28]

路德维希·凡·贝多芬是我们能够学习的人之一。

> 一个人已经做的事情，另一个人能够渴望去做；一个人已经向其挑战并且最终把握住的命运，另一个人也已经能够有力量、有勇气地面对。表面上看，贝多芬的命运就是他自

---

① 古希腊悲剧作家。——译者注

己的；本质上看，它是人类命运在一个人身上的体现。……

他没有替我们丰富我们的命运，而是向我们展示在轮到我们的时候可以怎样丰富它。[29]

命运从身体、心理和文化上为我们设置了一些限制，并且使我们拥有某些才能。但是，我们并非仅仅询问：我们怎样在那些限制之内行动，或者我们怎样发展那些才智呢？我们询问一些更关键的问题：面对这些限制本身会使我们产生富有建设性的价值吗？

换句话说，一个人能够把不幸转变为财富并使财富保持幸运吗，能够把障碍转变成财产并使财产不会变成障碍吗？与在艰难困苦中放弃相比，面对艰难困苦能产生更大的利益，比损失有更大的收获，这一根本过程不正教给了我们一些事情吗？这使我们想起了很多人的例子，他们一直背负着残忍的命运并且使之得到了建设性的利用。爱比克泰德对此做了强有力的说明：

我一定会死。我一定会被囚禁。我一定会遭受流放之苦。但是，我必须呻吟着死去吗？我必须发出哀鸣吗？有人能阻止我微笑着被流放吗？主人威胁要把我用铁链锁起来。你说什么？用铁链把我锁起来吗？你可以用铁链锁住我的腿——是的，但不是我的意志——不，甚至连宙斯对此都无法控制。[30]

斯宾诺莎把自由和我们积极主动而不是消极被动的能力联系

起来。在这个意义上，让我们探究：积极主动这种能力在塑造我们的命运方面给我们提供了什么样的可能性呢？在我们的命运中，我们选择了哪些倾向性与之相认同，又避免了哪些其他倾向呢？我们难道要在命运面前卑躬屈膝，为我们自己感到遗憾，喊叫着"要是我们能够这样和那样就好了"吗？如果是这样的话，我们将像个懦夫，或者更有可能的是，像机器人——被宇宙抹去的机械的人类——一样倒下。还是我们直接面对命运，把它作为激励，唤起我们最好的努力、最敏锐的感受力、最清晰的创造性愿景？如果是这样的话，我们就成了未来呼唤的人了。

在注意到其他历史人物是怎样应对他们的命运时，我们就能看到那些发现和失去、寻找但又逃离我们的个人命运的交替变化。卡尔·荣格讲述了他自己的体验：

> 从一开始，我就有一种对命运的感受，仿佛我的生活是命中注定分配给我的和不得不实现的。这给我一种内在安全感。……我经常有这种感受，在所有决定性的场合，我不再和人在一起，而是独自和上帝在一起。
>
> 我得罪过许多人，因为只要我一看到他们没有理解我，就我而言，那就是事情的结束。我不得不继续前进。我没有耐心和人们在一起——除了我的病人之外。我必须服从一条内在法则，这是强加给我的，我没有选择的自由。[31]

奥尔特加试图理解歌德的命运：

歌德是这样一个人，在他身上第一次开始出现这种意识，即人生就是与其内在固有的和个体的命运作斗争，就是说，人生是由问题本身组成的，其实质不是存在于已经存在的某事之中……而是存在于不得不使自己成为的事物之中，因此，这不是一件事物，而是一项绝对的和艰难的任务。[32]

因此，这项任务就不只是回答"我是谁"，它超越于自我认同的问题。除了与这个世界有关联之外，这个"我"，这种自我意识又是什么呢？更有意义的问题是：在这个世界上，我被什么所召唤？我的使命是什么？

歌德自己写道："无论一个人花费多大的力气为其更高的命运寻求天国和大地、现在和未来，他始终是一个长期摇摆的牺牲品、一种没完没了地困扰着他的外部影响的牺牲品。"[33] 我们可以把这种说法看作歌德的一种个人忏悔，以及一种对我们所有人的写照。歌德作品中的男女英雄都经历了寻求他们自己命运的生活，常常是带着浮士德的那种激情。麦斯特（Meister）"在世界上到处游荡，未曾发现他自己的生活。……降临在维特（Werther）、浮士德和麦斯特身上的是……他们想要成为但他们不知道怎样成为的人——就是说，他们不知道要成为谁"[34]。

我们发现，歌德40岁时在意大利游历，他问自己："我是个诗人、艺术家或科学家吗？"这种思索使他得出某种结论，因为当时他从罗马回来后开始写作，"我第一次发现了我自己，并且快乐地与我自己和谐一致"[35]。他之所以和谐一致，是因为他接受了令人

困惑的召唤，接受了他同时受到许多任务的召唤这个事实吗？当歌德回到魏玛，他开始从政，奥尔特加认为这使他与他的世界和他自己相分离了。"他如此艰难地寻找命运，在他看来他的命运如此渺小，因为在寻找它的时候他已经下定决心要逃离它了。"对自己的命运过于关注也是一种逃避生活的方式。一种放弃感[36]是必要的，这是一种把自己投入使命中去的感受。

而且，同样有关联的是，根据奥尔特加的看法，歌德把大多数的时日耗费在抑郁上，这种心理状态可能是他自己及其生活方式之间缺乏和谐的一种症状、一种与歌德在罗马描述自己的方式相对立的状态。在抑郁中，一个人感受到折磨，与无意义作斗争，与不值得在早上起床这种负担作斗争。歌德的浮士德，从戏剧的一开始，用"痛苦的哭泣"问候每个早晨。歌德把使命（vocation）这个术语作为一种召唤语来使用[它是"用言语表述的"（vocal）的同根词]，一种来自宇宙的声音宣称"这就是你所属的地方"。接着，奥尔特加问道："歌德这个人在履行他的使命吗，或者毋宁说，他是一个叛离其内在命运的永久的逃兵吗？"[37]

正是这种天才人物、这些具有丰富才智的人，在寻求和经历他们的命运方面困难重重[38]，因为他们的才智持续不断地带给他们那么多不同的可能性。因此，天才人物比我们其他人都更经常地产生抑郁和焦虑，也更经常地产生快乐和狂喜。生活，尤其是对有创造性的人[39]来说，根本就不简单，也不和谐。奥尔特加承认，对那些有多种天赋的人来说，生活是特别艰难的，因为这些天赋会"扰乱和迷惑他们的使命，或者至少会迷惑作为其轴心的人"[40]。我要

补充一句，像歌德这种人的命运可能注定无法安于某一明确的使命中。

　　一个努力发现和活出命运的杰出实例可在威廉·詹姆斯身上发现，在我看来，他是美国最伟大的心理学家和最有独创性的哲学家。他潜心研究许多不同的专业。他最初研究艺术并计划成为一名艺术家；然后，他转回他童年时期就感兴趣的科学，由此他转向生物学和医学。"我最初学习医学的目的是成为一名生理学家，"他告诉我们，"但我却从一种由命运决定的事物中逐渐漂流到心理学和哲学之中。""漂流到"和"由命运决定的事物"这两个术语揭示了他在承认命运时所体验到的这种悖论。相当有趣的是，他的不懈追求驱使他进入心理学和哲学这两个他从未受过学术训练的学科。这些转换绝不是一知半解，而是一名永远生活在刀锋上的热切的寻求者的一种表达方式。

　　我们发现，威廉·詹姆斯在 16 岁时热情地给一个朋友写信说，赋予一个人生命重要性的是对命运的使用，他把诗人写诗作为一个例子来引用。他写道，通过遵循我们个人的倾向，我们发现了自己具有最大用途的道路。如果詹姆斯可以自主行事的话，他就会"拿着一副显微镜，走进田野里，成为一名科学家"。但由于他的眼睛弱视，他无法做到这一点。这种命运的冲突向我们表明，一个人的个体倾向与生活的必然发生正面冲突的时候，就是我们看到被揭示的我们自己的更深刻命运的时候。

　　詹姆斯还告诉我们，他是怎样和糟糕的健康状况作斗争的。他的视力很差，有时就相当于失明；他的背部有残疾；他还有很严重

的、频繁发生的心理抑郁。但是，詹姆斯借助他对自由的信仰而设法克服了他的抑郁症。他的抑郁症的焦点围绕着一种冲突，即他的行动是由以前的诸如童年时期条件的影响引起的，还是他有某种最低限度的个人行动自由。他无法证明后者，他的朋友也没有给他提供证据。没有人能够用实证主义的术语证明诸如勇气、爱、美或自由这类生命的品质。这样，詹姆斯就开始创作那本关于意志和信念的重要著作[41]，以他的一本论文集的题目《信念的自由》（*The Will to Believe*）来阐述他的想法。他说："自由的第一种行动就是去选择自由。"任何一个做过心理治疗的人都知道，这会给这个人提供一种来自抑郁症之外的观点，使其从中对抑郁症进行观察，并提供某种超越这种疾病的提升。

在这里，詹姆斯是要证明信念与命运之间的关系。信念——或者就像某些人所说的"信仰"——能改变命运的轨迹吗？在西方世界的历史上，有许多智者会对此回答说"是的"。他们会和康德一样坚持认为，一个人的心理状态会影响他在生活中所感知到的一切，不但我们的心灵与现实一致，而且现实也和我们的心灵一致。这样，我们的心理状态就会影响我们所体验到的我们周围的现实。卡尔·普里布拉姆关于脑神经学及脑与世界关系的实验会为此提供支持，就像格雷戈里·贝特森的观点所说，"价值观部分地是由我们的信念构成的"。詹姆斯显然也是由于受严重的抑郁症所迫才磕磕绊绊地悟出了同样的真理。

正是从他的问题及充满困难的命运中，詹姆斯才形成了一种卓越的个人自由感。他具有惊人的灵活性并且心胸开阔：他是没有伪

善之词和不受约束的活生生的榜样。他不仅写过关于学术心理学的经典的鸿篇巨著，而且写过关于宗教、意志、神秘主义和教育方面的书。他始终坚持认为，在人类生活中存在着选择，无论命运可能会对这些选择造成多大的限制。

注释

[1] Blaise Pascal, *Pascal's Pensées, or Thoughts on Religion*, ed. and trans. Gertrude Burford Rawlings（Mount Vernon, N.Y.: Peter Pauper Press, 1946）, p.35.

[2] Jean Giraudoux, *Amphitryon* 38（New York: Random House, 1938）, pp.97ff.

[3] Homer, *The Odyssey*, 5: 192ff. 感谢 Michael Platt, "Would Human Life Be Better without Death？" *Soundings: An Interdisciplinary Journal* 63, no. 3（Fall 1980）: 325。

[4] Alfred Lord Tennyson, "Ulysses," in *Tennyson's Poetry*, ed. Robert W. Hill Jr.（New York: Norton, 1971）, pp. 52-54.

[5] 引自 I. Yalom, *Existential Psychotherapy*（New York: Basic Books, 1981）, p. 35。感谢 Yalom 博士在这一整节中提供的有价值的洞见。

[6] Erich Fromm, *The Heart of Man: Its Genius for Good or Evil*（New York: Harper & Row, 1964）, p. 47.

[7] 脑神经学家 Karl Pribram 认为，几乎我们所有的心理内容都被投射到这个世界上来了，我们是通过我们文化的准则而获得与他人的共同感受的。

[8] Alan C. Kors and Edward Peters, *Witchcraft in Europe 1100—1700: A Documentary History*（Philadelphia: University of Pennsylvania Press, 1972）, p. 77.

[9] 同上书，119~120 页。

[10] 同上书，201 页。

[11] 同上书，202 页。

[12] 同上书，96 页。

[13] 同上书，217 页。

[14] 同上书，364 页。

[15] 同上。

[16] 同上书，72 页。

[17] 同上书，95 页。

[18] 同上书，114 页及往下。

[19] 同上书，365 页。

[20] 同上书，364 页。

[21] 同上。

[22] 同上书，337 页。

[23] 同上书，340 页。

[24] 同上书，358~359 页。

[25] 同上书，202 页。*The Reality and Devil* 这本书的副标题是《人心中的恶》(*The Evil in Man*)。魔鬼不一定是有形的或者是一件实际存在的"东西"。作者 Ruth Nanda Anshen 把魔鬼看作人类身上的邪恶。

[26] Frederick D. Losey, *Shakespeare* (Philadelphia and Chicago：Winston, 1926), p. 970.

[27] Euripides, *Bellerophon*, Frag. 298.

[28] John Greenleaf Whittier, " The Crisis," 10.

[29] J. W. N. Sullivan, *Beethoven：His Spiritual Development* (New York：Vintage, 1960), pp. 165-166.

[30] 引自 Hannah Arendt, *The Life of the Mind*, vol. 2, *Willing* (New York：

Harcourt Brace Jovanovich, 1978）, p. 29。

[31] Carl G. Jung, *Memories*, *Freams*, *Reflections*, ed. Aniela Jaffe, trans. Richard and Clara Winston（New York：Pantheon, 1961）, p.48.

[32] Jose Ortega y Gasset, "In Search of Goethe from Within," 载 *The Dehumanization of Art*（New York：Pantheon, 1961）, p. 146。

[33] 同上书，150 页。

[34] 同上。

[35] 同上书，154 页。

[36] 当我快到 20 岁时，我从某个早已忘记的地方偶然发现了一个句子："生活就像骑兵队，要潇洒使用和愉快地冒险。"在我看来，现在和当年一样，依旧适用。布伯谈到过"走向前去迎接命运"。

[37] Ortega，同上书，158 页。

[38] 歌德的许多学生在解释他的生活方面比奥尔特加更宽容，可能是因为他们没有像奥尔特加在评价歌德时用那么高的标准。有人可能会认为，如果一个人是具有歌德那种能力的人，他应该对此感到满足了呀！例如，奥尔特加写道："就生活在这种无情的必要性之中，使自己成为被决定的，进入一个唯一的命运之中，接受它——就是说，决定要成为它。无论我们喜欢与否，我们都必须实现我们的人格、我们的职业、我们的重大计划、我们的'圆满'（Entelechy，古希腊哲学家亚里士多德的用语——译者注）——对于我们的本真的'我'这个可怕的现实来说，并不缺少名称。"（p.166.）

[39] 很少有天赋很高的人，像 J. S. Bach 一样，发现自己处在一种其创造性可能完全不受约束的环境中。

[40] Ortega，同上书，160 页。

[41] 他的经典著作有教科书《心理学》，以及《宗教经验种种》《实用主义》《信仰的意志》《与教师的谈话》等。

第二部分

————

通往自由的错误道路

第七章

新的自恋

> 威利，亲爱的，我不能哭。你为什么要那样做？我一
> 再地寻找，我真的不明白，威利。今天我付清了房款。今
> 天啊，亲爱的。而家里却没有人了。（她的喉咙里发出一阵
> 啜泣）我们是自由的，不欠债了。（更多的啜泣，放松下来）
> 我们自由了。（比夫慢慢地向她走来）我们自由了……我们
> 自由了……
>
> ——阿瑟·米勒（Arthur Miller），《推销员之死》（*Death of a
> Salesman*）

如果我们想要理解当代的自恋及其与自由的关系，我们就必须
看一看导致自恋产生的文化危机。20 世纪 60 年代的特点是明显的拒
绝，尤其反映在年轻人身上：反对僵化的工厂式教育，对征兵适龄者
被送往越南沼泽地带战斗、负伤的情况表示强烈抗议；憧憬花童的童
话般的"爱情"；向往嬉皮士的生活，一起露营，相信他们需要的只
有自己；大量的年轻人断绝了与其父母的所有联系，走上了街头。

可以把 20 世纪 60 年代的所有这些运动看作为了获得自由的一
些努力。不要教育的流水线，不要那些被视为精神错乱的战争，不

受过去的道德观念或对未来的模糊恐惧的阻碍而自由恋爱；不受空间的限制，背上背包就出发，沿途免费搭乘便车旅行，过着"在路上"的生活。当时的信仰就是，所有的人都可以在世俗的意义上获得重生。他们都像是杰伊·盖茨比，不是代表而是反抗霍雷肖·阿尔杰的神话。

我并不想嘲弄 20 世纪 60 年代 [1] 的这十年。在这期间确实出现了一些好的事情，获得了一些很有价值的收获，包括改善种族关系、消除青少年和成年人之间的某些障碍、大学董事会的责任由学生和学院共同承担等。

但是，20 世纪 60 年代这十年留给我们的普遍感受却是一种失望和幻想破灭。某些重要的东西失去了。伴随着这种不受过去约束的自由而来的，难道不是所有的结构都可以被扔掉、随风而逝这种假设吗？一个人只要自己的心地纯洁，就可以别无所需了。一个人的信仰甚至能够动摇立法上的消极。用皮特·马林（Peter Marin）的话来说，这种信念就是，"个体的意志是非常强大的，完全可以决定一个人的命运" [2]。人们对社会没有责任，不接受不可避免的事情，对人类无可否认的命运没有觉悟。根据托克维尔的观点，人们相信他们的全部命运都在他们自己手里，这种美国传统在 20 世纪 60 年代的这些运动中得到了极端的表现。

为什么美国人会相信这个呢，托克维尔对此也作了描述：

> 常常诞生在另一片天空下，处在一种总是移动的情景的中间，受到了向它冲击过来的不可抗拒的激流的驱动——美国

人没有时间把自己与任何事情联系起来，他在成长中只习惯于变化，并且通过把它视为人的自然状态而告结束。他感受到了对这一状态的需要，更有甚者，他爱上了它；因为对他来说，不稳定性并不意味着灾难，反而只会在他身上产生奇迹。[3]

1. 迷失自我的威胁

没有人能长期生存在幻想破灭的情况下。可以看到，同样的群体很快就出现了不同的关注。20 世纪 70 年代的年轻人转向了内在世界。他们理性地询问道：是因为在我们自己身上缺乏某种东西，才使这些运动失败了吗？既然我们无法像我们所希望的那样改变外部世界，那么我们能够改变内在世界吗？

鉴于外在的努力或多或少地失败了，现在他们用内倾的关注予以取代。在 20 世纪 70 年代，人们感受到了这个问题——我们精神治疗学家也一再地听说过：我们能否借助于对内在的某种心理治疗或者某种新的宗教来发现我们自己？我们能在东方发现对我们的指引吗？我们能够学会一种新的瑜伽或静修（meditation）吗？许多曾是运动领导者的人直接进入内在心灵的运动中。在"芝加哥七君子"中，雷尼·戴维斯（Rennie Davis）一度成为一位占据新闻热点的青少年精神领袖的信徒之一，而现在他却像他们中的许多人一样，不再有人听到他的消息。杰瑞·鲁宾（Jerry Rubin）转向了创作那些反省类型的、忏悔类型的书，利用自己走过的那条道路吸引

所有那些感到空虚的人——创作关于性方面的书。

在捍卫这种新的自恋时，需要说明的是，迷失自我的威胁是真实的——使自己丧失在行为主义之中。在那些年里，行为主义不懈地竭力鼓吹，其信条就是：自我并不存在，所有的行为只不过是条件作用的聚合体，而自由只是一种幻觉。文化对这些观念表示了普遍的接受，部分地是为了逃避对核战争和内部混乱的弥漫性恐惧，其程度可以在斯金纳的《超越自由与尊严》（*Beyond Freedom and Dignity*）一书的畅销中表现出来。或者，人们使自己丧失在技术化的文化中，这种文化正在更多地电脑化，通过使我们成为社会的机器人而丧失自己。相当一部分人会退却——他们有些人会把这称为"前进"——到另一个堡垒，也就是自我的堡垒，希望在那个栅栏的后面他们能够形成最后的防线，不但保卫自由，而且保卫他们作为人类的存在。这种新的自恋可以在妮科尔关于性的陈述中看到："我有权利用我自己的身体去做我希望做的事情。"

一些歌曲中唱道："我要成为我"，"我按自己的方式行事"，以及"我的心属于我"。最后一首歌是芭芭拉·史翠珊（Barbra Streisand）演唱的，尤其令人信服。还有那些支持个体自尊的自我觉知的书所掀起的洪涛巨浪：《我很好——你也很好》（*I'm OK—You're OK*）、《我只是遇到了一个我喜欢的人，这就是我》（*I Just Met Someone I Liked and It's Me*）、《成为你自己最好的朋友》（*Being Your Own Best Friend*）等。甚至阿兰·瓦茨（Alan Watts）也把他的自传命名为《按照我自己的方式》（*In My Own Way*）。有一本书，是《通过威胁而取胜》（*Winning by Intimidation*）的作者撰写的，

书名是《我怎样在一个不自由的世界上发现自由》(*How I Found Freedom in an Unfree World*)，书中包含了自恋到极端的例子，例如"任何国家的自由人都发现了自由而幸福地生活的方式，那就是不必负有任何必要的责任"[4]。还有，"如果你必须为社会而放弃你的幸福，那么社会有什么重要意义呢？"[5]如果这个人不是在社会上学会讲话，那他在哪里学的呢？如果不是这个社会之母，还有谁能把他作为一个婴儿来保护呢？他从未上过社会的学校或者参加过人们加入社会的天数活动吗？这个"我"的时代仍然存在，就出现在《纽约时报》(*New York Times*)为一本题为《以天空为极限》(*The Sky's The Limit*)的书所做的一整页的广告中，这个广告承诺"绝对的幸福"，并且"使你成为当代100%的赢家"。

伴随着这些而来的是一些自助团体的迅速发展。人们努力把意识提升到某个高度，使其不但足以指导我们自己，而且可以保证我们的自由感不会受到周围机制性压力的威胁。因此，毫不奇怪，许多人相信，"如果我是我，我将是自由的"。这就是皮特·马林所谓的"新的自恋"，或者"我"的世代。

重要的是，在心理治疗中自恋也成为一个关键性的问题。从弗洛伊德开始，人们就认识到，完全自恋的人在心理治疗中是最难以帮助的，因为治疗师无法与其达成任何关系。患者似乎无法拨开自我封闭的迷雾。

克里斯托弗·拉什（Christopher Lasch）指出，现在我们的整个社会都带有几分自恋。他把自恋的人描述为：

从过去的迷信中解放出来之后，他甚至怀疑他自己存在的真实性。他表面上看很放松和宽容，认为种族和民族纯洁性的教条几乎没有用处，但与此同时却丧失了对群体忠诚的安全感。……他的性态度是放任的而不是严苛的，尽管他从古代的禁忌中解放出来，也未能带来性的平静。虽然他争强好胜，要求获得认可和赞誉，但他不信任竞争，因为他无意识地把它与一种不加约束的毁灭的冲动联系起来。……他赞美合作与配合，同时又怀有深深的反社会冲动。他赞扬对规则和规定的尊重，但却悄悄地相信它们并不适用于他自己。在这个意义上，他渴望得到的是，他的渴望没有限制。他并不积累货物和粮食以应对未来（这就是 19 世纪政治经济学中那种利己主义者的方式），但却要求即时满足，并且生活在没有止境、永远不满足的欲望状态。[6]

根据我的判断，克里斯托弗·拉什的书是对我们文化的一种恰当的剖析，而且其评论常常是很尖锐的。但是，我想要就我的领域，也就是在精神分析和临床工作的层面，对其设想和说明作出评论。他没有看到的是，精神分析是现代文化的整体发展的一种症状，而不只是对其问题的矫正。再者，他把自己限定在一个方面——正统的弗洛伊德主义，并主要依赖于两位分析师——奥托·科恩伯格（Otto Kernberg）和海因茨·科胡特（Heinz Kohut），他们写过关于当代自恋的书。在其书的索引中，甚至都没有提到许多其他重要的人物：埃里克森、荣格、兰克、阿德勒、沙利文，所有

这些人都创作过一些关于自恋方面的重要作品。他没有更多地了解弗洛伊德主义的这些分支，这首先造成了重大的损失：如果不了解为什么这些人发展了他们与弗洛伊德不同的观点，一个人甚至无法了解弗洛伊德。拉什批评这些偏离弗洛伊德正统理论的学者之一——弗洛姆，说他过于"说教"（sermonic）。但是，按照我的判断，沙利文则没有这种说教倾向，他对拉什所谈论的人格神经症问题作出了重大的贡献。

拉什忽略了这些与弗洛伊德意见不同的人，只是重复了许多几十年前说过的东西。举个例子来说，拉什谈到了死亡。但是，那些存在主义的分析师们，自从20世纪40年代以来就一直在讨论对死亡的恐惧，并且直接运用在治疗中（参见亚隆和我的文章）。拉什谈到现代的病人并没有症状，而是普遍没有意义、没有目的、空虚和抱怨无聊，以及缺乏参与。这恰好就是我在20世纪50年代的《人的自我寻求》一书中讨论过的事情。拉什把"人格问题"说成现在分析师所面对的主要问题。威廉·赖希（Wilhelm Reich）于20世纪20年代末期在其《人格分析》一书中已经提到这种观点，沙利文对这个问题做过许多重大的研究。实际上，尽管拉什所讨论的自恋是一种相对较新的发展，其却一直是过去20年来存在治疗师——以及在沙利文那里以不同的术语——核心关注的话题。这样，拉什的书在我看来作为一种社会批评作品是有价值的，但作为精神分析和临床治疗的论述作品就显得目光狭窄了。

2. "如果我（I）就是我（Me），我将是自由的吗？"

我熟识的一位年轻朋友在过去五年来撰写的一系列诗句中，阐释了与社会的疏离，这是新自恋的一部分。她想要寻觅"怎样使我自己/完全自由"。我们看到一首诗这样说：

我没有特殊的

朋友圈

谁能想到我做事的方式，

　　没有对、没有错、没有渴望的目标。

这揭示的是一个没有人际关系和没有道德框架的世界——"没有对、没有错"，没有目标。它是一种对孤独和空虚的赞美。难怪她被内在的自我驱赶，在一种与她自己的自恋关系中寻求避难：

爱情的最纯洁的形式

最温暖的那种爱……

最令人激动的爱

　　正在认识到这些感情

　　不是我对另一个人的

　　而是我对我的爱。

但是，这种唯我论，是对"我"的世代的一种强有力的说明，却使她产生了焦虑，在这一点上可以把焦虑看作一种残留的健康。

> 我刚刚开始看到
> > 它是多么骇人
> 是我自己的平生首次。

此后在一系列诗句中，当她感到，在其疏离和孤独中她已经错过了机会时，她开始产生越来越多的怨恨和愤怒。这一系列诗文的最后是对她自己的纪律约束的一种强烈抨击，

> 自律就是自我叛变。[7]

这些诗句就像是威利·洛曼（Willy Loman）的妻子在他的葬礼上的哭喊："我们自由了，不欠债了……我们自由了……我们自由了……我们自由了。"但是，根本就没有真正的自由，因为这个家庭已经由于威利的自杀而破碎了。

"如果我就是我"这个综合征的主要问题，以及我们如此迅速地在寻求个人自由中筋疲力尽的原因是，我们疏忽了其他人，这让我们无法丰富我们的人性。我们没有把命运作为社会中的具体体现来面对。这使我们想到了弗里茨·佩尔斯（Fritz Perls）的著名的一段话：

我做我的事而你做你的事。

我生活在这个世界上决不辜负你的期待，

而你生活在这个世界上也不辜负我的期待。

你是你而我是我；

如果我们偶然互相发现，这太棒了。

如果没有发现，那也无能为力。[8]

这就产生了一个人对抗世界的勇气——或者傲慢，如果有人愿意这样称呼的话。确实，在历史上有一段个人主义的时期是必要的——我认为过去的十年就是这样的时期。但是，作为一种永久的生活方式它却是一种逃避。当塔布斯（Tubbs）在《超越佩尔斯》（"Beyond Perls"）中声称"这个与你相分离的我是分裂的"时，他说的当然是正确的。"自恋是以自爱作为伪装的自我仇恨，"克林特·韦扬德（Clint Weyand）说，"它很可能是最残忍和最阴险的自我欺骗形式，因为它毁灭了爱情关系的治愈的力量。现在，我们必须超越这镜像的诱惑，用一种道德和政治的观点来取代自我的意象，它可以恢复我们的精神面貌并丰富我们的人性。"

这个"我就是我"迟早总是要带来悲伤的，因为它试图逃避面对这个限制了自由的每一种表达方式的命运。上所引述的那些诗句的作者以及弗里茨·佩尔斯的名言的信徒都可能会通过牢记17世纪安吉勒斯·西里休斯（Angelus Silesius）所做的这个简单陈述而从中获益：

什么也不可能使你

　　受到约束

除了你的"我"——

直到你打破

它的链锁，它的手铐，

才是自由的。[9]

　　在我们出生时，脐带的剪断就是迈向漫长而曲折道路的第一步，这条道路充满了无尽的艰难与欢乐。显然，我们绝不可能完全达成我们的目标。但是，直到我们觉察到，在我们面对、接受和以各种方式投身于作为社会生物的我们的命运中，从而实现个体化时，我们才走上正确的轨道。

　　如果在人类关系中没有任何限制，没有任何不可能去的地方，那么就不可能有令人满意的关系。潜意识的概念过去经常被用来提供这些东西，但是现在，当每一个人都十分坦率时，它就不再可行了。完全的自我透明，不把其作为一种理想的价值目标来凸显，它就变得不可能实现甚至是令人讨厌的。保持隐秘的自我——那间密室——与自我透明一样重要。

　　这种新的自恋随之带来了一种对现实的不信任，仿佛我们绝不可能肯定任何事情是真实的，我们绝望地抓住我们自己内部的一切，希望能找到一个精神支柱。关于现实的这种不确定性的积极方面在富有哲学意味的故事中表现出来，有人提问下述问题：我是一个看蝴蝶的人吗？还是说我是一个梦中变成人的蝴蝶？苏珊·桑塔

格（Susan Sontag）的一句话表明了其消极方面："现实似乎变得越来越像用照相机把我们拍下来的样子了。"[10] 这使我们想起了《现代启示录》（*Apocalypse Now*）中的情景：海军陆战队士兵在晚上不顾一切地胡乱射击着，不知道敌人的炮弹是从哪里打来的，不知道他的指挥官在哪，甚至不知道他自己是谁，或者他是否有一个指挥官。这是我们表现出来的一种卡夫卡式（Kafkaésque）①的故事，只不过它不是在一种平静的情景中上演，而是在原子弹、城市毁灭的可能性以及正午的黑暗这种令人恐怖的景象中上演。

威胁我们的是对一个人自身现实性的不确定性。在我们这个技术化的世界上，自我变得越来越没有意义。强调活在当下，没有能力从过去和未来中获得安慰或更新，没有能力承担义务，因为他无法确定是否存在着一个自我，于是弥散性的无目的感和模糊的沮丧总是逼迫着，演变为严重的抑郁症——这些全都是症状，它们呼喊着，在自我与其世界的关系方面出现了严重的偏差。这种新的自恋和这个"我"的时代就是与一个人自身的现实出现偏差的症状。我们似乎不得不询问每一种关系，而回答却仍然是摇摆不定的。

20 世纪 60 年代的年轻人所面对的这种自我的非现实性，导致一种比以往更大规模的对精神病的恐惧。对他们中的年长者来说，所有这些强迫困扰的现象——刻板、空洞、缺乏感情——都是对精神病的预防。但是，年轻人已经使用了 LSD②，由此而产生的对人的意识像精神病一样的冲击清楚地表明，对整个社会来说同样的冲

---

① 卡夫卡（Franz Kafka），20 世纪初奥地利小说家。——译者注
② 一种致幻剂。——译者注

击也是有可能的。这样的问题被越来越多地提出：是否整个社会就是精神病的幻象，而提出问题之后的停顿则是一声叹息？答案可能是肯定的，也可能是否定的。

人们普遍热衷于成为"我"，以为这样就会获得自由，结果却成为精神病院的候选者，就像易卜生1887年奇妙预言的那样。培尔·金特（Peer Gynt）认为，这些病人之所以住院，是因为他们不能成为自己。但是，和培尔的预期相反，他在埃及访问的那位精神病院的院长说：

> 在这里我们都过分地是我们自己；
> 是我们自己，不是别的而是我们自己。
> 我们在自我的压力下振作精神地生活。
> 每个人都在自我的木桶中把自己封闭起来；
> 通过自我发酵而沉入底部，
> 把自己和自我的木塞封存在一起，
> 在自我的井里经历无数季节。
> 这里没有人为别人的不幸而啜泣，
> 这里没有人倾听任何别人的观点。

如果没有意识到自我的命运，就不可能有自我感。我们怎样对疾病、灾难、好运、成功、获得新生的生活和永远的死亡这些事实作出反应是至关重要的，这种反应的模式就是与命运有关的自我。当把一切都说过和做过之后，自我感便存在于这个人的自由与其命

运之间的关系之中了。

所以，我们必然得出结论认为，自我现实感的缺乏归咎于我们忽略了命运这个事实。我们暗地里倾向于相信那些广告，它们告诉我们，我们是"不受限制的""人定胜天""我们是100%的赢家""我们创造自己的命运"等。当我们面临人类存在的变迁时，正是这种相信掠夺了我们的现实感——以及我们的冒险。当然，这种"如果我是我，我将是自由的"是一条错误的道路，因为它缺乏对于给现实以自由的命运的觉察。这条道路通向的不是自由，而是孤独和疏离。

3. 那喀索斯和复仇的神话

我们大多数人都记得关于那喀索斯（Narcissus）的神话，它讲的是一个英俊少年爱上了水池中自己的倒影并且憔悴而死的故事，因为他永远也得不到"他"。但是，实际的神话内容要丰富得多。

故事从提瑞西阿斯（Tiresias）[①]开始，这位年长的预言家向居于山林水泽的仙女（她是那喀索斯的母亲）预言，他的儿子将活到相当大年纪，"假如他永远不认识他自己"。这使我们感到很突然。"不认识他自己"是什么意思？的确，自恋总是把自知之明的问题作为其动力支点。但是，提瑞西阿斯为何能够说，如果那喀索斯避免专注于自我恋爱——这种后来被称为自恋的事情——他就能活得很久呢？或者他指的可能是"认识你自己"（know thyself）的字面

---

① 古希腊城邦的一位盲人先知。——译者注

意义吗？"认识你自己"来自古希腊的"要知道你只不过是一个人"，接受你的人类局限性吧。而那喀索斯显然拒绝了这样做。

这个神话中的第二个人物，也是被我们大多数人遗忘的人，就是艾蔻（Echo）——一位可爱的山林女神，她无法自拔地爱上了那喀索斯，并在他搜寻母赤鹿时追随着他翻山越谷。那喀索斯呼唤狩猎伙伴时喊叫道："到这里来吧！"艾蔻以同样的话语作出回应并冲上前来拥抱那喀索斯。但他粗暴地把她甩开，喊叫着跑走了："我宁愿死也不要和你在一起！"[11]

艾蔻于是憔悴而死，只留下她那优美悦耳的声音。由于愤怒于她的失职，诸神宣判她永远在深山峡谷中徘徊，在那里我们今天还能听到她的声音。但是，为了复仇，她请求诸神惩罚那喀索斯，让他也成为单相思的牺牲品。那时，他才陷入对他自己的倒影的爱恋之中。[12]

最初，他试图拥抱和亲吻这个面前的英俊男孩，但很快他就认识到这是他自己。他一个时辰接着一个时辰神魂颠倒地向水池中凝视着。他怎么能够忍受既拥有又不拥有呢？悲伤正在毁灭他，但他却为这种折磨而感到高兴；至少他知道，无论有什么情况发生，他的另一个自我对他来说都是真实的。

虽然艾蔻没有原谅那喀索斯，但却和他一起悲伤；当他将一把匕首刺进自己的胸膛时，她发出同情的回声："哎呀！哎呀！"当他断气时，她也发出了最后的回声："啊，年轻人，徒劳的爱，再见吧！"[13]

在诸神看来，那喀索斯的"悲剧般的缺陷"在于，他绝不可能爱任何其他人，绝不会在使自己与另一个人相结合这个意义上去爱。在那喀索斯的爱中没有养分，在自恋中也没有——没有真正的结合，没有相互交流得益，没有人际关系。在我们当今时代的"我就是我"中，这有成为一种悲剧般的缺陷的危险。要努力避免这种悖论：如果我们不把自己交给另一个人，我们就不可能有爱。在急切地寻求摆脱与疏离他人时，我们才开始为我们没有同情和承诺履行义务而感到悲伤——确实，这是一种没有本真的爱。

但是，在这个故事中还有一个重要的洞见，它将有助于我们理解当今时代的新的自恋，而且就我所知，这个在文献中还没有提到过。这就是，自恋的根源就在于复仇和报复之中。阿芙洛狄忒（Aphrodite）① 所回应的艾蔻的恳求，就是一种复仇的姿态。

在我们当代的新自恋中同样真实存在一种愤怒和复仇的强烈动机。这表现在前述一系列诗句中。"我……没有对，也没有错"可以被看成"文化让我们失望"这种呼喊。我们在孩提时代学到的东西却变成了虚假的东西；我们的父母似乎因混乱而无法为我们指出任何可供选择的道德指导方针，也无法教给我们智慧；他们教给我们的东西结果却常常变成了不受欢迎的并促使我们进行反叛。

正是为了向那些在文化中"背叛"她的人复仇，这些诗句的作者才退缩到她自己之中，并且用一种孤独的自我怜爱安慰自己："爱的最纯洁形式 / 最温暖的…… / 最令人激动的爱 / 就是…… / ……

---

① 希腊神话中爱与美的女神。——译者注

不是为了另一个人而成为我 / 而是为了我而成为我。"

在我们的社会中，我们称之为自爱（self-love）。在弗洛姆的散文《自私与自爱》（"Selfishness and Self-Love"）发表之后，"自爱"这个术语就变成了流行语。弗洛姆谴责前者而褒奖后者。他并没有看到自爱和对另一个人的爱之间的重要差异。在这个自爱中有一个悲剧般的缺陷、一种诱惑性的错误，它继续保留在大量的励志图书中并且使源自新自恋的灾难得以传播。所谓爱他人和自爱是两件不同的事情。对另一个人的爱是把两个分离的实体结合起来的欲望，这两个实体相互鼓舞、再生，把他们的差异奉献给对方，把他们不同的基因结合到一个新的和独特的生命之中——性冲动是实现这一目标的一种强大动力。因此，其本质是两个不同生命的结合。与乱伦相反，在这里大自然的明显目的就是增加可能性。所有这一切都是那喀索斯做不到或不会做的。

如果你恨你自己，你就不能爱别人，这个老生常谈的说法是真实的。但是，与此相反的命题——如果你爱你自己，你将自动地爱别人——却不是真实的。那喀索斯，在拒绝艾蔻的时候，戏剧性地证实了这一点。许多人把自爱作为对爱别人这种更困难的挑战的一种替代方式来使用。那么，通常被称为自爱的东西就应该真正地被称为自我关爱，它包括自重、自尊和自我肯定。这就会把我们从自我关爱和爱别人的混乱中拯救出来，这一混乱在那喀索斯的神话中如此生动地表现出来了。

要想自由地爱其他人，就要求自我肯定，要坚持自己的主张。同时，它还要求要有温情、肯定他人、尽可能地不去争胜负、有时

为了被爱的人的利益而进行自我克制，以及相互怜悯和宽恕的古老美德。

命运就是人在爱中的行动。这些自我关爱和爱另一个人的辩证逻辑的两极结下丰硕的成果并相互加强。幸运的是，这种悖论既没有被逃避又无须解决，而是必须共处。

注释

[1] 在那十年期间，我曾在大瑟尔（Big Sur）的山区高原参加过一场嬉皮士的婚礼。它似乎就是《卡门》（*Carmen*）中的吉卜赛场面的重演。75~100 名年轻人穿着稀奇古怪但色彩鲜艳的服装，他们对时间全然不顾，由于前一天晚上他们都没有睡觉，所以现在只要他们愿意，他们就可以睡在地上。有人在跳舞，有人坐在那里像做梦一样向外眺望着太平洋，有人在派送面包和酒。但是，在这些放任自流、独立而迷失方向的孩子中间弥漫着一种悲哀的气氛，仿佛他们不知道在这个群体中谁是他们的父母。整个营地里似乎笼罩着一层明显的四处弥漫而深刻孤独的阴云。每当一个人注视着参加庆典的人们的眼睛时，就会感受到这种疏远。

在这种混合的"自由"表演中，所有的一切都没有框架、没有规划、没有对命运的感知。唯一有建设性的就是期待着太阳在早晨升起，那时他们就可以举办某种简单的婚礼仪式了。

[2] Peter Marin, "The New Narcissism," *Harper's Magazine*（October 1975），p.48.

[3] 引自 George Wilson Pierson, *Tocqueville and Beaumont in America*（New York：Oxford University Press, 1938），p. 119。

[4] Harry Brown, *How I Found Freedom in an Unfree World*（New York：

Hearst, 1973）, p. 128.

[5] 同上书，163 页。

[6] Christopher Lasch, *The Culture of Narcissism*（New York：Norton, 1979）, p. xvi.

[7] 经允许而引用。我的朋友告诉我，她稍后会写关于社会与关系的一系列诗，意思是说，她看见了在引用的诗句中所缺乏的那个领域，想要对这种情境进行更正。

[8] Clint Weyand, *Surviving Popular Psychology*（私人出版）。

[9] Frederick Franck, *The Book of Angelus Silesius*（New York：Knopf, 1976）, p. 127.

[10] 引自 Lasch，同前，48 页。

[11] Robert Graves, *The Greek Myths*：1（London：Penguin, 1972）, pp.286-287.

[12] 根据 Graves 的观点，那喀索斯确实认出了他自己。从这个意义上说，他确实"认识他自己"。这是否就是自恋导致死亡的原因？

[13] Graves，同上书，287~288 页。

第八章

没有亲密关系的性是自由的吗？

卡瓦诺……转向柏林纳。"索利，当你的妻子和另一个家伙上床时，你难道不嫉妒吗？"

"嫉妒？"

"是啊，嫉妒。"

"不，伙计，我解放了。"

"这究竟是什么意思呢？"我说。

柏林纳说，仿佛很明显，"我什么都没有感受到"。

"解放了就意味着你什么感受都没有吗？"

"是啊，我解放了。"

——伦纳德·迈克尔斯（Leonard Michaels），《男人俱乐部》（*The Men's Club*）

如果不是深陷于对方的世界，还有什么时候是恋人们完全拥有自己之时呢？

——德日进（Pierre Teilhard De Chardin），《人的现象》（*The Phenomenon of Man*）

20 世纪 60 年代在加利福尼亚大学伯克利分校的一次争取自由的学生运动中，散发的传单上用鲜艳的色彩印着"今晚与陌生人共眠"。同样，在心理治疗运动工作坊里，也有人提出这样的主题——"与陌生人发生性关系"。这些话语的逻辑是相当明显的。自由的一个基本方面难道不是随时随地与喜欢的人发生性关系吗？这难道还不能保证自发性、自我肯定、扫除文化遗留下来的最后一丝罪疚感，而且是不顾一切地进行报复的机会吗？而且，对此所做的最好保证难道不是使我们能够通过与陌生人的性关系而把性和亲密性分离开吗？或者也可以说，"性并不涉及亲密关系"。

我们的时代在历史上第一次有了避孕药，但同时我们对应该怎么办感到很困惑。这种药使一种新的性态度成为可能。但是，人际关系的含义究竟是什么？把性——这种人类身体关系中最亲密的东西——置于非亲密关系中，对个人自由有什么样的影响呢？

没有亲密关系的性显然一直在我们身边发生着。性交易就是证据。我们在后文将会提到，没有亲密关系的性确实给人提供了某种"自由"。但在我们的时代，又多了一些新的东西。这就是，在诡辩家当中，这种形式的性被提升为一种理想、一种原则或美德。我认为，这种把没有亲密关系的性变成理想去追求，就是自恋的表现，它也是对在人际关系中害怕亲密和亲近的一种合理化；它起源于我们文化中的疏离，而且增加了这种疏离。

亲密关系是两个人之间的分享，不但是他们身体的分享，而且是他们的希望、担忧、焦虑和欲望的分享。亲密关系是我们相互喜爱的所有微小的动作和表情。亲密关系是萌生情感的感觉。正如我

在《爱与意志》一书中所说，性是由刺激和反应组成的，但爱是一种存在状态。这种关系就是亲密关系，是通过把一个人的存在与另一个人进行分享而得以丰富的，一个人在其中渴望听到另一个人的幻想、梦和体验，并以分享自己的经历作为回应。

但是，我们不妨先来看一看没有亲密关系的性的建设性方面。这可以在拉丁美洲国家的狂欢节上，在像德国的狂欢节（Fasching）①这类习俗中，以及在假面舞会上看到。这些神秘的事物有一种奇异的吸引力，在一个人不知道其同伴是谁这个事实中有一种刺激。我们之中又有谁不会在这种舞会和狂欢节中因为设想这种天真而兴奋不已——至少是产生同感呢？在那一刻，责任被排除在外。这些习俗有意颠倒了希腊和希伯来古代语言中的智慧，这两种语言中"知道"这个词也有性交的意思。这种"不知道"带有某种民间智慧——正如那位宗教法庭的大法官所说，容易犯错误的人类需要有周期性的一时放纵，尤其是在大斋节（Lent）②的斋戒之前进行最后一次放纵。我在一个把狂欢节放进年历的国家里生活了三年，我能够证明在参加了彻夜不眠、直到太阳升起才结束的香槟酒派对时，人们会体验到那种极大的宽慰和快乐。

对大多数人来说，狂欢的季节就是对绝对不会成为现实的梦进行梦想的时刻。一个来自德国的病人，他的问题是害怕亲密关系，这个羞怯的男人讲述了他怎样在战后经常参加在柏林举行的假面舞会，"总是希望遇到某种神秘的'伟大的爱'，但是，当然我从未遇到过"。

---

① 每年的 2 月 10 日左右在德国举行。——译者注
② 复活节前为期 40 天的斋戒及忏悔。——译者注

1. 解除障碍

没有亲密关系的性有时对青少年来说是有帮助的，他们一路跌跌撞撞地走进那令人害怕而又混乱的狂野性爱，害怕受到诱骗。另一种用途是对离了婚的人来说，治愈因分离、抛弃和拒绝而产生的伤口。有些治疗师说，没有亲密关系的性是一个舞台，使人从情绪上摆脱了疏离的配偶，使自己再次涉入生活的溪流。另一些治疗师补充说，一段时期的男女滥交可能是避免离婚后草率再婚的一种方式，或者是在度过被抛弃这种不可避免的哀伤时期之前，避免与另一个人牵涉过深的一种方式。

现在，我们注意到这些做法中的每一种显然都是一种解除（a freedom from）。据说性交易可以解除紧张，假面舞会可以解除具有太多意识的永久负担，青少年的性是对迷失方向的一种解决方式，离了婚的人的滥交是对自尊受伤的痛苦的一种解除。没有亲密关系的性不能增进个性的自由，至少它能够为以后的成长做好准备。

但是，当没有亲密关系的性变成生命的全部，成为一种《花花公子》（*Playboy*）式的生活时，就会出现一个完全不同的问题。这是一种自我的分割，是对一个人的存在的重要部分的去除。在迷恋于没有亲密关系的假面舞会中的秘密时，在我们的 20 世纪"这个没有秘密的年代"，人们醒过来，结果发现自己面对的是假面的机械物对应物——爱情机器，也可以表述为没有感情的人。正如多萝

西·帕克（Dorothy Parker）曾经说过的那样："处在爱情中是那么的美好。我厌倦了为了容貌而这样做。"

我们回想起，在第二章，妮科尔和一个几乎是陌生人的男人度过周末，然后，在重新声明性无关亲密关系之后，向菲利普总结道："性让我厌倦。"这种对厌倦的忏悔难道不也是对疏离、对切断可能性和自由的一种忏悔吗？

许多治疗师都接受过这类患者的咨询，他们的目的是要了解，怎样在性关系中只有感觉而不必有感情。奇怪的事情是，这些患者有时是在他们的恋人劝说下来接受治疗的。一个年轻的女人在第一次面询时声称，和她的恋人在一起令她感到非常幸福，她不想有这种关系之外的性关系，但是，她的恋人却劝她，要是她不想和其他男人上床，就一定是有毛病了。在他的催促下，她来了解一下应该怎么办。默尔·谢恩（Merle Shain）在她的《有些男人比其他男人更完美》（*Some Men Are More Perfect Than Others*）这本书中讲述了她和她的恋人的一次争吵，在这次争吵中他对她将性生活限制在他身上表达了愤怒。她发现自己在哭喊："如果我想要对你忠诚，该死的，这不关你的事！"

在这种男人身上，我们看到了对亲密关系的恐惧，这种恐惧常常由他们对女人的普遍恐惧所激发。他们害怕女人将太多的责任倾注在他们身上，害怕受到女人情绪的束缚，害怕受到女人需要的侵占。

显然，女人对男人也有类似的恐惧：害怕她们被男人封住，害怕她们不能表现她们自己，害怕她们将失去自主性。直到不久之

前，某些文化一直在强调女人作为男人附属品的"角色"，这使得女性的恐惧更加强烈。

这些恐惧是可以理解的。性包含着一定程度的亲密关系——对女人来说，这是开放自己而使男人侵入她的身体的重大行动。而且在截至过去几十年前的数万年里，这意味着，男人把他的种子留在她身体里，使她能怀胎九个月，然后就有了需要喂养的另一张嘴，或者说需要为之负责的孩子。是何种傲慢自大使我们认为我们能够在几十年里就改变数万年来延续的那种文化传统呢？

从生理学上讲，两个身体在性中的结合是所有关系中最亲密的关系，人类就是这种关系的继承者。它是我们自己身体的最敏感部位的一种亲密的结合，远比触碰身体的其他部位更显得亲密。性就是我们成为彼此一部分的最终方式，让我们觉得另一个人心脏和脉搏的跳动就像是我们自己的一样。

我并不是质疑对亲密关系的那种害怕——毫无疑问，我们渴望在狂欢节和偶尔的放纵中摆脱亲密关系。但是，我质疑的是将这种恐惧合理化为一种原则，而最终导致自我的分割。

另一种合理化是认为，鉴于性有时就是娱乐，所以它不过就是娱乐而已，一个人不需要和打网球或玩桥牌的伙伴产生亲密关系。这样做忽略的不但是性的意义，而且是性爱的力量。难怪我们社会中真正的爱欲一直被色情描写所取代。

敏锐的心理学家和文学大师陀思妥耶夫斯基给我们描述了性的这种用途。在《卡拉马佐夫兄弟》中，那个醉醺醺的小丑父亲，一天晚上从一个晚会上回家，接受了他的朋友的挑战，与一个有智力

缺陷的女人在沟里发生性关系。这次交合生下了后来杀死其父亲的儿子。陀思妥耶夫斯基所使用的象征具有重大的意义。这种性行为，就是极端的"没有亲密关系的性"，最终导致个人的死亡。

2. 没有感情的感官

考虑到上述因素，当我说，根据我的心理治疗经验，能够在一个没有亲密关系的性的系统中最好地发挥作用的人，是那些本来就没有情感能力的人，也就不足为奇了。这是一些其反应不受情绪控制的强迫式而机械化的人，他们无论如何都不能体验到亲密关系——简言之，就是那些像没有感觉的机器一样运作的人，他们最容易坚持没有亲密关系的性模式。我们文化最悲哀的事情之一就是，这种没有爱情的、强迫性的着迷似乎就是在我们的学校和生活中广泛传播的机械训练的"成果"，就是我们的文化所培养的那种类型。这种危险在于，这些害怕亲密关系的超脱者将像机器人一样，以"性无论如何都不涉及亲密关系"作为箴言，这预示着他们的情感不但在性的层面，而且在所有层面都将走向枯竭。因此，难怪有个故事引用了一些不同国家的女人在发生性关系之后说的话，美国女人被描述为这样说："你叫什么名字，亲爱的？"

我注意到，在与女性的疏远关系中，一些男性来访者——其中不乏知识分子——在性上确实是很有能力的。没有亲密关系的性对他们来说不是特例，他们可以过没有亲密关系的生活；他们的渴

望、希望和恐惧一直很贫乏，几乎没有。然后，在治疗中他们才开始取得进展却突然发现自己性无能了。这使他们深感困惑，他们常常无法理解：为什么他们已经觉察到自己内部的某些敏感性，却再也不能像一个人操纵一台计算机那样按照命令指挥他们的性器官？他们正在开始区分他们确实想要做爱的时期和不想做爱的时期。这种性无能就是对有亲密关系的性的真正体验的开始。现在，他们理想的性生活可以建立在一个新的关系基础上了。现在，他们不再是性机器，而可能是爱人了。

克里斯托弗·拉什正确地指出，这种新"自恋"是对性开放的，但是，这给他带来的"并不是性的平静"。所发生的事情就是，人们对没有情感的褒奖。苏珊·斯特恩（Susan Stern），在描述她怎样被气象员团体（Weathermen）吸引时坦白地承认："不能产生任何情感上的体验。我的内心变得更加冰冷，而外表却更加活泼。"[1]

我回想起来，妮科尔曾劝说菲利普可以和其他女人"放纵"一下。她补充说，只有当他有太多的感情时——就是说，伴随着性而形成和另一个女人的某种亲密关系时——她才会受到伤害。这就是把没有情感放在首位，这时理想就造就了有感官但没有感情的机械化的人。这就是 20 世纪后半叶我们所处的情境。正如在卡夫卡的小说中那样，一切都在等待着我们，但我们自己——有情绪、有感情的人——却没有出现。安迪·沃霍尔（Andy Warhol）在其自传中，怀着现代艺术家坦诚的特点，集中描述了这种现代态度："碧姬·芭铎（Brigitte Bardot）是真正现代的女人之一，她把男人作为

性玩物，购买他们和抛弃他们。我喜欢那样。"[2] 其他许多人也把男人和女人当成性玩物那样看待，但却用"没有亲密关系的性"这类原则来掩盖。

在我们的文化中，这种没有亲密关系的性的倾向 [3] 是与情感能力的丧失相伴而生的。我早在 20 世纪 50 年代就在治疗来访者过程中看到了这一倾向的发展。现在，拉什也看到了这一点。在谈到我们文化中的一些新运动时，他说，它们产生于"一种对人类关系质量的普遍不满"。这教导"人们不要在爱和友谊上有太大的投入，避免过多地依赖别人，要生活在当下——这正是造成人类关系危机的根本条件"[4]。拉什还声明说：

> 我们的社会……使深刻而持久的友谊、恋爱和婚姻越来越难以实现。……一些新的治疗方法把这场战斗美其名曰"在爱和婚姻中公平竞争"和"自信"。另一些人把在这种方式下的一些不持久的依恋关系称赞为"开放婚姻"和"开放式的承诺"。这样，他们反而加重了他们原来要治愈的那种疾病。[5]

3. 失去的性爱力量

盖伊·塔里斯（Gay Talese）[6] 的《邻居的妻子》(*Thy Neighbor's Wife*) 一书勾起了很多人窥淫癖式的兴趣，因为它是对"真实的人们在真实的卧室里做的"事情的一种记录。但是，如果只是那样的

话，我们完全可以提及另一个例子——或许写得最好也最具可读性——性爱是怎样被我们时代的色情所侵蚀的。这本书中的性爱描写源于当代作家——确切地说，桑德斯通（Sandstone）——的作品情节，它们或被错误地引用。画家希博斯（Hieronymus Bosch）所创作的关于地狱的画作，以及摩门教（Mormonism）①的创立者约瑟·斯密（John Smith），被塔里斯引证为在性态度新倾向方面的领导者，这种解读方式会让他们感到震惊。塔里斯持续不断地谈论着那些人，他所描述的在每一类中参与群交、换妻的人都是"自由的""获得解放的人"，并且他认为这就是从传统婚姻令人窒息的约束中得到"解放"的方式。一位评论者说道，这本书的主题是"更自由的性关系就意味着更自由的世界"。因此，对这本书进行考察有助于进一步探究性与自由之间的关系。

这本书的前 17 页描述了一个年轻的男子对着一个性感的年轻女人的照片自慰，这张照片在他面前的床上支着。确实，自慰的意味在整本书中都很突出：没有感情的单一感官、没有和另一个人产生任何真实关系的性、没有卷入情感的性。无论塔里斯谈论的是按摩院（在那里是可以进行真实自慰的），还是性马戏表演（在那里人们有性行为），其中都充斥着自慰的气氛。即便其中恰好有幸提到一些有孩子的夫妇，他们的孩子也只是被含混带过，然后就被弃置一边，由保姆照管。

塔里斯向我们讲述了布拉罗（Bullaro）——这本书中第二个最

---

① 1830 年创立于美国的一个教派，初期实行一夫多妻制。——译者注

重要的人物，最后的结果是他失去了妻子、孩子和工作，塔里斯对此所做的描写仿佛是他在评论天气一样。布拉罗是"孤独的、没有工作的，没有一种希望感"[7]。"似乎如此令人兴奋和解放的那几个月，现在却隐隐地显现出一种毁灭和混乱的开端。"这种自吹自擂的"解放"究竟隐含着什么呢？是为了毁灭和混乱的自由吗？

他几乎在每一页都提到摆脱清教徒压抑的自由。但是，在一遍又一遍地痛打这匹死马的过程中，这本书无意识地透露出更紧迫的危险，即在解放自我的同时，我们也失去了人性。

威廉森（Williamson），这本书的主角，其目标之一是让恋人和他们的伴侣从所有的性占有中解放出来。其理想是和"你的邻居的妻子"或恋人有性关系，邻居则和你的妻子或恋人有性关系，而双方都没有迸发出任何妒忌的火花。因此，当起初信奉权威主义的威廉森，"在他所依恋的一个女人离开他后，他几乎没有跟任何人讲话已经有快两个月时"[8]，在其卧室里郁闷地沉思，这就让人感到奇怪了。

我们获得了很多详细的说明，利用他最初的预感成功投资《花花公子》的休·海夫纳（Hugh Hefner）[9]，认为从占有欲中解放出来是一个必要条件。然而，再一次地，当读到休·海夫纳在芝加哥搜录凯伦·克里斯蒂（Karen Christy）这段沉闷的内容时是很令人惊异的。他带来的那些带着步话机的保镖们搜查了凯伦朋友的房间，"在她的厕所里、床底下搜索。海夫纳看上去形容憔悴和可怜，他的头发乱蓬蓬的，百事可乐的瓶子空空如也"。凯伦曾解释说，她不得不离开"不忠诚的海夫纳"，她"听到他在隔壁房间通过电

话与洛杉矶的芭比（Barbi）[本顿（Benton）]讲话，一再保证他的爱，并作出安排要和她一起共度周末。……凯伦显然得出结论认为，海夫纳在欺骗她"。

我提到这些不常被提及的细节是为了提出这个问题：如果一个人真正关心另外一个人，将会产生依恋关系，有某种正常的嫉妒，并将很容易感到痛苦；妒忌并不是要被完全祛除，而是要认识到，只有当它达到神经症的程度时，它才是个问题。为什么让这两个男人看到这一点竟然那么难呢？对正常妒忌的觉知是对神经症妒忌增长的一种矫正，后者正是我们在前面那些故事中所看到的。

对于我们目前专注于性的原因，弗洛伊德给我们提供了一些暗示：

> 曾有一度，我们可以毫无困难地获得性满足。或许在古代文明衰败期间，爱变得没有价值，生活空虚了，要求使用强烈的反向作用来恢复必不可少的感情价值观……基督教中的禁欲倾向造就了爱的精神价值，古代的异教徒从未赋予过它这样的价值。[10]

按照我们许多人的判断，在美国我们对性极其关注，就像"古代文明衰败"一样，当"爱变得没有价值，生活空虚了"时，便和我们的道德观念与文化的关系分崩离析。罗马社会是历史上唯一的另外一个像我们那样专注于性的社会——专注于性并不只是在我们的卧室里，还包括在我们的广告中、我们的文学中、我们的电影

中、我们的电视节目中，以及天知道还有什么其他东西中。据说当哥特人兵临城下时，罗马人就会自慰，以便浇熄焦虑——因为性是针对焦虑的一种非常有效的解药，携带着性刺激的神经通路切断了传送焦虑的通路。我们社会中存在无数自己无法解决的问题需要我们关注，我们便转向对性的专注，这是可以理解的。但是，我们应该避免从不正常状态中归纳出原则。

约瑟夫·阿德尔森（Joseph Adelson）在《纽约时报》上评论两本书时说："这些书的相似之处在于，它们反映和表现了已经变得如此普遍的道德空虚，以致在最近关于性的写作中几乎成为正常的。"[11] 这种道德空虚难道不是对下述事实的一种解释吗？虽然我们并未对性的实践活动和避孕有更多的谈论、研讨和教学，但性病的比率、青少年怀孕和流产率却正在急剧地上升。

性和与之相伴的亲密关系是人类存在如此基本的一部分，以致我们不可能把它们与人的价值观分离开。认为性和价值观是完全相互分离的，不但会阻碍人的自由发展，而且会使性的社会问题变得无法解决。对性的道德关注取决于一个人是否接受对另一个人以及对自己的责任。其他人确实至关重要，对此进行赞美会给发生性关系带来喜悦，使之具有意义，使之能够让我们受到深刻的震动。

本杰明·德莫特（Benjamin De Mott）说，塔里斯之所以避开道德真空，是因为他是一个好的报告人。但是，这并不能解决我们全部的文化问题。德莫特还相信，像塔里斯书中的那种描写将导致自我毁灭。我们前面所听到的那种声明——"性是令人厌倦的"，或许就是这种自我毁灭的开始。[12]

当没有亲密关系的性成为性欲的终极目的时，其便成为自恋的一种表达方式。它是对爱的一种拒绝，就像神话中的那喀索斯从美丽的艾蔻身边逃离一样。作为单一刺激的性，在没有共享的情况下进行，无论是自慰还是有性伙伴，都是对个人自己的刺激物的一种无可抗拒的关注，一种对自己永无止境的迷恋，就像那喀索斯凝视着湖中的自己一样。

作为一种生活方式，没有亲密关系的性是受怨恨和复仇驱使的，就像神话中的艾蔻一样。那喀索斯通过刺死自己而导致自我毁灭，但我们却通过对我们自己至关重要的一部分长期而令人厌烦的删除而导致自我毁灭。我们同时代的人似乎并没有因为某个具体的人现在不爱他们了（就像艾蔻的例子那样）而带有报复的心理，而是因为他们似乎从婴儿时期就带有某种报复心理——因为有一种一直没有被爱的体验，他们从未与之和睦相处。他们从未努力接受过命运的残忍及其善意，就像一个人必须接受的那样。他们也从未接受没有人得到足够的爱这样的宿命。对爱的这种渴望使我们成为人。但只有接受了命运的这一方面，或许我们才能加入人群中。

把没有亲密关系的性看成通往真正自由三路的人，严重忽略了一点——性中的自由就像任何其他生活领域中的自由一样：只有当一个人认识到其局限性，即他的命运时，他才是自由的。必须坚定而完整地看待性功能在生活中的框架和设计。在人类关系中，责任源自无处不在的孤独感和我们不可避免的对他人的需要，这在性爱中具有明显的真实性；没有这种责任感，就没有本真的自由。因此，我们的性自由是和我们对他人的需要、欲望和愿望的敏感性共

同增长的。他人的这些需要、欲望和愿望是先决条件。性的刺激能够绽放出真正的亲密关系和爱的花朵，这是生命的奥秘，它能够给予我们持久的安慰和快乐。

和在面对命运的其他方面时一样，这里也存在一种风险。如果你有情感，你就一定容易受伤，也容易去伤害别人。有时候，失败的爱带来的疼痛甚至极度的痛苦，几乎是我们无法忍受的。但是，接受这种风险是自由的代价，尤其是本真的爱的自由的代价。谁愿意以行尸走肉与真实的存在进行交换呢？

注释

[1] Christopher, Lasch, *The Culture of Narcissism* (New York : Norton, 1979), pp. 7-8.

[2] Paul C. Vitz, *Psychology as Religion*: *The Cult of Self-Worship* (Grand Rapids, Mich, : Eerdmans, 1977), p. 122.

[3] 参见 Rollo May, *Mana's Search for Himself* (New York : Norton, 1953)。

[4] Lasch, 同前, 27 页。Seymour B. Sarason 写过类似的话："'保持镇静''暂不作决定''不感情用事'，都是从这种感受中产生的一些告诫，即社会设置了各种各样的陷阱来剥夺你的自由。如果没有自由，成长就不可能发生。"

[5] Lasch, 同前, p. 30。

[6] Gay Talese, *The Neighbor's Wife* (New York : Doubleday, 1980).

[7] 同上书, 343 页。

[8] 同上书, 541 页。

[9] 同上书, 475~476 页。

[10] Sigmund Freud, "On the Universal Tendency to Debasement in the Sphere of Love" (1912), in vol.XI of the *Standard Edition of the Complete Psychological Works of Sigmund Freud*, ed. and trans. James Strachey (New York: Norton, 1976), pp. 187-188.

[11] Joseph Adelson, *New York Times Book Review* 10 August 1980, p. 13.

[12] 诸如 Gabrielle Brown 撰写的《新的禁欲》(*The New Celibacy*) 这类书就是自我毁灭的另一种迹象。

第三部分

————

自由的特点

第九章

暂停的意义

我认为我和其他钢琴家操纵音键没有什么大的不同。但是，在音符之间的暂停——啊，原来艺术技巧就在这里呀！

——阿图尔·施纳贝尔（Artur Sachnabel）在记者询问其天赋的秘密时所做的回答

斋戒的目标是内在统一性。这意味着听，但不用耳朵；听见了，但不用理解；用精神来听，用你的全部存在来听。只在耳朵里听是一码事，带有理解地听是另一码事。但是，用精神来听并不限于任何一种官能——耳朵的官能，或者心灵的官能。因此，它要求所有的官能都空无一物。而且当这些官能都空无一物时，那就是全部存在的倾听。正是在那里才是对你面前的正确事物的直接把握，这是绝不可能用耳朵听到的，也不可能用心灵来理解的。心的斋戒使官能腾空，使你从局限性中解放出来，从专注之中解放出来。

——托马斯·莫顿（Thomas Merton），《生活的面包》（The Living Bread）

在此前的一章中，我们把自由定义为在来自四面八方的刺激中暂停（pause）的能力，在这种暂停中，把我们强调的重点指向这种反应而不是那种反应。其中关键的词——某种程度上最有趣的词——就是"暂停"。这似乎很奇怪，这个词竟然是个重要的单词，而不是自由（liberty）、独立（independence）、自发性（spontaneity）这些词。而尤其奇怪的是，一个只不过意味着某物的缺失，一种缺席的、一种间歇的、一种空缺的词，竟带有那么多的重要内涵。尤其是在美国，"暂停"这个词指的是一道裂隙，一个尚未填满的空间，一种什么都不是（nothing）——或者，稍好些，一种"空无一物"（no thing）。

对于生命的自由——我称之为本质的自由——来说，这种暂停尤为重要。正是在这种暂停中，我们才体验到自由产生于其中的背景关系。在这种暂停中，我们徘徊、反思、感觉敬畏，并想象永恒。这种暂停是我们向自由和命运的概念开放我们自己的时刻。

暂停这个词，就像自由这个词一样，似乎本质上指向它不是什么，而不是它是什么。我们已经看到，自由几乎普遍地是用不是某物进行定义的——或者，用一句话来界定，"自由就是你不被任何人和任何事束缚"[1]。类似于此，暂停就是什么事情都没有发生的时候。暂停这个词能否给我们一个回答，说明为什么自由既是一个消极的词，同时也作为我们语言中最肯定的词而受到喜爱？人类学家多萝西·李说，正是"这个虚无（nothingness）即有（somethingness）的概念，使印度的哲学家们感受到非存在的整体

性，为自由空间命名并赋予我们零（zero）"[2]。

一个著名问题的一个版本是："拧一个电灯泡需要多少名禅宗佛教徒？"答案是两名：一名把它拧上，一名不把它拧上。而后者和前者同样重要，因为无（emptiness）就是在东方思想中的有（something）。

对我们的思维和经验的这种贡献主要来自东方，尤其是来自印度、中国和日本，对此我们不应感到惊讶。在我们西方的思想和宗教的危机中，东方的智慧是作为一种矫正手段出现的。这种智慧使我们回想起在我们自己的神秘主义传统中已经被遗忘了的真理，例如，冥想、沉思，尤其是暂停的意义。

在我们的世界中，自由是在无数的暂停中体验到的，其结果可能并不是否定的，反而是一种最肯定的状况。终极的悖论就是，否定变成肯定。所以，自由一直是一个最受人喜爱的词，这是个最容易使我们激动的词，是一种最令人渴望的状况，因为它唤起了持续的、尚未实现的可能性。而"暂停"也是如此。这种"无"反而是一个最清楚的"有"的现实。这是一种悖论。在我们的生活中，空虚可能是充盈，否定可能是肯定，空无之处可能是发生最多事情的地方。例如，在《道德经》中，老子说道：

> 三十辐共一毂，当其无，有车之用。
> 埏埴以为器，当其无，有器之用。
> 凿户牖以为室，当其无，有室之用。
> 故有之以为利，无之以为用。[3]

1. 寂静的语言

这个暂停的概念给我们带来了一个全新的世界。正是在这种暂停中，人们才学会了倾听寂静（listen to silence）。我们能够听到我们在正常情况下根本不可能听到的无数的声音——在寂静的夏季田野里昆虫那永无休止的嗡鸣、微风轻轻地吹拂着金黄色的牧草、一只画眉在草地边一片低矮的灌木丛中歌唱。突然，我们认识到，这就是"有"——"沉默"的世界充满了大量的生物和大量的声音。

卢瑟·斯坦丁·贝尔（Luther Standing Bear），描述了他在 19 世纪 70 年代作为奥格拉拉的拉科塔人的童年时光。他说道，儿童们"被教导说要静静地坐着，倾听（这种寂静）。他们被教导说，要使用他们的嗅觉感官，在显然没有什么东西可以看见的时候去看，在所有的一切乍听起来都寂静无声的时候专心地去听"[4]。而莫杜普（Modupe）在描写他在法属几内亚的童年时说道："我们懂得了，在森林里寂静和声音同样重要，而且（我们懂得了）怎样去倾听这些寂静。……深刻感受寂静可以说是我们 Kofon 宗教的核心。在这些时候，我们自己内部的本性与地球的本性达到了统一。"

在日本，自由的时间和空间——我们称之为暂停——被理解为 ma，指有效的间歇或有意义的暂停。这种感知是所有经验的基础，

尤其是构成创造性和自由的基础。尽管采纳了一些西方文化和科学，但这种观念一直存在。甚至在1958年，宫本美佐子（Misako Miyamoto）关于能剧①写道[5]："观众不但通过动作和话语，而且通过暂停的间歇来观看戏剧和把握情感。……在每个人的心灵中有一种自由的创造……而且观众在这种情境中自由地思考。"她说："在寂静的说话间歇中，尤其是在声调的暂停中，我能够感受到这个人独特的人格和他的欢乐、悲哀或其他复杂的感受。"在倾听一只早春的画眉的鸣叫时，"它歌唱时有一些暂停，……使我能够有时间（在）两声鸣叫之间的那寂静的时刻对这只鸟进行思考，……这些暂停使鸟和我之间产生了关系的效果"。

为了避免这些例子诱导我们认为对暂停的这种强调主要是在东方和难以理解的文化中，我不妨指出，在我们自己的现代文化中这种现象也是同样清晰可见的，尽管不那么经常。约翰·凯奇（John Cage），一位以原创性著称的作曲家，在纽约举办了一场音乐会，他走上演奏台，在钢琴的键盘旁边坐了一段时间，一个音符也没有弹奏。他的目的，正如他向一些不太高兴的观众解释的，是要给他们一次倾听寂静的机会。他的音乐录音准确地表明了这一点——许多暂停点缀在不同的音符之间。凯奇使我们的觉察力变得敏锐，使我们的感觉强烈，使我们充分地注意到我们自己和我们的周围。倾听是最被我们忽略的感觉。

爵士乐的根本实质就在音符之间的空间，被称为后拍

---

① 由能乐师（能演员、狂言演员及乐师）表演的传统戏剧。——译者注

（afterbeat）[1]。我参加演奏过的一支乐队的领队经常大声地唱出"呜—吧"，这个"吧"——或这个音符——总是出现在一些节拍之间。切分音（syncopation）是爵士乐的基础。例如，艾灵顿公爵（Duke Ellington）让观众始终处于紧张和期待之中——我们不得不跳起舞来，以宣泄内在情绪。这种期待在直接层面和性高潮前的那些敏锐的感情有相似之处。因此，有些音乐家能够在他们唱歌的那种挑逗的节奏中模仿发生性行为的过程。在新奥尔良的典藏厅（Preservation Hall）里，爵士乐团不断变换，这种无限多样性，连同每个人的即兴创作，每一次都会产生一种以前从未演奏过的，而以后也不会再演奏的音乐。这就是绝妙的自由。

在科学技术上似乎没有暂停。或者当有暂停时，它就被称为一种"衰退"而被否认和让人害怕。但是，纯粹的科学却不同。爱因斯坦说过："事件之间的间歇比事件本身更重要。"

暂停的意义在于，刻板的因果之链被打破了。这种暂停可以暂时地中止巴甫洛夫的弹珠系统。在人的生活中，反应不再盲目地追随刺激。在这两者之间存在着我们人类的想象、反思、考虑和思索。暂停是好奇感的先决条件。当我们没有暂停时，当我们永远急匆匆地奔波于从一项任命到另一项任命、从一个"计划好的活动"到另一个时，我们便牺牲了好奇的丰富性，而且我们也失去了与我们命运的交流。

---

① 基本上是一种四四拍子的音乐表达，意指每一小节的第二拍与第四拍。——译者注

2. 时间与暂停

原则上说，暂停的时间长度并不重要。当我们观看人们的实际经验时，我们注意到，有些暂停可能是极其短暂的。例如，当我讲课时，我选择某个词而不是另一个词的过程中的暂停可能只持续一毫秒。在这次暂停中，许多可能的术语在我眼前闪过。如果我想说噪声很"大"，我可能花费几分之一秒的时间来考虑诸如"震耳欲聋"、"惊人"或"压倒一切"之类的词语。我从这些词语中选择一个。所有这一切发生得如此迅速——严格地说，处于前意识水平——只有当我此后停下来去思考它时，我才觉察到它。

请注意，在最后这个句子中我说的是"停下来去思考"。这个惯用的短语是暂停之重要性的另一种证据。阿伦特在《思维》(*Thinking*)[《精神生活》(*The Life of the Mind*)第 2 卷]一书中谈到了"停下来去思考"的必要性——就是说，对反思过程来说，暂停是必不可少的。

但是，当一个人讲话时，在那些微小的、多次存在的暂停中还发生了其他一些事情，甚至是更有趣的事情。这就是，在我"倾听"观众的时候，就是观众影响我的时候，就是我"听见"其反应并且沉默地询问的时候，他们从我的话语中了解到什么内涵呢？对任何有经验的演讲者来说，词句之间暂停的这些空白就是向观众开放的时候。这时，我发现自己在注意：在那里似乎有人感到困惑；

这里，有人把头侧过来倾听以免漏掉任何一个单词；那边，就在后面一排——是每一位演讲者都害怕看到的——有人在点头打瞌睡。我所认识的每一位有经验的演讲者都从培养他对观众面部表情和非言语交流的其他微小方面的觉察中获益匪浅。

沃尔特·惠特曼（Walt Whitman）曾经说过，"诗歌是听众写的"，在甚至更明确的意义上说，讲座是观众做的。因此，同一个人，给一个社会俱乐部做讲座，再给某所大学的研究生做讲座，将往往是两种完全不同的演讲。

演讲者的自由所在就是讲话时有几毫秒的暂停。演讲者可以用这种或那种方式对其演讲产生影响，他可以讲个笑话使观众轻松一下，或者——在演讲者生涯中不太经常遇到的某一令人激动的时刻——他甚至可能觉察到天知道哪位观众传递给他的某种全新的观点。

在埃斯库罗斯的戏剧中我们被告知，卡桑德拉（Cassandra）预见到了迈锡尼的命运。卡桑德拉是位女预言家，她对一般人觉察不到的许多不同层面的交流非常敏感。这种敏感性使她非常痛苦，要是她能做到的话，她就很乐意放弃这一角色。她"命中注定"要在这些不同层面倾听。她无法避免地在暂停时也听到各种信息。和女预言家或神秘主义者不同——例如在提瑞西阿斯和耶利米（Jeremiah）①以及以赛亚（Isaiah）②身上也会出现这种情况——似乎我们很多人都有这些能力，但我们训练自己（这是大量当代教育教唆的过程）要压抑对这些暂停的敏感性。而且我们这样做可能是希

---

① 《圣经》中的人物，公元前 7 世纪时希伯来先知。——译者注
② 《圣经》中的人物，公元前 8 世纪时希伯来先知。——译者注

望避免痛苦。骗子和真正的预言家之间的差别完全可能是后者在他的预言中能体验到那种痛苦感。

这种暂停可能时间较长，例如，当一个人在讲座之后回答问题时。在回答某一问题时，我可能会沉默或嗯嗯呃呃支吾片刻，可能会有不同的答案在我的心灵中闪现。在那一刻我通常想不到克尔凯郭尔的宣言"自由就是可能性"，但是，这恰恰是在那些暂停时刻发生的。最令人激动的事情是，在这样的时刻一种我从未想到过的新答案可能会突然出现。人们常常说，有理智创造性的人——例如，约翰·杜威（John Dewey）——就有倾听的个性特点，但却不是好的公众演说家，因为他们暂停下来思考各种可能性时要求人们能够等待，对此大多数人是很厌烦的。

一个人的自由可能还包含着更大的暂停。当一个人正在作出诸如买一栋房子这样重大的决定时，"把它留到第二天再解决"就是一个很常见的说法。这些就是需要在刺激之间有较长间隔的情境。可能有许多不同的房子可供选择，或者一个人也可以决定根本不买房子。这时的决定就要求进行复杂的考虑、思索，建立多种选择的可能性，自己进行"假如"（as if）游戏以评价诸如景色和设计等不同的因素。我的观点就是，自由就是由这些可能性组成的。这些暂停就是一个人练习在它们之间作出选择的自由。

我们回想起耶稣和佛陀，他们都遵循自己的内在指引，进入各自的荒野从事自己的探求。如果这些记录属实的话，两人都"暂停"了 40 天。下面这些就是假定的使每个人进行强烈的精力集中的时刻、考虑各种可能性的时刻：倾听自己内在深层次的声音、来

自自然的声音、来自我们现在称之为原型体验的声音、来自耶稣所谓上帝和佛陀所谓大我（Atman）以及所谓生命存在（Being）的声音。我猜想，在这段时期，他们体验到他们的构想并围绕他们的信息进行了自我整合。

但是，学生们告诉我，他们有一些永久性暂停（pause permanently）的教授。这些教授以暂停为业。因此，这种暂停就不是为行动作准备，而是为根本就不行动找借口。有人说过，学术专业是唯一一种你能够通过质疑事情过活的职业。在学术界，人们用讲话来代替决定或者通过所谓的"明智的暂停"而使不尽义务得以合理化。究竟有多少情况真是这样的，我不知道。但是，这却是我们大家都面对的一种倾向：用暂停替代投身于行动。在我们美国的行动倾向的生活中，这种对暂停的误用是一种经常出现的神经症反应。但是，这种两难困境不是通过盲目、没有意识和没有理性的行动来克服的。自由显然要有行动的勇气。要想从根本上实现一个人的自由，此时就有必要采取行动。

一个人可能会思索数月、数年甚至终生却从未发现满意的答案。这种情况尤其会伴随着死亡这个问题而出现。当哈姆雷特（Hamlet）说他关心死后可能发生的事情时，他是在为我们许多人说话：

当我们除去这道德的烦恼，

（它）一定会给我们停顿。

但是，无论我们能否发现满意的回答，甚或无论是否根本就没

有答案，我们的个人自由都能够实现。我们甚至能够反抗命运而实施自由。确实，从长远的观点来说，正如帕斯卡尔所说，"认识到他终有一死"，对一个人来说可能是最根本的和最令人欢欣鼓舞的自由的体验。

3. 创造与象征

创造与暂停之间的关系紧密得令人吃惊。不但一个人可以在暂停时获得其原创性的观点——爱因斯坦是在刮脸时获得其观念的，庞加莱（Poincaré）是在海边散步时获得其观念的，还有些人是在晚上做梦时获得其观念的——而且暂停的能力是通过创造性生产本身编织起来的。这种暂停是一种主动的、灵巧的，常常也是紧张的状态，就像一位奥运会跳水运动员在跳板的一端暂停，就在那百分之一秒的瞬间每一块肌肉都和谐地绷紧了，而就是在那一刻他才起跳。有创造性的人处在一种开放、高度敏感、酝酿创造性观念的状态，具有创造性冲动一出现就能把握住的敏锐准备。"召唤灵感"的过程就是专注于这种"暂停"的一部分，是一种渴望、一种恳求，是被有创造性的人在产生顿悟之前或之后所付出的数小时的艰苦努力证明了的那种本真。

在写作这一章时，某个星期天，我走到附近的海边，想画个素描。此后，我就这次体验写了一点笔记：

我在一种有准备、开放的气氛下在海边走动。我问自己：最让我心动的景色在哪里？是这座后面有片水的红色悬崖，还是在大海前边的岩石堆中的那块巨石？我继续看着，直到我有了一种特殊的感受。一处独特的风景吸引了我。我看见它了，虽然我并没有对此进行有意识的思考，我以某种前人从未有过的方式看见了它。我只是在想："我喜欢这个，这使我非常兴奋。"

当我开始绘画时：

　　色彩相互流动……我的肌肉作出反应……我朝那个方向画条线，另一块巨石出现在纸上……这些色彩几乎就像是在我心中自动计划好一样出现……在这幅画中世界得以重新诞生。不但以前从未有人像我现在这样看待这种景色（每个人看待每一种景色都是不同的），而且我还在色彩的相互流动中发现了一幅新图画的诞生，对我以及对其他人都是新的——新就新在，这种结合从我所期待的东西中产生了一种不同的效果。

　　我们看到，诸如"有准备""开放"这些术语是多么重要。在这些积极的暂停中，我们看到关于命运的作品在我觉得把握和抓住的感受中表达出来，一幅"新图画"就在这些色彩不可预测的流动中诞生了。

因此，那么多创造性似乎都是偶然的，但是艺术家，无论他是科学发明者还是画家，还是作家，还是什么都不是，都是时刻投身于为这种偶然性做好准备的人。确实，这幅画与一个人所期待的东西不同。但是，因为认识到绝不可能肯定地预见到一幅画的结果将是怎样的，所以艺术家能够使自己对这种"幸运的偶然性"开放。这意味着"偶然性"并不是一个正确的词；相反，存在着数量极大的不同的可能性，从这些可能性之中作品诞生了。

我们的欣赏能力就是一种创造性，它表现的是在暂停中的活动。我们带着欣赏地倾听巴赫或莫扎特（Mozart）的乐曲，我们专注地阅读埃斯库罗斯的书，都是我们的创造性所作的贡献。倾听和看见正是其重要性之所在。因此，弗里德里克·弗兰克（Frederick Franck）把其关于禅宗绘画的书非常正确地命名为《见之禅》（*The Zen of Seeing*）。确实，无论一位音乐家是为实际的还是想象的音乐的倾听者创作一首奏鸣曲，无论一位作者是为他自己时代的人来写（就像我们大多数人那样）还是为后世的人来写（就像克尔凯郭尔那样），听众（观众）都是必要的，这也是创作行为的一部分；如果没有一个真实的或想象的听众（观众），诗歌、散文、音乐或戏剧的创作就是不可能的。

暂停的存在在马蒂斯（Matisse）油画的空间运用中表现得非常清楚——空间是暂停的一个同义词。本·沙恩（Ben Shahn）在描述创造性时提到，有一天他带着女儿一起到他的画室去，为一个朋

友用制型纸板做一本模拟书。他尝试使用某种颜色，接着把它否定掉，再思索另一种，再把它放到一边的时候，他的女儿观看了有半个小时。当他们回到家里时，这个小姑娘问她的母亲："为什么爸爸下不了决心呢？"沙恩解释说，艺术家是一个有勇气暂停的人，要在一段时间"放空"。而且，即便是在我们的科技文化中，这些怀疑可能表面看来隐含着脆弱，但这种暂停实际上是象征着内在丰富性与鉴别力的标志。

在艺术家中有一个短语"消极的空间"（negative space），意思是指通常没有被观看者注意到的空间。在罗夏墨迹图的记录中，"消极的空间"就是在黑色或彩色周围的白色区域。许多做罗夏墨迹测验的人从未对白色区域予以注意或说明——它只不过是"一些周边环境"而已。那些确实看见了白色空间的人在测验中就被判定为"执拗的"（stubborn），因为他们关注的是大多数人指出的那些事物的对立面。这是对我们文化中墨守成规倾向的一种有趣的表现，这种倾向把艺术家和音乐家看作有点奇怪的人，把暂停看作不按常规办事。

我想阐明，认为"有创造性的人是被动的"这种误解只不过是——一种误解。有创造性的人是善于接受的（receptive）。我完全同意阿齐博尔德·麦克利什（Archibald MacLeish）在引用一首中国诗时的观点，"课虚无以责有，叩寂寞而求音"[①]。麦克利什继续说道："这首诗中包含的'有'派生于'无'，而非派生于诗人。而这首诗想要寻求的这种'音'不是源自作诗的我们，而是源自寂

---

① 　这是中国西晋文学家陆机《文赋》中的两句诗。——译者注

静，源自对我们的敲击声的回答。"[6]

创造性行为一直是一种悖论，而且它可能将永远如此。实际上，每个人都试图对此予以解释，尤其是那些提出创造性是"服务于自我的一种退行"的精神分析学家，他们发现，他们撞上了使他们没有能力在被动和接受之间作出区分的巨石。有创造性的人是后者，他们当然不是前者。

我们并不知道这些创造性的观念产生于脑细胞和突触中的哪些结合。但是，我们确实知道创造性需要有自由，而暂停就是给创造性的结合提供运作机会的那种渠道。暂停的过程就是惊异的过程，而惊异是创造性的第一个同类。

一位诗人朋友写道："对我来说，诗就是词语之间的空间。当一个人能够创造词语之间的张力——一种由空间创造的张力，它把读者提升到纸面之外——时，这个人就成为了诗人。"我要补充一句，这种张力也把诗人提升到强烈或轻微的心醉神迷的体验之中——在精神上超越自我。这些卓越或惊异或只是朴素的顿悟的新体验，都可以在诗中找到其开端，但这些体验却又跳进了读者自己的隐私世界的概念之中。创造性不仅产生于我们片刻或数小时或数周的努力，还要求——而且这是基本的——在这些努力之间有片刻或数小时或数周的暂停。

暂停就是象征在其中得以形成的那种情境。在我们身上处理各种各样强度的刺激也要求有象征。我们怎样评价这些刺激，我们怎样对它们进行判断、对它们予以利用呢——用我们最简单的自由范式来说，所有这一切都必须在一个人能够将其力量投入这种反应而

不是那种反应之前做到。

象征（symbol）这个术语来自两个希腊单词，sym 的意思是"with"（和……在一起），而 bollein 的意思是"to throw"（投掷）。因此，象征就是把这些矛盾的东西投入一种意象或者把它们聚集在一起，成为一种形式。只要这种象征继续存在，这种情境的生机活力就能得以保持。

我们当然不能通过计算机来处理所有这些刺激；我们不能补充和减少刺激，也不能以任何其他数学方式试图把它们塑造成单一的决策。面临科技问题时，我们或许能够做到这一点。但是，当一个人试图把人类的决定——例如，我将和谁结婚——转交给机器，试图把自己从这种描述中抽离出来时，他就会变得越来越机械化，越来越失去人性。你瞧，在那种情境下，温情消失了，生机活力失去了，个人特点不见了，与你谈话的人感觉到你越来越不像一个人，越来越像是一台机器。这类似于和一家精神病院的脑损伤病人谈话：他们明白你所使用的所有词语，但却不能透过这些词语，把你作为讲话的那个人来理解。一个正常人在交流中都会用到象征，如果不能把握这些象征——而且他不是脑损伤患者——那这个人就不能被理解。所有至关重要的词语都会用象征的方式保留某种起源。

在人类的问题中，模式（pattern）是非常重要的，个人的喜好与否是极其关键的。你对别人的回应绝不仅仅是一种结果，也是一种有其自己力量的承诺。必须把许多因素都考虑在内，其中有一些只是部分地被意识到。在这些人际问题中没有"正确的"决定，而只有近似于如此的决定。我们不得不使那些不同的因素同时保持生

机活力，就像一个同时抛掷一打球在空中杂耍的人；只要改变某些因素，不可避免会对整体造成伤害。最理想的状况就是，这些因素开始适应某种模式、某个整体、某种整体性、某种保持核心和其价值的形式。这就是象征。

例如，围绕爱国主义概念产生的刺激显然很简单。这是祖国的召唤，是现代美国人的先辈在 1776 年用战斗来建立美国这个国家的事实，是和讲同一种语言的人的一种同志般的感受，以及作为刺激物而发挥作用的无数其他事实和记忆。你向一面旗帜表达感情，你把它称为国旗。这面旗不会遗漏上述的任何意义，它在一种契约、动态的象征中表达了多种多样的意义。

在我们使之成为自由中心的这种暂停中，各种元素被锻造和统一成为象征，这些元素有着庞杂的根源。它们来自过去和现在、个体和群体、意识和潜意识，而且它们既是理性的又是非理性的。所有这些矛盾都在作为象征的这种模式中聚集在一起了。这种象征使它们充满了生机与活力。

4. 休闲与暂停

相当令人奇怪的是，我们称之为休闲（leisure）的那种形式的暂停，既被人渴望又让人害怕。无节制的休闲可能会使人们的生活变得混乱，因此很多人可能会把这种混乱归咎于"过度的自由"。对诸如少年犯罪、逃学、酗酒、吸毒这些问题失去信心的那些人常

常把"太多的休闲"视为首恶。这些人相信，魔鬼确实对游手好闲的人发挥了作用。可以把"休闲"这个词读作"自由"或"暂停"。多萝西·李认为：

> 这就是为什么美国人的休闲不得不充满了有命名的游戏、有组织的娱乐、有标签的嗜好、有计划的活动。而且这就是为什么这种"不得不"（have to）常常是一种自相矛盾的自由。

在对人投入休闲时间中的这个尖锐的两难困境进行观察时，我们询问道：这种对休闲的明显的恐惧究竟是什么？美国传统上把自由——尤其是以休闲的形式表现出来的自由——和空间联系起来。总有某种新的、尚未探索的空间需要去探索。大地是免费的。虽然在字面意义上说，这种情况已经不像过去那样真实了，但这个概念仍然在很大程度上是美国神话的一部分。人们从来就不认为土著美国人拥有这个空间或这片土地。土地的自由往往被认定为一种基本的自由，其他自由是由此派生出来的。我们通过移动迁徙至一个新的空间来表达我们身体的自由。所以，我们保持着外倾的性格，关注着我们的肌肉。这样，当面临汽油短缺时，我们就会发出强烈的抗议，而且几近恐慌。人们将此解释为旅游、移动的自由被剥夺，将其等同于被控制。

相反，在欧洲，所有的空间很久以前就已经被探索完毕了，现在则被某些人分摊和占有。所以，欧洲人强调的重心是时间。欧洲

人培养了内倾的一面，转向了内部，他们在自由想象中可以环游全世界。自由就意味着与身体相反的心灵的自由。

但在美国，这却给我们留下了一个问题。我们再也不可能只是简单收拾行李便搬到另一座房子里，而且通常是到更远的西部去了。当我们的自由基本上意味着我们对休闲时间的处理时，自由就变成了一种空虚。里面没有存在，它是一种"空无一物"。在精神分析中，这种情况变得显而易见。霍妮（Horney）曾写道"星期天神经症"，就是那种在星期天，当没有什么计划、没有安排什么日程时，焦虑会微妙地侵蚀商人。这些商人充满了焦虑，禁欲式地忍受着时间的流逝，直到星期一早上回去工作时再次忙碌起来（become occupied①）。（"忙碌"意味着在我们自身之外的某件东西接收和占有了我们，这是一个多么生动的短语啊！）

多萝西·李提出了这个问题："这种依赖于预先计划并主要强调自我能力的自由，能引发创造性、原创性和自发性吗？我自己的意见是：它不能。不确定性和随机性，对暂停的接受，都是创造性所必需的。"[7] 我热情地表示同意。如果这个人想对其创造性冲动开放，那么，随机性、对暂停的接受、正视休闲而不是通过过度的计划来毁灭休闲就是必不可少的。这种暂停是创造性的本质，更不用说原创性和自发性了。除非一个人能够使自己周期性地放松、解除紧张，否则，他就无法使自己利用前意识或潜意识的丰富性。正是在这时，这个人才会让沉默发出自己的声音。

---

① 字面意思为"被占据"。——译者注

弗里达·弗洛姆 - 赖奇曼（Frieda Fromm-Reichmann），创作过《我从未许诺你一座玫瑰园》（*I Never Promised You a Rose Garden*）这部著作的心理分析师，过去经常给她班上的学生讲，当一个病人在这个小时的面谈中没有来时，它对分析师的价值是什么。"如果分析师是创造性类型的人，"她说，"这空出来的一小时是至关重要的。"

确实，要大多数人长期面对无结构的自由是很困难的。但是，这当中也有一种幸福的中间状态，对休闲时间的利用就处在这个范畴之内。对我们自由的建设性限制源于我们承诺的事情和我们所信奉的神话。这样，休闲就可能有意义了。我们可以利用这些时间进行随意的思考、幻想，或者只是在一个新的城市漫游。是的，时间不能被浪费了。但是，谁能够说，这些"被浪费的"时间不能给我们带来最重要的观念或无法估价的新体验、新看法呢？这种"听之任之"和"任其发生"可能是一个人所能做的最有意义的事情。

5. 精神与自我 [8]

我问一个朋友状况如何，他回答："我感冒了，昨晚我睡得不好，一切都不对劲。按理说，我应该感到糟糕透了，但实际上我却相当好。"我的朋友继续说道："那些认为精神和自我是同一的人是错误的。我的自我处于不佳状况，但我的精神却很好。"

在整个历史上，人类一直为了这个事实争论，即我们每个人都

会体验到自我的两个方面，而这两个方面却从未完全相互分离过。其中一个方面是自我之我（ego-self）。对其功能，弗洛伊德正确地做了归纳：它是最高统治者，虽然受到困扰，但却尽其所能地使其王国的不同部门保持和谐。它对现实的要求作出判断，对前意识的观念进行平衡，筛选出那些不可接受的潜意识冲动，这样，这个人在生活中就能获得整体感。这个自我之我与本能和身体健康有关。对于大量的（尽管不是全部的）关于声望受损、遭受轻视的担忧，我将其归因于这种自我之我。这个自我之我的问题有点像"我得到了我想要的东西吗"。因此，它与自我中心性（egocentricity）是有关联的。

另一个方面是精神自我（psyche-self），它寻求"从容和整体地看待生活"。精神自我关注的是自由的背景。我们会不时地讲到的这种"高度觉知"就是精神自我的一种功能。它是扫描自我多种可能性的方面。它是我们所谓的基本自由的核心所在。当克里斯托弗·伯尼（Christopher Burney）在第二次世界大战期间，在德国被单独监禁五年时，他让自己回顾在学校里所接受的教育，以便使自己不至于患上精神病。他不是使用了自我之我，而是以超越这个自我为目的，这就是精神自我。自我之我与行动的自由有关，精神自我则与生命存在的自由有关。

当克尔凯郭尔一再指出，"自由取决于自我怎样在每一时刻与自己共处"时，他讲的就是这种与自我有关的精神自我。与自我有关的这种关系是弗洛伊德从未理解的关系。我们发现，弗洛伊德的治疗记录中这样写道："精神分析的目的不是着手使病态的反

应不会发生，而是给病人的自我以这种或那种方式进行选择的自由。"[9] 这里指的是自由，但它忽略了与这种自由有最密切的关联的那种功能——自我与其自身的关联。

在人类的自我中有一种奇怪的现象，这是我在我的病人和我自己身上注意到的，我称之为"自动导航"（automatic pilot）。这个"自动导航"相当于客机上的一个装置，当在长时间飞行中领航员需要休息时，就能用它来设定好飞机的航向。例如，一位患者对于他必须面对另外一个人，或者必须打一个很难打的电话感到强烈焦虑。最后，他鼓起勇气，挺身向前去从事这些充满焦虑的行为。他会惊讶地发现，结果要比他预想的好多了。似乎有某种未曾预料到的帮助、某种他并不知道自己拥有的力量。以弗洛伊德学派的观点来看，这位患者没有觉察到的这种帮助来自他自己的前意识；而按照荣格学派的观点，它很可能会被解释为一种来自潜意识的声音。我把这种帮助称为精神自我的功能。其含义是，无论我们是否是接受心理治疗的病人，我们都能够理所当然地信任自己，相信我称之为"精神自我"的更深刻的维度。当前，我们普遍陷入一片混乱的自我不信任之中（它被新自恋、"肯定自我"的技巧和"支持你自己"的忠告所掩盖）。我们其实能够依赖更多的力量、更多的能力，比我们大多数人相信我们自己具有的还多。

这种我们不知道我们拥有的力量和能量的增长，就是命运通过精神自我发挥作用的一个例子。但是，它同时要求，我们要面对我们的绝望和焦虑，而不是压抑它们；否则，当我们需要勇气时，这种绝望和焦虑将取而代之。

这个自动导航的观念部分地来自东方神秘主义，尤其受佛教禅宗及其分支的影响。它就是那种"随遇"和"随缘"的现象。

这种对自我的双重性的觉知能够矫正我们对佛教禅宗和其他东方关注心灵的宗教在超越自我方面的一种激进的误解。在美国，某些群体热衷于放弃自己、逃避自己和解放自己。重要的是，这种激情是伴随着或紧紧追随着自恋的年代以及专注于自我感伤出现的。这个"自我中心"年代紧紧地追随着禅宗年代。这两个阶段听起来是矛盾的——而且在理论上确实如此。但是，它们的紧密相连表明，它们有想要逃避自己的共同渴求。寻找某种毒品的学生会问朋友："你有兴奋剂吗？"如果对方回答说没有，他就会再问："你有镇静剂吗？"无论一个人获得的结果是兴奋的提升还是抑制，这都没有关系，至少他摆脱了自己。

对禅和自恋的急切追求就这样常常在同一个人身上出现。一个人建设性的自我关注，与另一个人在某个周末追逐一个噱头，接着在下个周末又追逐另一个噱头的自我关注之间，并没有区别。这种跳跃和追逐往往导致的不仅是暂时的兴奋，还有最终的混乱和绝望。

我相信，这种"自我的丧失"是一种用词不当。对于佛教禅宗要自我解脱这个目标的误解实际上会导致一种更敏感的自恋。一个人的固执己见、自我要求以及自我中心性可能仍然存在，只是现在用"无我"而使之合理化了。我忍不住要说，佛教禅宗和超觉静坐（transcendental meditation，TM）以及其他形式的关注心灵的宗教的原型并不是没有任何自我的，认为其没有任何自我这种观点是荒

谬的。它们只是放掉了自我的一个阶段——也就是，我称之为"自我之我"的东西。但是，他们想要在精神自我中发现一种新的清晰度、新鲜感、即时感和永恒感。

我们在佛教禅宗和冥想中所超越的自我是自我之我。我们所体验到的狂喜是摆脱对自我之我的关注、一种倾倒自我内在"垃圾"的过程，其后跟随着精神自我的卓越存在，无论其过程有多么短暂。

6. 静修与圣空

我们大多数人如此专注于现代世界的噪声、喧嚣与不和谐的声音，以致我们没有留下建构生活的能量。我们渴望暂停一下，去关注于我们的日常存在，获得一些平静、一些内在的秩序，在这种平静和秩序中我们能够把我们的灵魂称为我们自己的，使我们能花费一些时间体验某种美，去认识和享受与朋友在一起的乐趣，让我们所具有的所有创造性冲动或看法得到倾听、受到关注。这种急迫的需要与东方影响的涌入一拍即合，尤其是通过东方宗教书籍的畅销，通过这个国家的年轻人没完没了地倾听精神领袖们的演讲、放弃世间的所有而加入静修之中表现出来。人们渴求某一宗教信仰的深刻与紧迫之情是无可怀疑的。

静修是一种方式，我们大多数人无须强烈地改变我们的禀性就可以做到，就可以把有意义的内容放进这一暂停之中。无论这

种静修可能采取什么形式或方式——各种身体或心理形式的瑜伽、佛教禅宗修行、道家修心修行、超觉静坐、基督教默观、专注冥想——它们都具有共同目的，即通过暂停为更深层面的体验提供渠道。

举个例子，当我不堪疲劳、沮丧的重负或为一些问题感到苦恼，并为了这些问题睡不着觉时，我可能会暂停下来，使我自己从自我之我中退出来。我不能通过正面思考力量解决这些问题，而是可以偶尔借助于祷文，或通过放松、暂停和"随缘"做到。我寻求进入这种精神自我之中，我在其中看到了那些在永恒的相下（sub specie aeternitatis）看到的事情，在其中我再也感受不到上述的痛苦——对它们进行感受的自我之我被暂时地超越。那种疲劳、苦恼和沮丧似乎都消失不见了。从那种沉溺于其中的痛苦中摆脱出来、从自恋中摆脱出来、从自我中心的痛苦中摆脱出来的精神自我，就能成为觉知到无限可能性的一条通路。这就是当禅宗佛教徒们忠告人们超脱和怜悯时所表达的意思。

静修是对空无、暂停、"无物"的一种卓越的专注。它是自我对生活喧嚣的一种摆脱，给人一种快乐得晕眩而又温和得心醉神迷的体验。至少在记忆中，这种晕眩是一种吸引人的状态，在一天的某些时刻回到这种状态。从这个意义上说，静修是对我们的买卖交易和技术文化的一种解除和摆脱。静修似乎是"有魔力的"和有疗效的，因为它拓展了一个人面向一个新世界、一个五彩缤纷的世界的视野和存在，有助于平静和安宁。通常来说，这个世界似乎不像那些神秘主义者所描述的那么精彩，但在性质上是相同的，在其中

充满着甜蜜、爱和随处可见的美。

这就是多种静修方法的共同特性。它们似乎有一些共同之处：（1）停止机械、噪声、压力、匆促、强迫性驱动；（2）提升到一种更高水平的意识，这被弗洛伊德和爱因斯坦称为"大海般的"东西。一个人体验到被融入宇宙之中，宇宙则被暂时地融入人的自我之中。这些目的在道家的庄子的话中得到了总结，天主教西多会的特拉普派的托马斯·莫顿进行了翻译：

> 不内变，不外从，事会之适也。[①][10]

总有这样一种危险：对这些事件的描述有太多华丽的辞藻，与我们大多数人所体验到的现实很不一致。我们不妨牢记，静修可以是在不同层次上的，从在一个拥挤的电梯上的偶然顿悟，到有意识地培养这种宁静感，再到一天几次短期的有规律静修都是。还有一些危险是，由于太多的静修而与生活活动的世界相分离，正如我在《创造的勇气》一书中所指出的，可能会对人的创造力造成损害。我们绝不要把自我之我完全弃置身后，我们仍然生活在充满理性和非理性、充满责任的真实世界中。但是，正是在这个永远真实存在的世界中，静修能够赋予我们的暂停以意义。

所有形式的静修都企图改变自我的性质，包括与空无建立新关系。许多人通过练习静修而至少熟悉了这种空无的一些初始阶段。

---

① 这句话的意思是说：不改变内心的持守，不顺从外物的影响，便是遇到事情时的安适。——译者注

我之所以讲"圣空"（holy void），是因为"神圣的"（holy）来自整体（whole）这个词根，指的是在静修中把握住宇宙整体性的神秘体验。"对世界整体感的体验，"路德维希·维特根斯坦（Ludwig Wittgenstein）写道，"是很神秘的。"[11] 圣空是以想象的空间形式表现出来的暂停。这就是神秘主义者如此经常地引领大众的一个原因，因为他们持续不断地探索着无尽的荒原。一个人在持续地眺望大海时就有这种空无的体验，一种可以正确地称之为"大海般的"体验，因为它给人一种无限的感受。在沙漠和海边，我们的目光似乎能够无限延伸，这可能使我们产生强烈的焦虑，因为此时一望无际；或者，它可能给我们一种深奥感、永恒感或无限感，所有这一切都是令人愉悦的。这就是我们处在没有刺激的大容器里，与每一种声音和每一点微弱的光都隔绝开来，就会要么产生强烈的焦虑，要么产生一种超越的、神圣的体验的原因。

在空无中我们会产生虚无（nothingness）的体验，在这种体验中一个人的精神灵感被激发出来，一个人最深刻的思想得以表现出来。在这里，维特根斯坦再次给我们提供了帮助：

> 确实有一些无法用词语表述的事情。它们使自己的意义表现出来。它们就是神秘的东西。[12]

在虚无的体验中，借用华兹华斯（Wordsworth）①的话，我们

---

① 英国剧作家与小说家。——译者注

会发现自己已经摆脱了"于我们太过纷杂的世界"的喋喋不休和嘈杂。华兹华斯在那首诗里继续说道：

> 全能的上帝啊！我宁愿沉醉于前世，做一名异教的圣徒；那样，我就可以站立在这片令人快乐的草地上，环望四周，宽慰我孤寂的心灵，看到海神从大海中升起，或者听到老特里同吹响他苍老的螺号。

华兹华斯在古希腊神话中寻找能够说明这些事情的一些方式，这绝非偶然，因为神话的语言就是使这些真理得以表现的方式之一。

在圣空中我们所体验到的虚无为我们更深刻的思想提供了使它们自己得以表现的空间，这样就能听见寂静的内部声音了。这等同于我们以前提到的那种倾听寂静之声。静修的一种方法，即奥罗宾多（Aurobindo）采用的方法，是持续不断地清除头脑中的所有内容，直到上帝——我倒宁愿说是生命存在——能够从空无中对我们讲话。这样，这种虚无就变成了某种具体的东西：一种来自——神秘主义者会说——我们灵魂深处的东西。

这种空无就是永恒的维度。"如果我们不把永恒的意思看作无限短暂的持续，而是无始无终的，那么，永恒的生活就属于那些生活在当下的人们"[13]，维特根斯坦写道。在这些无始无终的体验中，我们人类的希望——例如，当我们看见一个美得令人窒息的东西或者听见一首似乎把我们带往永恒的乐曲时——就是永

远紧紧地抓住这些体验。埃德娜·圣·文森特·米莱（Edna St. Vincent Millay）在一首十四行诗《在听到贝多芬的交响曲时》（"On Hearing a Symphony of Beethoven"）中表达了这种观点：

> 甜美的声音，哦，美妙的音乐，不要停止吧！
> 不要拒绝我再次进入这个世界。[14]

她在《上帝的世界》（"God's world"）中再次说道：

> 哦，世界啊，我要把你紧紧地拥抱！
> ……上帝啊，我真害怕
> 今年你不会把这个世界变得太美好；
> 我的灵魂已离我而去——不要
> 让燃烧的树叶落下；求求你，不要让鸟儿啼叫。

空无似乎可能与纯粹的存在有联系，但是我宁愿得出一个更保守的判断，即一个人窥见了生命的存在，觉知到有通往纯粹生命存在的召唤之路，即便我们还没有在这条路上走得很远。把注意力集中在生活的话语、间歇和暂停之间的空间上——这些便产生了心醉神迷的灵感。但是，在用词语进行系统阐述的时刻，这种"空无一物"就变成了某种具体的东西。显然，我们只需认真地倾听可能在诸如此类的时刻形成的任何口信，无须对其来源过分担心。或许可以把它解释为来自一个人更深刻的自我，或者来自脑海中的各种自

动暗示，或者来自与宇宙存在的联系。可以把最后一项体验为对上帝的一瞥——假定把上帝想象为生命在大地上或宇宙中的意义。在这一点上，我感受到——正如我谈到这里时经常感受到的——维特根斯坦的那个警告："对于我们所不能讲述的东西，我们只好沉默地略过。"[15]

注释

[1] John Lilly, 个人的谈话。

[2] Dorothy Lee, *Freedom and Culture*（Englewood Cliffs, N. J.: Prentice-Hall, 1959）; p. 55.

[3] 老子:《道德经》, 由 John Wu 翻译（Jamaica, N. Y.: St. John's University Press, 1961）。

[4] Lee, 同前, 56 页。

[5] 同上书。

[6] Archibald MacLeish, *Poetry and Experience*（Boston: Houghton Mifflin, 1961）, pp. 8-9. 我在《创造的勇气》（New York: Norton, 1975）中引用过这句话, p. 79。我希望读者参考那本书, 其中对创造性和暂停作过更长和更彻底的讨论。

[7] Lee, 同前, 58 页。

[8] 对于任何关于个人自由的理论来说, 自我的本质都是至关重要的。事实上, 谈论自由的作者们, 即便不是心理学家, 也几乎总是会用一个自我的教条得出结论, 这个事实就是最有说服力的证据。Mortimer Adler 在他主编的《自由的观点》（*The Idea of Freedom*）中用一个关于自我的讨论作为这本书的结束。Christian Bay 在《自由的结构》（*The Structure of Freedom*）中同样花费了大量时间来讨论自我。Fritjof Bergmann 和另外两个人一样, 他也不是心理

学家；在《论成为自由的》（*On Being Free*）中，他也和别人一样觉知到，如果不建立在"自我"基础上，就无法对自由给予恰当了解。

[9] Sigmund Freud, *The Ego and the Id*, Standard Ed., trans. Joan Riviere（New York：Norton, 1962 ）, p. 40.

[10] 引自 *Psychology Today*（March 1977 ）, p.88。

[11] Ludwig Wittgenstein, *Tractatus Logical-Philosophicus*, trans. D. F. Pearsand B. F. McGuinness（London：Routledge & Kegan Paul, 1961 ）, p. xxi.

[12] 同上书，73 页。

[13] 同上书，72 页。

[14] 引自 Louis Untermeyer, *A Treasure of Great Poems*（New York：Simon and Schuster, 1955 ）, p. 1166。

[15] Wittgenstein, 同前，74 页。

第十章

自由的晕眩

> 我告诉你，人身上必须有一种混沌，才能孕育出一颗飞舞的星球。
>
> ——弗里德里克·尼采，《查拉图斯特拉如是说》（Thus Spake Zarathustra）

> 永恒的焦虑就是自由人的命运。
>
> ——詹姆斯·特卢斯罗·亚当（James Truslow Adams）

> 焦虑是自由的晕眩。
>
> ——索伦·克尔凯郭尔

鉴于个人自由是一种沿着我们从未走过的道路进行的冒险，我们绝不会事先知道这种冒险最终的结果将是如何。我们只能朝向未来。我们将在哪里着陆呢？拥有自由时，人会体验到一种晕眩、眼花缭乱、晕头转向和畏惧之感。这种晕眩席卷了人的身体，而不仅是人的心灵，一个人也能在五脏六腑和四肢百骸上感受到它。我们还记得，晕眩既可能是令人愉快的，例如一个人在游乐场的过山车

上飞驰时；也可能是令人痛苦的，就像它开始让人感到恐慌时那样。所有这些感受——头晕目眩、眼花缭乱、晕头转向、畏惧——都是与自由如影相随的焦虑[1]的表现。

有时，一位治疗中的病人会苦笑着说："当我对你发疯时，我认为我的情况比我是名神经症患者时好多了——那种情况下我只能在单调乏味中走下去。"我之所以说"苦笑"，是因为如果他真的相信这一点，一开始他就不会来治疗了，因为治疗的目的就是使人从刻板的单调乏味中、从狭隘和强迫性倾向中走出来，这些都是自由的障碍。它给人提供一种释放感。但自由带来的却是焦虑。

每当我们自由时，焦虑便潜在地存在着。自由与焦虑互相靠拢。"在自由成为事实而得到实现之前，焦虑是作为一种潜能存在的自由的现实"，克尔凯郭尔说道。既然自由是可能性，那么由谁来预测这每一种可能性可能的最终结果是什么？

陀思妥耶夫斯基笔下的那位宗教法庭大法官对此作了清楚的说明："对于一个人或人类社会来说，没有什么比自由更让人难以承受了。人类所承受的最大的焦虑，莫过于迅速找到一个人，把这个命运多舛的生灵与生俱来的自由交给他。"自由是一个负担，因为焦虑一直伴随着它：那位宗教法庭的大法官想要通过使人失去其积极方面——主要是自由——而使人免受焦虑的麻痹。在要求他们放弃自由时，他消除了发明新形式、新风格、新观念——简言之，新的可能性——的动力。现在，正如他坚持认为的，人是"一群邪恶、懦弱的家伙""天生的奴隶""卑贱的生物"。他的说法当然是符合逻辑的：如果你把自由拿走，那人类就成为那位宗教法庭大法

官所描述的那些卑贱、懦弱、邪恶的奴隶。

和晕眩一样，焦虑既可能是有建设性的，也可能是有破坏性的，把这一点牢记在心是很有帮助的。建设性的方面就是激励人们产生能量和趣味。焦虑是我们的一位教师，我们内心怀有焦虑，因而其绝不可能避免。焦虑可以阐明我们想要逃避的那些体验。阿尔弗雷德·阿德勒说，文明是焦虑的结果，穴居人在焦虑中被迫思考，以便对付剑齿虎、野牛和其他动物（它们的牙齿和爪子远比人类强大，可能会把人类消灭掉）。

伴随着过度自由的焦虑也可能是有破坏性的，它能使我们麻痹、孤独、陷入恐慌。当它受到压抑时，可能会导致心脏病或其他身心疾病。焦虑的这两个方面是与汉斯·塞利（Hans Selye）所谓的建设性和破坏性压力相对应的。如果要活得具有冒险精神，人必须要忍受建设性压力；而破坏性压力就是我们在现代流水生产线上看到的、能够把人撕成碎片的那种过度的紧张。这就是为什么个人的自由是所有人类状况中最迷人的和最令人珍视的原因。但是，由于它与焦虑是不可分离的，它同时也是最危险和最令人畏惧的。

1. 焦虑与暂停

在前一章我们发现，焦虑这个幽灵一遍又一遍地强行进入画面。暂停就是一个人最容易产生焦虑的时刻。它是我们对可能作出

的决定进行平衡的紧张时刻，是我们怀着惊异和敬畏或者对失败的畏惧或害怕而观望的时刻。暂停就是我们开放自己的时刻，而这种开放最容易使我们产生焦虑。

当说到"倾听寂静"的时候，我们说过，许多人之所以逃避寂静，是因为寂静所带来的焦虑。他们不断地寻求来自电视或收音机的某些噪声，甚至随身带着便携式音响上街或者到以前曾经"安静"的公园里去。约翰·利里在其实验中发现，人们在没有刺激物的大水箱里漂浮，那里的寂静，连同其完全的自由，给许多人带来了他们无法忍受的焦虑。谁知道会有什么魔鬼从这种完全的寂静中出现？我们熟悉的界限在哪里？参加约翰·凯奇著名的"寂静音乐会"的听众们都被要求要忍受他们自己的焦虑。没有一种音乐能为他们消除焦虑。完全寂静时，人们在他们所面对的"寂静的绝望"前退缩，害怕他们将失去为他们自己定向的所有方式。

在技术化的社会中，我们有越来越多的休闲时间——例如，提前退休。表面看来，我们很欢迎这种即将来临的空闲。但是，在内心里，我们却发现了一种非常奇特的令人烦恼的恐惧——害怕失去什么东西。我们怎样应对所有这些空闲的自由时间，这种没有计划、没有日程安排的空白的空间呢？难道它们不是就摆在我们面前吗？哦，这简直就是悖论的悖论啊！就像一种巨大的威胁——空虚的威胁，而不是我们所寻求的伟大的恩惠。我们尚未发挥出来的能力将要消失吗？我们将要失去我们的才能吗？我们将要像利普·凡·温科尔（Rip Van Winkle）那样在半个世纪的睡眠中被抹杀

吗？如果没有人敲门，我们将失去我们的意识吗？私下里，我们许多人都把自由解释为成为什么都不是。那么，我们将在目前我们不受阻碍的可能性中，仅仅成为"空无一物"吗？

这是焦虑的一个真实而直接的根源，尽管它通常被隐藏而且没有得到承认。无形的自由、没有命运限制的无结构的自由，会使人毫无生气。在这些时刻，"暂停"便取而代之。人们不知道要做什么，他们迫切需要有人或有事情把他们组织起来。因此，被组织起来的游戏和被计划好的休闲，便成为字面上自相矛盾的东西。被投入他们自己的资源时，人们可能会发现自己的资源枯竭了，因为他们早已习惯于无视他们的暂停。

我们不妨再考虑一下上一章那个接收到来自观众的提示和引导的演讲者的例子。假设在他几毫秒的暂停期间，没有出现这种提示。在针对这种可能性的焦虑中，一些演讲者选择逐字逐句地写出他们的演讲稿，这样他们就能求助于白纸黑字，而不管其中是否有来自观众的提示。但是，在读稿子时，演讲者已经放弃了自由，放弃了发现新的观点，放放弃了探讨新领域的冒险，放弃了让人强烈激动的不确定的机会。这样，一个人便选择了安全高于自由，就像那位宗教法庭的大法官所希望的那样。但是，这种选择需要在丧失自我意识、紧张和自由中付出沉重代价。

有时，伴随着自由的焦虑会与兴奋相互交织和混淆。有一次，我在机场等候（这是一种暂停的形式）一个不太熟悉的人，他打算作为我的客人在我的乡村农场待上三天，我感受到总是在期待见到一个新朋友时产生的那种兴奋。但是，这种兴奋与焦虑交织在一

起，我在想象中问自己：两个人关在一座小房子里那么长时间要做什么呢？这种亲密关系将变成厌倦或惊恐吗？于是，我就草草地记下了下面的话：

> 焦虑建设性的方面体现在，兴奋使生活不会枯燥，使我们保持自发性、应激性和活力。但什么时候它会导致破坏性焦虑，让我们失去自发性、变得麻痹和不自由呢？兴奋的产生是令人高兴的，它为我们提供了追求的精神，使我们得到成长。这显然有存在的价值。只要我感到能够应对，我就能保持兴奋，我可以保持某种自主感。当我做不到这一点时，它就变成毁灭性的了。所以，只要我们体验到"我能"和"我要"，我们就保持着开放，我们就体验到我们的自由，我们就保留着体验新的可能性的力量。

在实施自由的过程中，这种焦虑总是出现吗？答案取决于一个人怎样看待生活。如果我们遵循马丁·海德格尔和保罗·蒂利希的观点（他们认为，生活就是在存在与非存在之间的一种持续不断的辩证的紧张，我们每个人都在每一次呼吸中致力于保持我们自己的存在，以对抗非存在的威胁），我们就一定会回答"是"。在任何情况下，我都宁愿把这个问题保留在意识水平上。这就意味着，虽然总是有与自由相伴的晕眩，但我们作为人类可能不去觉察它，因为我们用不同的方式把它阻止在外，我们暂时地把晕眩压抑下去或者予以完全否认。

2. 焦虑与发现

回想我在第五章描述过的那种巨浪般把我吞食的焦虑，当时我正在行使自由，以获得一种顿悟，那就是：决定论产生了自由，反之亦然。焦虑成为我"敌对的朋友"，是一个象征性的魔鬼。每当一个人进入新的可能性领域，或产生新的想法、作出新的乐曲、创造新的艺术风格时，焦虑便以各种不同的强度表现出来。它是在诸如"啊，有了一种新的看法——以前从未有人画过像这样的一幅画"这种下意识的想法出现之后出现的。然后产生了这种感受："我真的想要进行这样的冒险吗？"我提醒自己要注意去那个无人涉足的地方冒险时所遇到的所有危险。在这些情境中，人们发现自己命令自己冷静下来，不要过于激动；而从最深层次来说，他们所希望的正是使之产生灵感的激动。

自由和焦虑是一枚硬币的两面——绝不可能只有一面而没有另一面。焦虑是伴随着一种新的看法或观点的诞生而出现的，是兴奋与热情的一部分，它以其独特的形式出现在我们面前。这种焦虑——或"恐慌"（dread），如果我们愿意使用洛里（Lowrie）对angst一词所作的翻译的话——是我们为了获得任何有意义的观念而必须行使的自由想象力的一种功能。这种恐慌和新的可能性一起产生，因此冒险是必要的。

我们可能会像分裂原子的科学家一样，闯进一个新的领域，在那里，我们赖以确定方向的停泊之地甚至已经不再存在。伴随这种

突破而来的有疏离感和迷惑——甚至是那种强烈的人类孤独的体验。我听说，当洛斯阿拉莫斯附近的科学家们站在玻璃屏障后面观看第一颗原子弹爆炸时，他们许多人的脸都变白了。有一个人大声喊叫起来："天啊，我们都干了些什么呀！"

关于这种焦虑有一种理性的解释。我们必须牢记在心，焦虑不是来自这种可能性，即新的观点或发现一定是错误的和无用的，因此必须被抛弃；而是来自另一种可能性，即，实际上它可能是真实的。例如，原子的分裂或贝多芬关于音乐协奏的新观点就是如此。这样，发现新观点的人的同行将受到震动，将被要求改变他们的观点，大学的教授甚至将重新书写他们的讲义。这会引起人们的不安，随着原子的分裂而产生的这种不安确实是很强烈的。如果是提出新的理论（即地球围绕太阳旋转）的哥白尼（Copernicus），或者是对人类经济生活有激进的新观点的卡尔·马克思（Karl Marx），则伴随着基础动摇的骚动将是非常具有颠覆性的。

以上例子都是关于伟人的，但我们也可以列举一些我们都体验过的、程度较低的事情。当一个人想行使自由，到一个未知领域去时，他或她都会体验到这种焦虑。我们只有通过不冒险——就是说，通过放弃我们的自由——才能逃避焦虑。我相信，许多人从未觉察到他们的最具有创造性的观念，因为他们的这些灵感和观念在甚至还没有达到意识水平之前就被焦虑阻挡住了。

墨守成规的压力充斥着每一个社会。正如汉娜·阿伦特指出的，任何一个群体或社会系统的功能都是保持内部平衡，使人们处在通常的位置上。对群体而言，自由的危险恰好就在于此：不墨守

成规的人将颠覆这种内部平衡，将利用他的自由来毁灭这些实践证明可取的方式。苏格拉底（Socrates）被判决喝毒堇（hemlock）[①]而死，因为那些雅典的好公民们相信，他向雅典的年轻人教唆错误的邪恶观点（daimones）。圣女贞德（Joan of Arc）[②]听见了神的召唤，被烧死在火刑柱上。在这些极端的例子里，他们的观点后来成为我们文明之基石。这些人的洞见太有扰乱性，他们带来了太多伴随着自由的焦虑，使人们忍受着由这些新观点的震动所引发的威胁，因此这些人就被他们自己同时代的人处死了。但是，他们却受到了后代人的崇拜，此时他们的观点被具体化为新时代的教义，这些死去的人物却再也没有机会从寂静的坟墓里站起来重新扰乱新时代的安宁了。

在普罗米修斯身上，我们可以发现创造者的原型，他创造了火——或者如神话所说，他从诸神那里偷来了火种——并把它带给人类，成为人类文明的开端。没有人会羡慕他所受到的惩罚：被用铁链锁在山的一侧，每天一只鹰都会把他的肝脏吃掉。到晚上，肝脏再次长出来。第二天，同样可怖的过程会再次开始。可以把这种痛苦描述为那种严重的焦虑，伴随着普罗米修斯的极大的反抗行动，这是他个人自由的一部分。

对自由的晕眩的否定可在"纯粹自发性"（pure spontaneity）这

---

① 一种欧洲很常见的有毒香草。相传古希腊哲学家苏格拉底被处决时就是喝了这种植物的汁液而死。——译者注

② 法语 Jeanne d'Arc，也译作"冉·达克"，1412—1431 年，法国女民族英雄，绰号"奥尔良的少女"（the Maid of Orleans），曾唤起法国民族精神以感召法国人抵抗英国人侵者，后被烧死。——译者注

个短语中表现出来。因为如果不屈从于自由的这些可怕的内涵，就没有人能够发现这种自发性。甚至约翰·利里，在那个没有刺激物的大水箱里体验到"纯粹自发性"时，也描述了其中的很多危险，以及他自己在非存在（死亡）的边缘徘徊时所体验到的极大的焦虑。一个人可能会羡慕那些声称自己存在于纯粹自发性之中的人，他们似乎处在一个永久的"高度"。是的，我们可能会羡慕他们，但是我们并不因此而爱他们。我们爱他们是因为他们的脆弱性——这意味着他们接受和拥有自由的晕眩，也就是与他们的自由潜行相伴的命运。

关于伊卡洛斯（Icarus）①的传奇呈现了一个年轻人如何拒绝接受自由的晕眩或焦虑。那一天，伊卡洛斯一定有过一种伟大的冒险感——成为第一个能够飞那么高，并体验到那种摆脱大地的约束、一点也不受限制的令人心醉神迷和纯粹自由的人。在这天下午，他是一个完全的主体，甚至也不受遥远的天际的限制。他能够随意地支配自己的宇宙，能够在想象中实现他的怪念头和欲望。确实，这就是"纯粹自发性"——不再只是世界的一部分，不再服从于地球的法则或其命运的法则或者社会的要求。这个年轻人的胸中一定是多么兴奋啊！一个伟大的梦想实现了，终于有了一种完全自由的体验、纯粹的自发性。一个人只需要自我肯定，拒绝考虑妥协。他就像几十年前的人文主义者，认为没有需要他们费心考虑的邪恶。既然人类已经在过去做了那么多伟大的事情，为什么我们不能克服未

---

① 古希腊神话中的巧匠代达罗斯（Daedalus）之子。逃离时因飞近太阳，装在身上的翼的黏合剂——蜡融化，导致翼解体，坠海而死。——译者注

来的任何困难呢？伊卡洛斯一直保持着孩子似的自发性，也像孩子般掉进海里淹死。

3. 焦虑的预言家

真正的预言家有洞见未来、超越其他人通常所见的局限性的自由。他们会体验到与这种自由相伴而生的焦虑。所以，提瑞西阿斯对俄狄浦斯（Oedipus）喊叫道：

> 这是一件多么可怕的事啊……
> 知道那里没有好事产生！
> ……我的预言，以任何形式，
> 我不说了，以免我产生悲痛。[2]

以及：

> 我不会把悔恨带给我自己
> 以及带给你。为什么你要追问这些事情呢？

我们还记得，那位古代迈锡尼的女预言家卡桑德拉，她痛恨作为灵媒的角色、痛恨预言。把真正的预言家或圣人与狂热者或骗子区分开来的一种方式就在于此：真正的预言家对其角色感到焦虑，骗子

则不会。和旧约中的预言家们一样，真正的预言家并不想成为预言家，他们尽可能地拒绝这种角色。由于这种伟大的自由包含着晕眩和惊恐，所以只要他们能够，他们就会逃避。约拿（Jonah）甚至逃离了尼尼微（Nineveh），最后不得不被一头鲸带回来发布他的预言。

在我们的社会中，对自由的焦虑进行否认的通常方式是酒精和毒品。当易卜生戏剧中的培尔·金特躲藏在灌木丛后面听到过路的人谈论和嘲笑他时，他安慰自己说：

> 要是我有少许烈性的东西，
>
> 或者能够走出去不受人注意。要是他们不认识我。
>
> 一杯酒就是最好的。那样，嘲笑的人就不起作用了。

确实，当一个人求助于少许苏格兰威士忌时，嘲笑就不那么起作用了。这是在我们的文化中逃避焦虑的主要方式。哈里·斯塔克·沙利文说过，在像我们这样的科技文明中，酒是在办公室里强迫性地上了一天班之后的人们用于放松的一种必需品。这很可能是沙利文挖苦的说法，但无论在那种说法中究竟有多少真实性，显而易见，醉酒可能会使心灵得到宽慰，使敏感性迟钝，以避免焦虑。但是，以喝酒来逃避焦虑会产生恶性循环：第二天，当焦虑增加时，酒量也一定会增加，依此类推，直到嗜酒者互诫协会（Alcoholics Anonymous）有了一个新会员。过度地使用酒精会侵蚀我们想象、反思和发现新的可能性的自由，这种可能性原本有助于我们应对焦虑。

在过去的一年里，美国开出了 5 000 万张安眠镇静药（Valium）

的处方——在这个国家每 5 个人就有一份。此外还有利眠宁、镇静剂、眠尔通（Miltown）①，以及一长串类似的药品，其主要目的是缓解焦虑的感受以及随后的抑郁。这些药品显然有其建设性的用途，尤其是对于那些焦虑已达到一定程度，无法与他人（包括治疗师）进行有效交流的人。从这个有限的意义上说，这种使人镇静的药物可能会暂时地增进自由。它们可以让患者有足够长时间地缓解焦虑，从而能够看到生活中某些真实的潜在价值。

但是，就像支撑的拐杖那样，酒精和药物有可能成为阻碍自由和可能性的一种方式，让人成为没有感情的机器人，失去向潜在价值开放所必需的敏感性。这样，个人的自由便消失了。一个人便放弃了敏锐的想象力；放弃了来自兴奋与悲哀、狂喜与悲伤的，用布莱克（Blake）的话来说"欢乐与悲苦"[3] 交织的灵感。这样，人类便近似没有感觉的计算机，重复着其预编程序的反应。

4. 教条主义是对自由的恐惧

鉴于我在这一节将要对心理学中的某些所谓科学的形式进行攻击，我想首先清楚地表明，我绝不是一个反科学的人。请读者允许我引用耶鲁大学著名的心理学研究教授欧文·蔡尔德（Irvin Child）出版的一本书中的话：

---

① 又名甲丙氨酯，一种中枢神经系统药物 / 抗精神失常药 / 抗焦虑药。——译者注

……例如，请考虑一下由心理学家们撰写的、最近一直在美国公众中畅销的两部著作：罗洛·梅的《爱与意志》和B. F. 斯金纳的《超越自由与尊严》。我认为，学习过心理学的人都会把斯金纳的著作非常确定地置于心理学的科学传统著作之列，但不会这样看待梅的著作。

　　不过，在我看来，斯金纳的著作只是在个人意义上与科学传统有关，因为它是由一位心理学家撰写的，他是动物行为实验分析领域公认的领导者。斯金纳的著作对人类所作的说明——而且它们是这本书的主题——在我看来似乎是在哲学和宗教的传统之中，而不是在科学传统之中。在我看来，它是作者个人价值观和信念的一种表达，用"教皇般的"自信加以说明，主要依据的是从对老鼠和鸽子到对人的任意推断，和心理学关于人的大部分研究几乎没有任何联系。而关于人的研究可能会得出与斯金纳所描绘的完全不同的景象。

　　另外，梅的著作源自他多年对病人进行治疗的临床经验，以及许多其他心理学家和精神病学家的经验。它利用了假设法与观察法的交互作用，表现了作者智慧的谦卑，并展望了未来对知识的修正。所有这一切在我看来似乎与科学的精神非常一致，也符合目前在对人类心理学进行科学探索中最有用的方法的合理观点。[4]

　　在过去 20 年里，心理学中倾向于否认其自身局限性的典型就是 B. F. 斯金纳。我把斯金纳当作朋友，但这并不能妨碍我强烈反

对他的观点，几十年来我们已经在广播里和在大学听众面前有过交锋。斯金纳对动物心理学和教育理论作出了许多建设性的贡献，对此我们都给予高度评价。但是，他拒绝承认心理学的局限性，按我的观点，这就是拒绝命运。他把他的理论扩展到除了心理学之外的哲学、社会学、犯罪学和心理健康。他的研究是心理学意义上傲慢自大的一个令人惊异的例子（我们把"傲慢自大"定义为拒绝承认命运）。确实，在斯金纳的观点中，似乎心理学根本就没有局限性。

他的那本《超越自由与尊严》的畅销证明，还有相当数量的人们需要被告知自由是一种幻觉，他们再也无须为此着急。斯金纳过度地利用了那些广泛传播的无力感和无助感——这些是我们时代的潜在焦虑现象。他再三向人们保证，个人的责任已经过时，他们无须再使他们的良心——如果他们还有残留的良心的话——为此而烦恼。我们需要再次仔细地看一看那本书所形成的现象，以发现一些迄今为止尚未得到检验的关于个人自由的问题。

斯金纳论证说，我们必须发展一种行为技术，作为人类自由和命运的基础。他写道，这种新的技术

> 除非它取代传统的、已经获得了牢固的地位的前科学观点，否则它将无论如何也不会解决我们的问题。自由和尊严可以例证这种难度。它们是传统理论中的自由人的所有物，他们必须从事实践活动，在这种活动中一个人要为他的行为负责，相信他能获得成就。然而，科学的分析是把这种责任和成就归因于环境。[5]

我们最后仍然坚持论证，环境不会——在相当程度上——影响个人的发展。确实，我的论点是，环境有某种程度的影响，甚至比斯金纳所论证的更加多样化；通过精神分析我们知道，环境甚至在潜意识水平上和在梦中都是很重要的。任何一种排除环境的观点——例如人类潜能运动的一些极端形式，其中的论点是，只有内在潜能才是重要的——同样是错误的。但是，斯金纳体系中还有其他关于责任和自由的观点让我们为之忧虑。

斯金纳一再攻击这种传统的信念，即"一个人能够为他所做的事情负责"[6]。"一种科学的分析要把功劳和责任归因于环境。"[7] "对自由与尊严的美化"——无论它们意味着什么都不可能令人"接受这个事实，即所有的控制都是由环境来实施的，由更好的环境而不是更好的人进行设计"[8]。

现在，如果我们全都同意斯金纳的观点，理想地说，所有的公民都应该努力——我要用斯金纳禁止说的那句话来说，这是他们的责任——对环境的缺陷进行纠正，比方说，在学龄儿童（对此，斯金纳给我们以极大的帮助）、穷人、残疾人等群体方面。确实，我相信——显然和斯金纳的观点相反——会有这样的时候，我们应该通过彻底地反抗我们社会中的残忍不公的法律而"着手设计更好的环境"。

但是，请你告诉我，除了像你和我这样的人之外，环境还会由什么构成呢？而环境又怎么能够"负责任"呢？确实，当一个社会形成时，一种群体力量便发展出来，使人们循规蹈矩。正如我们说过的，使人们保持一致是群体的功能之一。但是，如果我们放弃个

人的责任，我们还有什么样的影响、什么样的力量来反对这种群体的力量呢？在阅读斯金纳的书时，一个人会获得这种感受：环境是上天创造的某种神圣之物，是被某位神或半神半人者强加到我们这些凡人身上的。波格（Pogo）所呈现的智慧消失无踪，他说："我们遇到的最大敌人就是我们自己。"

斯金纳对神话中那些"具有超自然力量的""自由人"大肆嘲笑。[9]

> 对行为的科学分析要把自由人驱逐出去，把他能施加的控制转向环境。……从此之后，他要受周围世界与大多数其他人的控制，而且在很大程度上由其他人控制。[10]

再说一遍，这是一种什么样的心理工程学，能"把……控制转向环境"，认为我们周围的世界在实施控制，以及"很大程度上由其他人控制"呢？在我看来，这似乎是缺乏逻辑的。我们有权利期待"行为工程师"的出现，而斯金纳自己企图充当。它听起来就像以下摘自歌德的诗句：

> ……每个没有能力统治
>
> 他的内在自我的人，都太想动摇
>
> 他的邻居的意志，他傲慢的心灵倾向于此……

斯金纳的声明也表现出他的体系中价值观的自相矛盾：环境打

算朝向谁的价值观改变呢？谁是将要实施控制的"其他人"呢？或许就是斯金纳自己吗？

问题在于，任何一种极端选择——责备一切都是由环境造成的，或者把一切都归因于自己内部，就像人类潜能运动经常做的那样——都是错误的。两者都否认自由。但是，人类还有第三种可能性：他们可以选择何时以及是否受制于人，或由他们自己采取行动。当我坐飞机飞行时，我让自己受制于人。我打一会儿瞌睡。我向窗外看并做白日梦。飞行员完全控制着飞行的成功或失败。但是，当我走下飞机，在一所学院或大学做演讲时，我却作出相反的选择。我试图说服听众。我想把我的观点讲清楚。可以设想，此时我就是控制者。重要的是，当我在受控制和控制者之间转换角色时，我处在更深层次的自由之中——生命的自由。就我们所知，在控制和受控制之间的这种选择对鸽子和老鼠来说是不存在的，而鸽子和老鼠却构成了斯金纳研究的基础。

如果斯金纳的这些观点只是轻微地使人对心理学以及成为人的状态感到混乱，那就无关紧要了。密歇根大学的心理学教授约瑟夫·阿德尔森（Joseph Adelson）写道："关于当今心理学的最悲哀的事情之一就是，有那么多更好的心灵要应对由这门学科本身所产生的那些偏差、错误和虚假。"问题是，这时候有那么多的人处在恐慌的边缘，渴望有某种客观的理性能够把他们的责任推卸到外界的某个地方。像斯金纳的这种如此简单化的信条对他们有很大的吸引力，因为它承诺有一条出路，可以增强他们渴望逃避一个充满挫折的世界的想法。鉴于斯金纳反对的是罪恶，因此他的信条就特别

有诱惑力：他反对的是那些应该受到反对的东西，例如令人厌恶的控制和破坏性的惩罚。这样，人们"倾倒"到其环境中的就是那种根本的责任；如果他们想要有效地影响其环境，这种责任就是非常需要的。

那些隐隐发现有些问题呈现在他面前的中学生该怎么办呢？这些问题是他在这个政治与经济世界中可能无法解决的——他正在和药物、酗酒以及青春期问题进行斗争。这时他听说，他并没有责任，环境将取而代之，所有功过都归因于一种非人的工程科学。他打算怎样看待他自己和他的生活呢？我们无须谴责斯金纳造成了诸如吸毒、暴力等青少年犯罪问题，也不能期待任何一个人来解答这些历史上的急迫问题，这是显而易见的。但是，如果持续不断地告诉年轻人，他们没有力量，所有的影响都是由环境造成的，那么年轻人就不打算为他们的行为或生活负责。这样，他们便放弃了生活，成为"毫无担当的"（uncommitted），去看诸如《发条橙》（A Clockwork Orange）这类电影，喃喃自语着可溯源到莎士比亚的一种释义：哦，勇敢的新世界啊，里面竟有这样的机器人吗？

当我阅读斯金纳的书时，我有一种一闪而过的、不会弄错的似曾相识之感。这时，它使我震惊：这就是那位宗教法庭的大法官啊！这两个人说的话是多么相似啊。那位宗教法庭的大法官说，"现在，第一次，可以想象人类的幸福了"，以及"规划人类的普遍幸福"。斯金纳同样也为人类提出了他的理论体系。当斯金纳谈论他的"文化技术"时，他也谈到，人类更大的幸福就是其工程学要达成的目标。这种相似性是令人吃惊的。

那位宗教法庭的大法官说:"把(这些石头)变成面包,人类将追随你,像一群野兽,感激而顺从,并且永远是战战兢兢的,唯恐你把手撤回,不再把你的面包给他们。"斯金纳是用糖果和其他形式的强化做这件事的,但同样呈现了直接的奖励。那位宗教法庭的大法官说:"没有犯罪,因此没有罪恶。"斯金纳,正如我们已经看到的,论证说:责任被转交给了环境;无须把人监禁起来,而是要进行治疗,进行职业训练。这两个人都强调顺从是一种基本的美德。那位宗教法庭的大法官说"人类寻找的与其说是上帝,不如说是奇迹",并提出了"奇迹、神秘和权威"三位一体的观点。斯金纳同样呈现了心理学的奇迹和权威以及科学的概念,认为这些是理性的和清楚的。他似乎没有觉察到,科学概念是我们这个时代所有概念中最能创造奇迹的和最神秘的。

但是,斯金纳和那位宗教法庭大法官的最大相似之处在于,他们都把自由看作核心的敌人。唯一的差别在于,斯金纳比那位宗教法庭的大法官更进了一步:他认为自由根本就不存在;那位宗教法庭的大法官则承认自由是现实存在的,但认为它对整个人类是危险的。那位宗教法庭的大法官似乎没有觉察到他对自由的恐惧。因此,他知道耶稣会对自由进行布道说教,所以把耶稣囚禁在监狱中。斯金纳不仅没有给自由留下空间,还教条主义地以其"教皇般的"坚持认为,个体的责任——以及他的自由——都是不存在的。斯金纳的这种教条主义是恐惧自由的一种表达方式,对此那位宗教法庭的大法官已经觉察到了,斯金纳却没有。斯金纳的教条主义就是竭力地逃避自由,而且使那种逃避合理化和正当化。

在一次关于行为主义和人类伦理学的会议上，一位代表斯金纳行为主义的演讲者在开始演讲时说，他从未研读过任何哲学，也不打算在那个领域发表他的观点。然后，他宣称，自由是一种幻觉。无论我们的行为看似多么自由地选择和操作，他都能很容易证明，我们所有的行为都是以前条件反射的结果。他进而指出，行为主义学派已经控制了这个国家 80% 的心理学系，不久其将控制所有的心理学系。并且他好言相劝：我们其他人最好都到行为主义这辆宣传车上来，因为我们所教授的东西马上就不适用了。否则我们就会被埋葬和遗忘。

有人立即向他指出，"自由是一种幻觉"这种说法是一种哲学的说法，不是心理学的说法。在我们看来，这似乎是很吓人的。如果他打算谈哲学，他应该仍然会夸耀说，自己从不曾研读任何哲学。我们谁都不会否认以其恰当的方式表现出来的决定论。

但是，真正让人困惑的是：为什么唯独行为主义，在许多形式的心理学理论中几乎是唯一的，如此教条，如此肯定，认为它拥有全部的真理呢？尤其是在当前时期，自从那次研讨会后的五年，行为主义已经不是受到最大关注的心理学形式了。认知心理学取代了它。我们这些非行为主义者们在听到上述藐视的话语时普遍感到了刺痛。这种奇怪的教条主义，正如蔡尔德在前面提到的，是具有斯金纳特点的，这显然可以解释为什么他会把社会学、哲学、宗教和心理健康等许多其他学科都归入他的心理学之下。

以前的一些斯金纳学派的人在回首过去四五十年时，甚至指出并承认了这种教条主义。一位行为主义者——罗杰·乌尔里奇

（Roger Ulrich）这样描写那段时期："只要我们采取行动，就没有什么事情是我们不能做的……科学和作为科学家的牧师们能做任何事情和一切事情。"他继续说道："我们的领导者（斯金纳）让我们知道了，我们甚至能走得更远并且控制整个世界。"[11]

所有这一切显然抛弃了个体的自由。斯金纳及其追随者如此坚决地论证说，自由是一种幻觉，这绝非偶然，因为他们已经在他们主张的教条主义中放弃了他们自己的自由。

在一个其成员如此夸耀自己是科学的学科中，什么才能解释这些傲慢自大呢？从精神分析的观点来看，可以把教条主义解释为下述事实的一种症状：这个人实际上在他的潜意识中怀疑他表面上如此强烈信奉的这种真理。一个人变得越教条——就像保罗在前往大马士革的路上所做的一样——他就越怀疑他自己的"真理"，离崩溃的时刻就越近。虽然斯金纳坚持认为两耳之间所发生的事情无关紧要，但取代了行为主义的那种心理学却正是认知心理学——关于头脑中发生了什么的心理学。

但是，我们希望在一种不同于精神分析的水平上为行为主义的教条主义提供一种解释。我们认为，这种教条的行为主义本身就是对命运的逃避，以及对自由中的焦虑的晕眩的一种逃离。行为主义支配了半个世纪（从20世纪20年代到70年代），这不可能是偶然的，这半个世纪面临着大量的社会问题，例如，核裂变、集中营、第一次世界大战的余波、第二次世界大战使人承受的极度痛苦，包括"焦虑的年代"那一段时期通货膨胀和失业同时出现、能源危机，等等，无休无止。这个发狂的年代需要一种简单的信条，承诺

逃避责任、逃避混乱，尤其是逃避诸如自由这类困难的问题。确定性发挥过作用，尽管它是一种虚假的确定性。在这种行为主义中，没有感受不确定性的自由。

这本身就能够解释，为什么有这么大量的人不但屈从于行为主义的观点，而且同时表现出明显的症状——也就是，狂热的教条主义。我相信，这种对命运的逃离包括公开地拒绝让自己看到生活的任何真实方面——例如责任、科学的局限性等——这就要求我们要理解自己的命运。

任何一种教条主义都会引发恶性循环。人的安全性因教条主义而增强，反过来安全性又会强化教条主义。

确实，焦虑能够通过这种教条主义得到避免，但显然也会付出一定的代价。人把他自己和他的观点周围的围栏加固，他可以通过切断自己的可能性及机动灵活性而阻止焦虑。焦虑被逃避了，但这个人却成了他自己围栏中的囚徒。这就是自由的丧失。而且，具有自由特点的创造性也会受到阻碍。如果我们脱下教条主义者的防护外衣，我们就会发现一个囚禁在他自己建造的围墙内的浑身颤抖的人。

无论是科学家还是宗教人士，教条的人都有这种隐秘担忧：他们一定要使其信念具体化，否则它们将会蒸发掉。他们担心，任何的暂停，就像我们在上一章使用的这个术语一样，会导致他们突然失去他们的"真理"，然后他们会陷入恐慌之中。他们担心他们的真理将会消失，除非他们把自己放在一个坚实的围栏里。

叶芝（Yeats）说，"有些真理我们体会到了，但我们却并不知

道"，这句话包含着很多的体验，我们的教条主义者却对此全然不顾。他们知道所有的事情，能对一切事情作出回答，没有任何问题能令他们思索。这种人让人厌烦，就是因为在他们所说的话和所代表的事物中没有自由。极端一点说，在临床上这种人变成了强迫症患者。

所有这一切都与自由有很大的关联。自由是对教条的摆脱。自由是增加我们的理解、反省自己以发现更多可能性的能力。自由就意味着，我们能够看到许多不同形式的真理：有些来自西方，有些则来自东方；有些来自科学技术，有些则来自直觉。理论的根本存在以及我们对它们的依赖都必须留有自由的空间，这时我们就达到了成熟理智的程度，正如阿尔弗雷德·诺斯·怀特海（Alfred North Whitehead）接受采访时所说的，我们能够把两种对立的思想保留在心中，而不会对其中的任何一个造成破坏。这样，人类生活中不可避免的不确定性才能被作为我们无可逃避的命运而得到接受。

在柏拉图的洞穴寓言中，投射在墙上的那些阴影就是某种程度的脱离现实。但是，如果我们知道他们是阴影，我们就从教条主义的束缚中被解救出来了。而且，知道我们住在洞穴中，能使我们在新的自由的想象中变得没有束缚。对命运的这种面对使我们能够畅游在可能性不断变化的汪洋中。我们能够发现新的形式、新的关联方式、新的生活风格。

注释

[1] 所有这些情绪——惊异、敬畏、畏惧、恐惧——其中都有焦虑。

[2] Sophocles, *Oedipus Tyrannus*, in *Dramas*, trans. Sir George Young (New York: Dutton).

[3] 这是从 William Blake 的一首诗中摘录的：

> 欢乐与悲苦
>
> 欢乐与悲苦
>
> 要是我们对此肯定知晓
>
> 我们就能安全度过人生。

[4] Irvin Child, *Humanistic Psychology and the Research Tradition: Their Several Virtues* (New York: Wiley, 1973), p. 176.

[5] B. F. Skinner, *Beyond Freedom and Destiny* (New York: Knopf, 1971), p.22. 但是，"环境"怎么可能"负责"呢？这种逻辑是错误的。

[6] Skinner, 同上书，17 页。

[7] 同上书，19 页。

[8] 同上书，77 页。

[9] 同上书，86 页。

[10] 同上书，196 页。

[11] Roger Urich, "Some thoughts on Human Nature and Its Control," *Journal of Humanistic Psychology* 19 (1979): 39.

第十一章

疾病与健康中的自由和命运

我的锁链和伴我成长的朋友，

如此长时间地和我交流

使我们成为现在的样子——甚至我

靠一声叹息重新获得我的自由。

——乔治·高尔顿（George Gordon），摘自拜伦（Lord Byron），
《西庸的囚徒》（"The Prisoner of Chillon"）

但是，只要我们没有认识到疾病与战争和爱的那种奇特的相似性，看不清它的妥协、它的假象、它的强求，以及它是由某种气质与疾病混合而产生的奇怪而独特的混合物，我们就对疾病一无所知。

——玛格丽特·尤瑟纳尔（Marguerite Yourcenar），《哈德良回忆录》（Memoirs of Hadrian）

大多数人都认定，他们的疾病几乎完全是由命运控制的。一种微感不适充其量被作为"运气不好"来接受，一场疾病则被视为"不可改变的厄运"。我们的语言本身就表达了这种态度。我们

"陷入"疾病（fall ill），仿佛这个过程就像地心引力一样是命中注定的。我们"得了"感冒（catch a germ），仿佛这是一件意外的事。我们是癌症的"受害者"（victim）。我们"获得"疾病（get sick）［而不是"生病"（sicken）］，我们去医生那里以"获得治疗"（get cared）。所有这些单词和短语都是被动语态。我们设想我们受到某种命中注定的控制，对此我们无能为力。好的病人被认为是容易控制的与合作的，把自己完全交到医生的手上。我们的意识自我似乎在外面，站在那里就像被拍卖的奴隶一样，而他们的命运是由比他们更强大的力量控制的。

对疾病的这种态度使我们想起了那位宗教法庭大法官所说的话，"人类所承受的最大的焦虑，莫过于迅速找到一个人，把这个命运多舛的生灵与生俱来的自由交给他"。遗憾的是，一些受到误导的医生们有一种幻觉，以为这样做可以使他们的工作更容易些，他们进一步强化了这种态度。甚至在心理治疗中，这种情况也时有发生。以下是一位医生与一个因患抑郁症而来求诊的病人进行的真实的对话交流：

病人：关于我的问题，我应该怎么办呢？
医生：不要探究你的问题的根源。把这个留给我们医生。我们将对你进行指导和引航，使你度过这次危机。……无论这个病的病理过程是什么……我们都将把你治好。

我相信这种态度对健康不利，而不是有利于健康。我的一种信

念就像伊莱·金斯伯格（Eli Ginzberg）教授表达出来的："除非这位公民为他自己的健康负起责任，否则健康关怀系统中的任何改善都将是无效的。"[1] 勒内·杜博斯（René Dubos）同意这一点："康复依赖于病人把自己对疾病进行抵抗的机制调动起来。"[2] 杜博斯一再强调"自然治愈力"（*vis medicatrix naturae*）[3]，即自然的治愈力量[4]。也就是说，命运绝不是剥夺我们的全部自由，而是通过自然用一种建设性的力量来表现自己的，只有当我们全力投入到自由中时，我们才能具有这种力量。

1. 西方医学与大革命

在无数证明这一点的实证研究中，我将引用一篇来自《美国医学会杂志》（*Journal of the American Medical Association*）的文章，标题为《好病人死得更快》（"Nice Patients Die Faster"）。这是一项关于两组妇女怎样对抗晚期乳腺癌的研究成果。最后的结论是："脾气不好的、好斗的妇女比那些信赖别人的、满足的妇女活得更长。"[5] 和那些死得更快的人相比，活得最长的一组妇女对她们的疾病有更多的焦虑、抑郁、敌意和疏离。"脾气不好的"妇女似乎保持着一种好斗的姿态，而不是成为毫无希望的牺牲品。做这项研究的心理学家德罗格迪斯（Derogatis）医生写道："她们正准备与疾病抗争。""活得较长的妇女拥有把她们的冲突、她们对疾病的恐惧和愤怒发泄到外部的机制。她们更需要医生，对治疗更不满

意，被评价为对疾病适应不良。相反，另一些妇女——她们死得较早——感到不太焦虑，对她们的医生有更积极的态度，在自我评价量表上把自己评价为比较满意的。我认为，她们使自己摆脱了与疾病作斗争的责任。"[6]

乳腺癌确实是对命运的一种打击。不过，那些坚持她们的自由并且对疾病负责——从而与其斗争——的妇女有更多的生存机会。我希望不要把我对责任的强调与已经确立的责任相混淆。"你是你自己经验的唯一来源，所以要为你所体验到的一切负责"，这是艾哈德研讨训练课程（est training）所传达的信息。难道一个未出生的婴儿因为母亲营养不良导致脑缺陷，应该归咎于这个婴儿吗？如果认为我们要为发生在我们身上的一切负责任，这只能表明我们的荒谬，表明我们还不理解命运。只有当我们承认和投入我们的命运时，我们的自由——以及我们的责任感——才会存在。

诺尔曼·卡曾斯（Norman Cousins）在他的《疾病的解剖》（*Anatomy of an Illness*）一书中出色地描述了他自己遇到的一个至关重要的健康问题。卡曾斯在俄国时被宣布患有一种不治之症，这是一种事关胶原蛋白组织的罕见疾病。怀着一种相当强烈的生存意志，他向自己提出了这个问题："如果消极情绪在身体中会产生消极的化学变化，那么，积极情绪会产生积极的化学变化吗？爱情、希望、信仰、大笑、自信和生存的意志可能具有治疗价值吗？"[7]他向我们讲述了当专家们向他宣布这件命中注定的事情时，他是怎样做的。他把他自己对这个问题的关注以及他的健康意志唤起来。他搬出了不适于居住的医院，向他自己的医生咨询，并开始进行新

的强化训练。他参加了一个项目，该项目的活动由摄取大量的维生素 C 和同样大量的有益健康的大笑组成。他的故事提供了文献资料的证据，证明一个人怎样坚持其有限的自由，以及负起责任，以对抗命运的残忍和不公。一个朋友问他，难道他不会绝望地失去信心吗。卡曾斯回答说，他失去过，"尤其是一开始，我期待医生把我的身体修复，仿佛它是一个汽车引擎，需要机械维修，像清洗化油器，或者重新连接燃料泵那样"。

当他再次成为一个健康人时，卡曾斯会见了一位曾宣布他的病是不治之症的专家，并告诉这位专家，他的治愈开始于这个时候——"我确定，某些专家并不真的完全知道，这是向一个人宣布一件命中注定的事情。而且我说，我希望他们要小心翼翼地对待他们要对别人说的话；他们可能就会被相信，而且那可能就是结束的开始"[8]。

当一个人讨论个体需要为他自己的健康负责时，倾听者倾向于把这种讨论解释为对现代医学的一种攻击。我的一则演讲——《个人自由与关怀》（"Personal Freedom and Caring"），在美国职业治疗学会的大会召开之前在一份报纸上被刊登出来，标题是"关怀的医生们剥夺了病人的自由和责任"（"Caring Physicians Rob Patients of Their Freedom，Responsibility"）。我想，这是与我的演讲的意思完全相反的。我并没有对医学进行这样的攻击。我们也都不可避免地对现代医学在医疗技术和新药物的开发方面取得的惊人进步感到惊讶。在我的那些倡导整体医学的朋友中，我的任务是告诫他们不要把医学界视为敌人。卡曾斯说："在一般精神因素和实践因素同样

至关重要的时代潮流中，谈论谁是谁的敌人是不太合适的。"[9]

再者，因为想要保持个体的"自由"，而完全拒绝服用处方药，这是没有好处的（有病的时候拒绝去看医生也是没有好处的）。我们不可能从当代世界中撤出来，就像隐士一样，自己进行修身养性。再者，这种反抗带有太多的勒德分子（Luddites）①的味道——这些18世纪的工人们，认识到工业革命给他们的生活带来的威胁，便用撬棍和斧头武装起来，捣毁机器。这种反抗除了给反叛者自己一种自以为正直的感受之外，并没有什么好处。在患有某种疾病时，我相信，一个人对自己的责任就是寻求能够得到的最好的医疗诊断。

但是，现代医学的巨大进步使我们更加有必要强调这一点，因为这种进步增强了人们为医学专业所强行赋予的神秘化和权威性，而医学专业人士也很乐意这样被人们看待。当我在一个大都市居住时，我发现，当我需要医疗服务时，我就会打电话给我的医生，以便了解我应该找哪位专家。在治疗专业中，传统上占据核心地位的"按手疗法"，现在却已经变成了提供技术帮助。

从16世纪的帕拉塞尔苏斯（Paracelsus）②开始，人们就假定医生扮演着牧师的角色，人们倾向于把医生视为对生与死有生杀之权的神。但是，只要医生在人们的意识水平上变成神，那么在潜意识水平上其也将被视为魔鬼。在过去20年中，接连出现的医疗事故诉讼表明，当这种对"魔鬼"的信念开始浮到表面时，人们便感受

---

① 18—19 世纪英国手工业工人中参加捣毁机器运动的人。——译者注
② 1493—1541 年，文艺复兴时期的瑞士医生，医学化学的创始人。——译者注

到了幻想破灭和愤怒。

当我告诉我现在的医生，我想找一位针灸师来处理心跳过速问题时，他说得很好："西方医学正处在一场大革命的边缘"。他的意思并不是在技术上有什么新发现。相反，他的意思是，这是医学的哲学和伦理学基础上的一种革命性的变化，是医生发挥作用的文化背景的改变。这场革命最为显著地体现在东方的洞见对西方医学治疗的介入中。

2. 西方医学中的针灸与东方的影响

我们不妨挑选出那场革命的一个方面——针灸，代表人物是哈罗德·贝伦（Harold Bailen），他是西方的一位心脏病学医生，后来成为一名针灸师。他之所以转向针灸，是因为他越来越相信，西方的医学模型从最好的角度说是不完善的，从最坏的角度说简直就是错误的。疾病本身并不是敌人，而是一种错误的生活方式。西方的医学是疾病导向的，要封锁住导致病人来看医生的症状；而有几千年传统的东方医学则会询问，这种症状想要告诉我们的是什么。

症状是右脑的语言——通过痛苦、疼痛或其他不舒服表现出来——说的是某个地方出毛病了。贝伦医生经常对病人们讲："你的身体如此聪明，它能够用那种语言和你讲话，难道这还不令人惊奇吗？"与语言、逻辑和理性主要源于此的左脑相反，右脑是在幻想、梦、直觉以及症状中进行交流的那一侧。症状是一盏红色警告

灯。右脑的语言不必受到来自纯粹理性的左脑的观点的攻击。针灸却增强了右脑和左脑之间的交流。它把这种信息综合起来，有点像是达到了另一种意识状态。

针灸的目的是，通过使用针来刺激身体的能量循环，身体的能量将得到加强从而使自己治愈。这些被称为经络的循环与身体的神经通路并不相同。近来最为人们所接受的理论是，针灸激活了内啡肽——身体中的一种类似于吗啡的荷尔蒙物质。勒内·杜博斯不是一位针灸师，却对此作了很好的描述：

> 针灸能够刺激脑垂体释放内啡肽。通过某种方式，内啡肽进入脊髓的细胞，从而能够对痛苦知觉产生某种类似于麻醉剂的影响。因此，作出下述假设并非过分牵强附会：和在有其他激素的情况下一样，心理态度能够影响内啡肽的分泌，从而影响病人对疾病的知觉。

杜博斯继续说道，内啡肽不但对疼痛机制本身发挥作用，而且会抑制对疼痛的情绪反应，以及忍受痛苦的反应。针灸的止疼效果已经在许多牙医的工作中得到证明。

针灸要求，接受治疗的人不仅仅是一个"病人"，他的身体和他的意识——意思是指他的整个自我——也是这种治疗的整体的一部分。它不仅仅是针对病人做治疗，而是要求病人在所有方面都觉察到他的自由和责任。贝伦医生说，如果病人明白而清晰地获得这种信息，他就面临着一个"选择点"。采取的形式可能是向他自己

询问："哦，我的天啊。我想要解除这种疾病吗？"有时候，病人（通常是关节炎患者）会变得好起来，获得顿悟，然后停止治疗，并得出结论——"忍受疼痛要比作出改变更容易些"。他们变得如此固执、如此受习惯约束，无法放弃病痛中产生的那么多收获，例如受到关怀，以致他们选择不要改变他们的生活方式。这是一种有意识的、负责任的选择。这个人不再扮演原来的"受害者"的角色。

根据我的判断，这非常像是心理治疗的目的。心理治疗的目的不是在传统意义上"治愈"患者，而是帮助他们觉知到他们所做的事情，使他们摆脱受害者的角色。其目的是帮助受困扰的人了解到，只要现实可行，他可以自由地选择他自己的生活方式；即使不可避免，他也可以自由地接受他的生活情境。

为了阐明这种"选择点"，我将以我自己的一种体验为例。我到贝伦医生那里去接受治疗的问题——或症状——是心跳过速，这是我在 4 岁时就患上的。虽然在青少年时期它并没有给我带来严重妨碍，但在最近几年它却变得相当严重，引起眩晕甚至更加危险的症状。我曾服用心得安（Inderal）[①]—— 一种控制心跳的药物。当我开始服药时，我每天服用 6 片心得安（每片 10 毫克）。这确实控制住了我的心跳，但代价是阻断了我的脑活动。我觉得自己就像一具僵尸。

以下是我在针灸期间做的笔记：

---

① 心脏血管系统用药，用于抗心律不齐。——译者注

在针灸的那个星期一之后，我觉得非常好。星期二早上，我的心境仍非常棒。在经历几个月的治疗之后，我已经减少到每天服用1片心得安。这时，我决定完全停止服用心得安。但是，到了中午，可能是由于心跳过速完全治愈，当我兴致很高时，我开始产生一种深刻而弥漫性的奇怪的孤独感。我在办公室里来回地踱步，想要弄明白这究竟是怎么回事。并没有什么特殊的理由，我为什么会孤独呢？但是，我继续体验到，我仿佛是在一片外国的土地上，在那里我不会讲那种语言；在那个世界中，我迷了路，而且无法与任何人交流。我还有一种失去了自我的感受——我只有一半的身份。

午后，我突然发现，这种孤独来自我的幻想，即心跳过速能够被完全治愈，我不会再患上心跳过速了。是啊！在过去我所体验的身份认同的一个重要方面就要消失了。我已经变得习惯于这种意象了，这是我自己的神话，我就是那个有这种特殊症状——心跳过速——的人。这种症状似乎是我的朋友，当我处在过多的压力之下，需要从积极的世界中适当撤出时，它就忠实地站在我的身旁。就像西庸的那位囚徒一样，我和我的锁链成了朋友。

那天晚上，我梦见自己要死了。我的朋友们聚集在一起，我逐一地向他们说再见。我在梦中哭了，感受到我在向这个世界说再见。

第二天晚上，我梦见我正在接受一台脑手术，我的一

部分头发被剃掉了，以便外科医生能够直接接触到我的颅骨的那个就要被切除的部位。主治医生是一位又高又瘦的男人（贝伦医生又高又瘦）。我从手术室跑了出去。

当我第二天（星期三）早上醒来时，我的心跳过速又全面复发了，我的心脏每分钟跳动 150 次。这种心跳过速继续困扰了我整个早上。

那天下午，我很高兴地到贝伦医生的办公室去，因为我知道，这些梦和行为是一种非常清晰的强烈呼唤，是它呼唤我明白我还不准备放弃这种症状。这种孤独，以及第一个梦，都在说，放弃我的心跳过速的症状就等于死亡，也等于放弃了我从作为一个 4 岁的孩子时就已经认识到和保存下来的那种认同。第二个梦甚至对于要和心跳过速分手发出了一种更明确的呼喊："还没有呢！"它在喊叫着。贝伦医生笑着同意了我的解释。在发生完全强烈的改变之前，我还要再接受一个月左右的治疗。

对疾病的执着，或者面对疾病时难以坚持一个人的自由和责任，在历史上和文献中都已为人们所熟知。让-雅克·卢梭提到过人类的这种倾向："紧紧抓住他们的锁链，认为他们获得了自由。"甚至在《独立宣言》中，我们的前辈们也认识到了这个真理："所有的经验都表明，和通过废除他们已经习惯了的那些形式而使他们恢复正常相比，只要罪恶可以忍受，人类就更倾向于受苦。"

托马斯·曼（Thomas Mann）在他的一则小说中指出我们是怎

样从我们自己和他人的疾病中找到一种生活方式的。在《托比亚斯·敏德尼科尔》（"Tobias Mindernickel"）中，他描述了一条过分独立的狗——一只不合群而且对其主人也很不友好的动物。在一次事故中，这条狗的两条前腿断了。然后，主人就把它放在床上（在他身边），在它生病期间细心护理它。最后，当这条狗康复，能够像往常一样到处跑时，主人不再有需要照顾的动物，也不再有这只动物对他的友好和依赖。他变得不自在。由于无法忍受自己目前的孤独，主人便拿起一把锤子，把狗的腿再次打断。

这个故事的寓意可以应用于我们世界上大量的人际关系之中，婚姻、友谊和各种类型的依赖关系基本上都是通过一方成员需要受到关爱而另一方成员需要提供关爱而汇集在一起的。从健康的方面说，这是当我们拥抱我们所无法改变的冷漠而孤独的命运时，我们在相互安慰中体验到的那种同志关系。从不健康的方面讲，这就是那些人建构到这个世界上的自我限制，他们遭受过疾病痛苦的折磨，当自由的可能性再次展现时，他们却不愿意放弃其依赖性。

3. 疾病与健康之间的平衡

我们需要理解在一种文化中疾病与健康的功能。疾病本身，正如哈罗德·贝伦所说，并不是最终的敌人。它实际上可能是一种伪装的祝福，它以此强制个体对其生活进行估量，并且改变其工作和活动风格，就像我的肺结核对我所发挥的作用一样。我希望在这里

引用两段我在《焦虑的意义》中写过的话：

> 生病是摆脱某种冲突情境的方式。生病是缩小一个人所面对的世界的一种方法，这样一来，由于减少了责任和关注，这个人就有了更好的成功应对环境的机会。相反，健康则是有机体实现其能力的表现。

> 我相信，人们利用疾病的方式与老一辈人利用魔鬼（devil）的方式相同——魔鬼是投射他们所痛恨的体验的一个对象，为的是避免自己应承担的责任。但是，除了在罪疚感中获得短暂的自由感之外，这些欺骗并没有什么帮助。健康和疾病是整个生命中连续的过程，使我们适合于我们的世界，并使世界适合于我们自己。

疼痛也不是最终的敌人。诺尔曼·卡曾斯写道："美国人很可能是这个地球上最关注疼痛的民族。多年来，我们一直被灌输这种认识——在印刷品中、收音机里、电视上、日常的谈话中——任何一丝痛苦的暗示都会被驱逐，仿佛它是终极的邪恶。"他进而指出，麻风病是一种令人恐慌的疾病，因为受到感染的人已经失去了疼痛感，没有任何信号告诉他怎样以及在什么时候关注那些受到感染的部位。为了抵抗疼痛，这个国家消费着数量惊人的镇静剂。

柏拉图看到了疼痛与快乐的交互作用，以及二者彼此的依赖：

> 人们称之为快乐的这种事情看起来是多么令人奇怪啊！

它竟然和被认为是其对立面的东西——疼痛——有关系，这是多么不可思议啊！这两者绝不会同时出现在一个人身上。但是，如果你寻找某一个并且找到了它，你就几乎总是会找到另一个，就像是它们从同一个脑袋里出来似的。……只要其中一个被发现，另一个必定紧随其后。所以，拿我的例子来说，我的腿由于戴着脚镣而感到疼痛，在解除脚镣之后快乐似乎便接踵而至。

疼痛是生活的感光剂。在摆脱疼痛时，我们失去了我们的生机活力，失去了我们真正的感受，甚至爱的能力。我并不是说疼痛本身是一件好事。我是说疼痛和解除疼痛是看似自相矛盾地结合在一起的。它们就是赫拉克利特的弓和弦。若没有疼痛，我们就会变成行尸走肉。一些评论家认为，我们已经达到那种状态。

有一种共同的幻觉认为，医学技术正在消灭一个接一个的疾病——诸如肺结核与小儿麻痹症这类最初被认为是致命的灾难——我们只需要等待，希望我们活得足够长，直到医学能消灭所有的疾病。但是，这种幻觉产生于人类社会中对疾病与健康功能的一种严重的误解。"医生们必须抵制那种认为技术终有一天将把疾病消除的观点"[10]，罗伯特·雷尼尔森（Robert Rynearson）在《临床精神病学杂志》（*Journal of Clinical Psychiatry*）上说道："只要人类感受到威胁和无助，他们就将寻求疾病所提供的避难所。著名科学家与人道主义者雅各布·布鲁诺夫斯基（Jacob Bronowski）在这一点上告诫我们：'我们必须消除对绝对知识和权力的渴望。我们必须使按部就班的有

序行为与人类真实行为之间的距离更加接近。我们必须接触人。'"

不仅医生需要抵制这种幻觉，甚至非医生人士也要抵制——对他们来说，医学技术最终将拯救他们的这种观点是逃避他们自己对其健康所负责任的最强有力的合理化。人类生活在健康与疾病的微妙平衡之中——这是他们的命运——而这种平衡正是重要之所在。毫无疑问，作为人类，我们正在变得更加健康。但是，当我断定疾病的可能性同时也在成比例地增长时，我的观点会被误解吗？当然，和50年前一样，我们现在也向医生寻求大量咨询。似乎正在出现疾病种类的替换，从感染性疾病——它从外部对人进行攻击——转向诸如心脏病、高血压、中风这类内部疾病，它们和焦虑与应激有密切关联。后者是我们时代最大的杀手。

在我们每个人身上，疾病和健康保持着复杂的平衡，当它出现差错时，尽我们所能地负起责任，可以让我们有恢复平衡的可能性。有那么多最伟大的人物在他们的一生中一直与疾病作斗争，这绝非偶然。注意，有许多重要的创造性人物都得过肺结核。几年前，一位医生写过一本书，书名是《肺结核与天才》(*Tuberculosis and Genius*)，他在书中论证说，一定是肺结核的芽孢杆菌使某些血清分泌到血液中，从而产生了天才。在我看来，这种解释显得荒唐。更合理的说法是，天才的生活方式——紧张的工作、抑制不住的热情、脑中生动的想象——对平衡造成了过大的压力，因而，疾病就作为一种必要的方式使个体暂时退回到自己之中，稍作休息。

健康与疾病之间的斗争是创造性根源的一部分。英国医生乔治·皮克林（George Pickering）收集了一些数据，将其整理进一本名

为《创造性疾病》（*Creative Malady*）的书中，副标题是"查尔斯·达尔文、弗洛伦斯·南丁格尔（Florence Nightingale）、玛丽·贝克·埃迪（Mary Baker Eddy）、西格蒙德·弗洛伊德、马塞尔·普鲁斯特（Marcel Proust）和伊丽莎白·巴雷特·勃朗宁（Elizabeth Barrett Browning）的生活与心灵中的疾病"。他指出，上述每个人都遭受过几种疾病的折磨并对此予以建设性的对待。皮克林把他自己的髋关节炎称为"一个伙伴"。当关节疼痛时，他就把它们放到床上；在床上，他无法参加委员会会议、看望病人或者接待来访者。"这些是创造性活动的理想条件：不会受到干扰，免除了日常生活的杂务。"

O. 卡尔·西蒙顿（O. Carl Simonton）医生是癌症治疗的先驱者，他让病人自己通过冥想来负起责任。他教导患有癌症的人要觉知到，一场战斗正在进行，每天要进行两次十分钟的冥想，想象白血球在杀死癌细胞。当我们观看这些人对冥想时产生的幻想所作的描绘时，我们看到了一些关于战争、老鼠和老虎的画面，或是像士兵一样的白血球。一场好得不能再好的搏斗正在进行，个人的意识就是这场斗争的主角。"忍耐"（being "patient"）和把对疾病的责任交给医生，这些古老的方式已经不再适用。

哈德良（Hadrian）在面对其疾病时，描述了健康的艺术：

> 我好多了，但是，为了善用我的身体，为了把我的愿望转嫁于它，或者谨慎地服从它的意志，我投入我以前用来调节和扩展我的世界、塑造我的存在、美化我的生活的所有艺术。[11]

[1] 引自 Norman Cousins, *Anatomy of an Illness* (New York: Norton, 1979), p. 22。

[2] 同上书，16 页。

[3] 同上书，15 页。

[4] 当我因患肺结核而卧床多年时，在有治疗这种疾病的药物之前，我有了一个相似的和非常重要的发现：只要我把自己交给医生，无论在休息还是在锻炼的每一个方面都努力听从他们的建议，那么我就没有任何改善。但是，当我认识到，这些芽孢杆菌就在我身上，而不是在医生身上，以及医生们对这种疾病所知甚少时（对此他们是承认的），我便发现，我必须为我的痊愈负起责任。这意味着要体验更多的个人焦虑和更多的罪疚感，因为我不得不承认，我自己以前的生活方式是导致我得这种病的首要核心原因。但是，承认这一点对我们的健康肯定是有益的。然后，我便为我自己制定了一个计划。我学会了倾听我的身体的声音。当我需要休息时，我就去休息；当我觉得有力量时，我就去锻炼。我学会了利用，而且正确地利用疾病的话语表述的积极声音：我们"进行治疗"，而不是"被治愈"。这样，我便开始好起来。我与命运正面交战，这增加了我的自由，让我再次变得健康起来。

[5] Leonard R. Derogatis, "Psychological Coping Mechanisms and Survival Time in Metastatic Breast Cancer", *JAMA* 242 (1979).

[6] 同上文。

[7] Cousins，同前，34~35 页。

[8] 同上书，160 页。

[9] 同上书，123 页。

[10] R. R. Rynearson, "Touching People", *J. Clin. Psych.* 39 (1978): 492.

[11] Marguerite Yourcenar, *Memoirs of Hadrian* (New York: Farrar, Straus & Young, 1954), p. 252.

第四部分

————

自由的果实

第十二章

生命的康复

时间宣告了一种更高贵的人性——精神的自由，不再容忍人类因失去他们最后的锁链而流泪后悔。

——弗里德里希·威廉·约瑟夫·冯·谢林（Friedrich Wilhelm Joseph Von Schelling）

自由是一种积极的力量……是从一眼深不可测的泉中流出来的。自由是从无中创造有的力量，是从它自己中进行创造的精神力量。

——尼古拉·别尔嘉耶夫（Nikolai Berdyayev）

在挪威的一次独立日庆祝会上，亨利克·易卜生背诵了一首他特意为这个节日所写的诗。在这首诗中，易卜生说自由这个词是怎样广泛而无意义地"通过敬礼和节日的旗帜"散播开来的，以及广大群众是怎样"受到一个美妙的词语鼓舞／眼睛失去了光泽，思想变得衰弱无力"。"那么，自由是什么呢？"显然不仅仅是"每隔三年把人送到国会去——／呆滞地坐在那里，思想的翅膀被折断了／就像偏见的海洋中一些没有生命的囚犯"。

相反，自由是"生命的最美好的宝藏"。

只有勇敢地向前追求的人才是自由的，
其最深切的渴望就是行动，其目标是精神的英雄行为。……

还有比话语和声音更多的东西吗？
如果我们为自由的美好曙光而欢呼，
却又不理解其最美妙的果实
那我们只能在精神的光芒中成熟吗？

1. 自由与人类精神

正如易卜生所说，自由"只能在精神的光芒中成熟"。但同样真实的是，人类的精神只有通过自由才有可能形成。如果没有自由，就没有精神；如果没有精神，就没有自由；而如果没有自由，就没有自我。

"人是精神"，易卜生的同时代人、斯堪的纳维亚的索伦·克尔凯郭尔宣称。"但是，什么是精神呢？精神就是自我。但是，什么又是自我呢……自我是把自己和自己的自我联系起来的一种关系。……人是无限与有限、短暂与永恒、自由与必要性的一种综合。"[1]

在我们的时代，精神（spirit）这个词已经不太受人尊敬了，因

为它与幽灵、鬼怪、小精灵和其他形式的"唯灵论"扯上了关系。"我有精神"的说法，在基要主义（fundamentalism）[①]教堂里是灵语和其他实践活动的前奏。重要的是，所有这一切仪式都是要努力直接跳入精神的存在之中，而把我们平凡的存在抛弃，并获得"自由"。保罗·蒂利希说过，想要轻易地跨越从物质到精神存在的界限，是魔法而不是精神的标志。无论一个人可能怎样看待这些幽灵，我谈论的都不是精神的这种用途。

当我使用"精神"这个词时，是指其在词源学意义上的非物质的、赋予人类生命活力的原则。它的词根是 spirare，也有"呼吸"（breath）的意思，同时它也是渴望（aspire）、志向（aspiration）、鼓舞（inspire）和灵感（inspiration）的词根。所以，精神就是生命的呼吸。正如《创世记》的神话所说，上帝把精神给予了亚当，从那时起亚当便分享这种能力并把这种赋予生命的原则传给了他的子孙后代，其传递方式对我们来说仍然是一个谜。

精神就是把生命力、能量、活力、勇气和热情给予人类的东西。我们说斯巴达人"用伟大的精神"在温泉关（Thermopylae）[②]作战。当一个人"精神高昂"时，就是指他拥有斯宾诺莎在把自由的人描述为积极的而非消极的人时所指的那种意义上的生机与活力。或者说一个人"失去了所有的精神"，意思是这个人陷入深深

[①] 近现代基督教新教中的一种神学思潮，它坚持基督教的基本要道。——译者注

[②] 指温泉关战役。在这场战役中，斯巴达国王列奥尼达下令让数千名伯罗奔尼撒半岛的士兵撤出战场，自己率领 300 名斯巴达勇士镇守温泉关，与波斯军继续作战，直到最后全体阵亡。——译者注

的沮丧之中，处于完全放弃生命的地步。我们从法国人那里借用"团队精神"（esprit de corps）这个短语，它指的是一种信心，来自与团队中其他人共同参与的精神。精神在分享时得到增长。当一个人的自由受到阻碍时，精神则是在衰退。精神在每个人的内在自由中有其心理根源。卢梭在写作下面这段话时看到了自由与精神之间的这种同一性：

> 天性支配着所有的动物，野兽也会服从。人也感受到同样的驱动力，但他认识到，他可以自由地予以默认或抵抗；正是首先在这种自由的意识中，灵魂的精神性才得以表现出来。[2]

精神可能是很强有力的——确实，它是如此强大，以至于可以超越自然法则。歌德这样说浮士德：

> 因为命运已经把一种精神放进其胸膛
> 驱使着他不停地疯狂前行，
> 其鲁莽而急躁的命令
> 超越了世间的欢乐与自然的法则。[3]

在这里，精神被描述为命中注定的一部分、命运的一部分——或者我们可以用当代语言说，它既诞生在我们身上，同时又随着我们的文化对我们自出生起的影响而不断发展。歌德的描述可以在我们这个

时代来寻求心理治疗的病人身上看到，他们是工作狂，受野心驱使；他们不但把自己逼出了心脏病，而且在途中失去了歌德所谓的"世间的欢乐"。

精神也是一种认识论的能力：一个人能够洞察事物，获得顿悟，感受到以前被掩盖的东西。这种能力部分来自直觉，即像是斯宾诺莎所理解的直觉。精神是一种特殊的洞察力、一种渴望、一种对事物的明澈洞悉。人似乎存在于一种更高的水平上，他超越了世俗以及世俗的界限。

精神的语言是意象、象征、隐喻或神话，而这些也构成了自由的语言。这是一种指向整体性的语言，例如，一种部分意象（half image）仍然是一种整体意象。这些词语中的每一个，无论是意象、象征、隐喻还是神话，都和贝特森所说的"整体环路"（whole circuit）有关。这些词语指向事件的完整性。所以，在精神语言中的这些术语指代的是质量，其本质上是一种整体性；而不是指代数量，其本质上是一种局部性。例如，我们说，一幅油画很细腻、动人，给我们传达了一种色彩的丰富性——所有这些术语指代的都是质量。当我们谈论艺术作品时，谈论一幅油画或一首音乐的"量"——比方说，毕加索的油画大小或者一支协奏曲的音符数量——是很愚蠢的。

这种"整体环路"就是贝特森指出的逻辑和左脑以"弧线"（arcs）进行的思维方式——就是说，弧线是环路的一部分，而不是环路的整体。当一个人只注意他在观看的现实的一部分时，他就受到了限制、限定，就不是自由的。当然，这种限制在实证研究的

思维中是必要的，但是，当自由和精神进入我们的论述时，我们发现我们突破了这些限制，面对的是一种整体象征、一种神话的普遍性，或者一个代表完整性的隐喻。

这就是为什么贝特森坚持把右脑思维包括在任何描述之中，以及为什么他如此强调背景在一个人思维中的重要性。他写道：

> 不受诸如艺术、宗教、梦之类现象辅助的目的单纯的理性，一定会产生病理现象并对生活有破坏作用。其灾难性具体地产生于这样的情境：生命依赖于偶发事件的相互联结的环路，而意识可能只看到人类目的可能指向的那些环路的短弧。……这就是我们居住于其中的那个世界——一个有环路结构的那个世界——只有当智慧（即，承认环路这个事实）发出有效的声音时，爱才能得以存活。[4]

2. 真正的神秘主义者

神秘主义者，例如梅斯特·埃克哈特（Meister Eckhart）和雅各布·波墨（Jacob Boehme），比我们其他人更有洞察力地使用了精神这种语言。如同维特根斯坦告诉我们的，这些神秘主义者"使事物表现出来"。作为与但丁同时代的德国人，梅斯特·埃克哈特在一段话中描述了自己的体验，他说"人类的精神……永远不会满足于它所拥有的光明，而是要冲破苍穹、攀登天际，去发现推动天

体旋转的精神，以及让大地上万物生长和繁荣的精神"[5]。虽然他是在 14 世纪布道，但是，他的这段话却在当代产生了鸣响：

> 精神，在认识过程中，不需要数字，因为在这个有缺陷的世界上，数字只有在时间之内有用。如果不摆脱数字（概念），谁也不可能把根扎入永恒之中。人类的精神必须超越所有的数字观念，必须摆脱和远离数量的概念，这样他将被上帝所接纳……上帝引导人类精神进入荒漠之中，进入他自身的统一性之中。……在这里精神达到统一和自由。[6]

在神秘主义者的概念中，自由成了核心，这很可能是因为他们为了实现他们的渴望，就必须强烈地行使自由。在论证上帝并不对意志加以限制时，埃克哈特说："相反，他使意志自由，这样，意志就可以为人选择自由。人类精神的意志可能和上帝的意志不同，但那样并不缺乏自由。自由本身是真实的。"[7]这些句子表达的是命运与自由的一种奇特的结合，具有很多宗教的特点。在它们当中，自由与必然，或者自由与约束，最终都是统一的。埃克哈特要让那些希望理解他的人知道，"你的意图是正确的，你的意志是自由的"[8]。

作为一个没有受过教育的鞋匠，波墨讲出了许多令人惊异的顿悟，约有 6 本书记载着他的智慧。虽然他从未读过赫拉克利特或任何其他希腊哲学家的书，也没有受过任何系统的学校教育，他却说，上帝是一团火。"对波墨来说，存在就是火的流动。所有的生命都是火。火就是意志。"[9]"根据波墨的观点，意志——自

由——是所有事物的原则。"[10] "自由比所有的本性都更加深刻，先于万物而存在。"[11] "波墨在人类思想史上第一个使自由成为存在的最初基础。对他来说，自由比所有的存在更深刻、更重要，比上帝本身还要深刻和重要。"[12] 如果想要使上帝的爱有意义，那么上帝的愤怒就是必要的。[13] 关于他的智慧来自何处这个问题，他告诉我们："就我自己的力量而言，我和旁边的人一样盲目，但凭借上帝的精神，我自己天生的精神便洞察了所有的事物。"

伊芙琳·昂德希尔（Evelyn Underhill）把波墨说成"卓越的鞋匠"和"神秘主义的巨人之一"。别尔嘉耶夫在他为波墨的一本书所写的序言中写道："我们必须向波墨致敬，他是自由哲学的创立者，代表了真正的基督教哲学。"[14]

重要的是要回想到，这两位神秘主义者都曾被正统罗马教会谴责为异端，他们的作品被视为对教会体制具有危险性。那位宗教法庭的大法官声称，自从 8 世纪以来教会就放弃了追随基督，这个声明并不完全是一种凭空想象。或许真正的神秘主义者的另一个特点是，他们坚持的宗教自由是教会组织所无法忍受的。

无论人们怎样看待他们，这些真正的神秘主义者都有一个智慧源，这个智慧源不可能来自学习（因为他们学习得如此之少），而一定来自一些顿悟，这些顿悟产生于以某些方式对人类活动的直接参与。我们无法理解但肯定能够赞赏这些方式。这使我们想起了法国人类学家列维－布留尔（Lévy-Bruhl）在世界各地的原始部落中发现的那种"参与的神秘"。这些神秘主义者的智慧似乎是移情、传心术、直觉的一种结合。这表明，那些批评针灸是某种形式的安

慰剂的言论来自纯左脑、理性主义观点，是多么的不靠谱。像安慰剂这类东西可能只代表一些有形的模式[15]，作为焦点，人们可以将拥有不同根源的见解和直觉投射在其上。

我们说过，人类的自由催生了人类的精神；如果想要有自由，精神就是必要的。但是，人类的精神和自由不也是邪恶的根源吗？当波墨声称，如果想要有上帝的爱，那么上帝的愤怒也是必要的时候，这意味着什么呢？

3. 同情与邪恶的意义

在我的心理治疗经历中，我与一些家长见面并交谈，他们的儿子或女儿恰好在接受我的治疗。当这些家长放松下来时，他们的态度很不同：有一个在教会中地位很高的牧师痛哭流涕地对他儿子的抑郁症表示后悔。还有一个母亲由衷不解于（尽管她很伤心）她在自己女儿出生期间的精神病发作与她女儿现在的放荡行为如何会有很大的关联。还有一位华尔街高管狂暴地向我发号施令，命令我赶快让他的儿子的情况有所改善。这位高管的狂暴行为表明，他潜意识中认识到，他的独裁专制在很大程度上和他的儿子在尝试各种事情上连续不断的失败有关。如果这些家长能够说出他们内心深处的话，他们每个人——甚至也包括那位华尔街高管——都会大喊："为什么我要伤害我最爱的这个人呢？"

我们可以看到，由于我们没能理解在别人思想中发生的事

情，导致我们自己的家人以及其他我们所爱的人受到伤害，这大多数都不是存心的，我们任何人都不会无动于衷。奥斯卡·王尔德（Oscar Wilde）的这句台词——"每个人都会扼杀他所喜爱的事物"，可能会在一定程度上使我们得到解脱，它代表着邪恶这个问题的普遍性质；在造成伤害方面，我们并不是孤例。但是，王尔德也使我们无法忘记，我们每个人都参与了对其他人的残酷无情的行为。

对邪恶的无法避免就是我们为自由付出的代价。对邪恶的否认也就是对自由的否认，正如别尔嘉耶夫在解释雅各布·波墨的话时所说。既然我们有一些自由的空间，我们就得作出某些选择；而这就意味着既可能作出错误的选择，也可能作出正确的选择。无论我们是否接受为我们的自由和邪恶所负的责任，自由和邪恶都是互为先决条件的。可能性既是恶的可能性，也是善的可能性。我们可以假装天真，但这种退行到童年的无知却对任何人都没有帮助。

在我们所有人身上都有一种不可逃避的自我中心性，导致我们的看法绝对化，这就会对那些与我们最亲近的人造成伤害。当谢林说"在我们每个人身上，自我都有一种绝对的倾向"[16] 时，他说的是对的。我们每个人都受自己的表象束缚，我们每个人都是通过自己的眼睛看待生活的，我们谁都不可避免地会对那些我们最渴望了解的人采取某种暴力的举动。"我希望做善事却做不成；我不希望做恶事，但我却做了"，这就是圣保罗对这个问题所作的经典说明。这个两难困境是不可逃避的。确实，克尔凯郭尔把这解释为原罪：我们每个人都是从单独的个体出发，所以残酷无情地对待我们所珍视的人的渴望和看法。而且，如果一个人非常努力地不想这样

做，尽一切努力地想要做"善事"，那么他只是在面对同伴的方式中增添了自以为是的成分。

对哲学家和神学家来说，几千年来，恶的问题一直令人困惑。那些代表恶的理性观的人，从亚里士多德到阿奎那，再到今天的理性哲学家，都认为只要我们越多地解决自身问题，恶的存在就越少，因为恶就是善的缺失。这种论点进而认为，我们的科学越进步，生命和自然的奥秘就解释得越充分，世界上的恶就会越少。我认为这种观点是错误的。在早年间，在希特勒出现之前，在第二次世界大战及其所有最新技术化的屠杀方式出现之前，在把集中营用作政府承认的政治手段之前，在因其难以用言语形容的残酷的大规模杀伤力而闻名的氢弹出现之前，我听到过更多这样的判断。这份令人压抑的清单应该可以证明：科学和技术的进步并没有导致恶的减少。人类的残忍和恶的能量随着人类技术的进步而同步增长。我们的杀人方式和我们的生活方式一样都更加有效率。

当然，在技术中伴随着善一起出现的恶的主要例子就是核力量。如果我们对将健康甚至生命本身置于辐射、核废料以及核弹本身威胁之下的危险有任何怀疑的话，我们只要听一听忧思科学家联盟（the Union of Concerned Scientists）的话，就能使我们对自己的错觉感到震惊。不仅核裂变能够毁灭数倍的世界人口，而且有证据表明，辐射和锶 90（strontium 90）[①] 可能已经渗透到我们无数人的身体之中了。不管怎么说，在应对核裂变时我们都走在刀刃上。科

---

① 化学元素锶的重放射性同位素，存在于氢弹爆炸的放射性坠尘中。——译者注

学和技术处理的是怎样（how）生活，而不是为什么（why）的问题——其真实性是令人尊敬的科学家们有根据地告诉我们的。科学增加了善的可能性，也增加了恶的可能性，许多令人尊敬的科学家一直在向我们公开地宣扬此事。

还有另一群哲学家和神学家，他们采取了一种不同的观点。这群人包括赫拉克利特，他说"战争既是一切之王又是一切之父"，还包括苏格拉底、奥古斯丁、帕斯卡尔、波墨，再到克尔凯郭尔和贝特森。这些思想家直接面对着自由使邪恶不可避免这个事实。只要有自由存在，就一定会有错误的选择，其中有些选择是灾难性的。但是，如果放弃我们作出选择的能力，而支持被称为理性的那个专制的方面，就是放弃使我们成为人的首要理由。

宗教大法官的那个计划的现代形式会导致人们把责任交给身着制服的科学家或坐在舒服的办公室里的心理治疗师，或者交给教堂里的牧师，或者交给我们周围不明的环境。做这些事情，似乎让我们暂时躲避了邪恶。但是，虽然我们不再作恶，我们也同样不再做善事。机器人的时代将会降临到我们身上。

终极的错误就是拒绝直面邪恶。这种对邪恶——以及与之相伴的自由——的否定，就是最具有破坏性的取向。和统一教信徒（Moonies）一起避难，或者和琼斯镇（Jonestown）的人们①一起避难，或者和其他数以百计的邪教成员一起避难，就是想要找到一个

---

① 20世纪70年代，一个原以加利福尼亚州为基地的宗教团体——"人民圣殿教"，在教主琼斯率领下，移民至圭亚那后，在当地建立了被称为琼斯镇的社团。后因受到调查，包括首领琼斯在内的900多人集体自杀。——译者注

替我们作出选择的避难所。我们之所以放弃自由，就是因为我们不能忍受道德的模棱两可，我们要避开一个人可能作出错误选择这种威胁。在我看来，发生在琼斯镇的集体自杀，是对追随者忠于那些态度的最终结果的一种充分而可怕的展示。他们放弃了他们的自由，进行精神自杀，就是为了躲避生活的"邪恶"部分，然而他们最终通过集体自杀向世界证明了这种最终的恶。

几千年来，宗教人士一直在热切地询问着："一个拥有爱的上帝怎么能允许邪恶存在呢？"基督教的一个分支——诺斯替主义（Gnosticism）对此提供了一种解答：

> 上帝允许邪恶存在，把它编织到世界的结构之中，目的是增加一个人的自由，以及增加他在克服邪恶中证明其道德力量的意志。[17]

但是，上述宗教人士的问题是太简单化了。我们不妨回想一下波墨说过的话，上帝是一团火，如果想使上帝的爱具有真实性的话，就必须面对上帝的愤怒。哈西德派（Hassidie）①的一种说法指的也是同一件事：

> 上帝并不美好，上帝并不是叔叔。
> 上帝是一场地震。[18]

---

① 18 世纪兴起于东欧的一个犹太教派。——译者注

我们注意到，一些历史上的先哲曾把自己说成"罪恶之首"。显然，这意思不可能说他们是在实施外部的、客观的犯罪意义上的犯罪者。但是，它可能意味着，这些先哲们，由于在精神上比一般人有更高的发展，相应地对其傲慢、虚荣、苛刻，以及理解力迟钝有更深刻的觉知。如果我们从内心来观看罪恶，我们就会发现，他们的说法中确实有合理的内涵。保罗·蒂利希，在提醒我们不可能既有敏感之心同时又有善良之心时指出，如果一个人有敏感之心，他将会觉知我们作为人类所参与其中的这个世界的邪恶。所以，并没有明确的善良之心，而只有一种对邪恶的主动关注。

因此，在伊甸园的神话中，善与恶的知识都是由于反抗上帝的恶而产生的，这就一点也不令人惊奇了。如果亚当和夏娃想获得任何自由——任何真正的自主性或真正的独立性——他们就一定会公然反抗上帝的命令；无论上帝是仁慈的还是有破坏性的，在那一刻都无关紧要。这种对上帝命令的公然反抗对他们自己意识的发展是绝对必要的。否则，他们将永远是上帝的毫无生命力的附属品。但人们会因此感到疏离吗？会有焦虑吗？会产生罪疚感吗？当然会。但是，能够救赎这些"诅咒"的东西就是爱的祝福、责任，以及激情和创造的力量。

4. 宽恕与仁慈

那么，我们该怎么办呢？唯一的答案就是：要有同情心

（compassion）。恶的普遍性使人类同情心成为必要。我经常对那些为自己在孩子的问题中所扮演的角色感到难过的父母说："你和我——只要是人，我们大家——都在同一条船上。"这虽然是老生常谈，但却常常有助于使他们减轻孤独感和被遗弃感，这些感受使他们觉得自己在错误中是孤独的，在邪恶中也是孤独的。

在《自我与灵魂的对话》（"A Dialogue of Self and Soul"）[19] 这首诗中，叶芝描述了自我与灵魂之间的对抗，并且让灵魂宣布，只靠理性主义是绝不可能解决所有生活问题的：

因为理智再也无法知晓
是从应知中，还是从能知与所知中知晓——
也就是说，升入天国；
唯有逝者能够得到宽恕；
但想到此时我的舌头便僵硬如石。

这首诗最终的结语是两者之间的一种和谐的行动。

我满足于追溯每一种行为
或思想中的事件至其根源；
衡量一切；彻底原谅我自己吧！
当我这样的人把悔恨抛弃时，
一种如此美妙的感觉便流入我胸中，
我们必须大笑，我们必须歌唱，

我们受到万物的祝福，

我们看到的一切事物都得到了祝福。

最后五行是在对自己表示宽恕（forgiveness）这种更深刻的意义上对发生的一切所作的一种精美的描述。

在父母与子女的关系中，这种宽恕也可以扩展到子女身上；因为后悔常常与似乎是其对立面的东西结合在一起，即从父母这一方来说，怨恨儿子或女儿使他们感到如此困惑和苦恼。所以，对自己的宽恕能够使人宽恕他人。作为同情的一个阶段的宽恕，把更深刻的意义放进我们人类的喜剧之中，使我们能够从我们的悲剧中获得顿悟，让悲剧变得可以忍受。宽恕就意味着克服怨恨——"消除悔恨"——这是在大多数人际关系中累积起来的那种诅咒。宽恕我们自己以及他人可能是超越这种怨恨的唯一方式。对他人宽恕可以提高健康水平，它同时有助于消除对自己的怨恨。

同情心 [20]——对另一个人表露感情的能力——隐含着移情（empathy），即能够用另一个人看世界的方式来看世界的能力。同情心能帮我们以新的视角看待做人的意义，减少我们对自己以及对那些伤害我们的人的苛责。虽然听起来有点自相矛盾，但它提供了一种在我们的悔恨之外的观点，我们能够从中做更多的事情以便改正。这样，我们就不再谴责我们自己作为人会犯的错误了，我们同时也不再因为相同的状况而谴责他人。这就意味着，正如唐·迈克尔（Don Michael）所说，"每个人都必须弄清楚，他们是无知和有限的，并且他们需要足够的支持，以便面对清醒认识所揭示的令人

不安的影响。一个有同情心的人能够真正地接受这种情境，并能够为他人和自己提供支持"。

没有同情心的自由就像恶魔一般。如果没有同情心，自由就可能是自以为正确的、非人性的、自我中心的和残忍的。阿纳托尔·法朗士（Anatole France）关于自由的一句话——"穷人和富人同样可以自由地在晚上睡在巴黎的大桥下面"——证实了自由是怎样能够转变成为对弱势群体的残忍的。许多打着自由旗帜的宗教战争——不仅仅是我们在历史书上读到的那些战争——却一味要求其他人接受自己的自由概念。这样，它们就变成了暴政。

这可以从心理治疗的某些经验中看到。治疗师可能相信，他自己的那种形式的自由对患者来说是唯一的好东西，这就造成了治疗师的冷酷、刻板和没有人性，尽管他所做的一切可能在技术上是正确的。

我督导过一位精神病学家，他的病人——一位19岁的年轻女人——给他带来了大量的麻烦。这位病人经常发火、转移话题，一直处于一种愤怒和暴躁的状态。我在进行督导的一个小时里说，这位年轻女人可能想要从治疗师那里获得某种感情的表达。在下一次面询时，当这位年轻的女人上演她的坏脾气的一幕时，那位精神病学家打断了她并说道："你要知道，我喜欢你。"这位病人停住了讲话，停顿了一会儿，然后说道："我想，我知道了。"当这位治疗师就此向我报告时，我问道："你喜欢她吗？"他回答说："不，我真不喜欢。"这时，在我面前闪过了一幕：整个治疗崩溃了，因为毫无疑问，治疗中的病人能够感受到这种假装或缺乏同情心，无论对

方装得有多像。果然，在几次面询之后，她就中断了治疗。

对于任何一种名副其实的治疗，治疗师这一方表现出来的同情心都是必需的。当涉及同情心这种基本层面时，病人会洞穿任何伪装，即便他们并没有说出来，因为他们在我们的文化中接受了这种教导，要装作没有看到这些消极的东西。

我的一位治疗师同事定期见一位病人，这位病人总是夸夸其谈和傲慢无礼。有一天，这位治疗师的女儿严重受伤。在面询期间，这位治疗师并没有就这起事故说过任何一句话。但是，那一天，正如我们从录音磁带上听到的，那位病人很温柔、和善，完全没有了他通常的那种夸夸其谈，仿佛他已经觉察到这位治疗师的悲剧——事实上他不可能知道。难道这预示着在治疗中有某种程度的传心术（telepathy）或者捕捉诸如一个人说话的声音这些微小线索的某种能力吗？我认为这两者很可能都是真实的。根据我的判断，弗洛伊德在其传心术的"道德"理论中所说的话是正确的，他已经懂得，在治疗中不要撒谎，因为他相当经常地体验到这种事实：无论弗洛伊德多么努力地想要掩盖谎言，病人都会洞穿这种谎言。

阿尔弗雷德·阿德勒一再说过，"治疗的技术一定是在你自己身上"。他进而指出，最好的治疗师是他自己有问题，但能觉察到它们并且正在努力解决它们的人。在心理治疗中，如果一个人从未体验到他自己的心理问题，他就绝不可能对另一个人有同情心。注意，我说的不是和患者相同的心理问题——那是没有必要的。但是，治疗师必须知道，借用叶芝的话，在"自我与灵魂"之间的斗争是通过他自己的体验而真正感受到的东西。

这就是为什么，我在为两家不同的精神分析培训机构做访谈和选择候选人时，绝不考虑那种"适应良好的"候选人和没有经历过与自己的命运进行斗争的候选人；我设想——而且我也坚定地认为——这种人不会重视和感受到对病人和来访者的同情。我个人所认识的两位最伟大的治疗师——弗里达·弗洛姆-赖奇曼和哈里·斯塔克·沙利文，每个人几乎都有书上所说的所有问题，而两人都对他们病人的问题有令人难以置信的洞察力和相应的同情心。受训者被要求必须经历说教式治疗，其明显而核心的功能之一就是，使受训者自己对自己内部的问题敏感，以便他对要应对的其他人有同情心。

格雷戈里·贝特森说过，缺乏同情心的人无法把握住其人际关系中的"整体环路"。在谈到艺术、诗歌、宗教和其他右脑功能领域的重要性时，贝特森写道：

> 未经引导的意识一定总是倾向于仇恨；这不仅是因为从常识的角度看，消灭对方是合理的选择，更深层的理由在于，如果只看到环路中的弧线，那么当他的强硬政策反过来烦扰自己时，这个人就会持续不断地感到惊讶并感到愤怒。[21]

贝特森崇拜的一位人物——帕斯卡尔同样指出，一种只有理性的观点是不合适的，因为理性是"顺从于各种感官的"，而且实际上理性往往就是"真理在比利牛斯山脉的这一边，错误在另一边"的事情。[22]

我们总是生活在某种形式的社会中，这就是我们的命运。即便是那些以与最近的邻居相距 20 英里为标志的拓荒者，也依然通过语言与邻居联系在一起，不论说话的频率多低；他们也通过记忆、通过一个念头，无限延伸地与他人相连。"狼孩"是一种异常现象，而且确实也证实了我所说的话；只有当他表现出一种社会的道德时，他才成为"人"。我们属于一个共同体，也是个体的人，这个事实要求我们认识到这种命运，并且以同情心将自己和他人联系起来。同情心限制了我们的自由，但与此同时它使人成为自由的人。

正如我们在论自恋的那一章所看到的，拒绝承认命运就是把我们自己与他人隔绝开来。而现在，我们看到其残忍性。当然，"如果我都不关心我自己，谁还会关心呢？"这种想法是重要的。但是，如果一个人只关心他自己，一个人的自由就会变成对他人的残忍。同情心是爱的第一步，爱则使人不至于变得残暴。

邪恶的普遍性也使人类的仁慈、"温柔的"美德成为必要，正如莎士比亚在《威尼斯商人》（*The Merchant of Venice*）中所强调的那样。仁慈不但如温柔的春雨般落下，而且像宽恕一样，会祝福那名给予者，也会祝福那名接受者。仁慈是：

> 敬畏和威严的象征，
> 那里有对王权的畏惧和恐惧；
> 但仁慈位于这种君权的统治之上，
> 它在王权的中心受到尊崇，
> 它就是上帝本身的一种标志。

当仁慈给公正增加了光辉时，

世俗的力量在这里表现得就像上帝的力量……

在夜间，邪恶不会消失或退缩。我们绝不会早上一觉醒来便发现，邪恶已经从地球的表面消失了。人生的目的不是为了避免错误，也不是为了保持光鲜无瑕，而是要起身迎接我们的命运所揭示的挑战，并在挑战中寻找我们的自由。在人类的悲喜剧中，我们将继续奋斗，侥幸地避免完全的核灾难，努力觉察到在我们自身和我们的社会中潜藏的危险，这样我们才能尽可能作出建设性的选择。在这幕悲喜剧之中，宽恕和仁慈将调和公正，让生活因美的存在、爱的情感和偶尔的快乐体验而变得可以忍受。

注释

[1] Sören Kierkegaard, *"Fear and Trembling" and "Sickness unto Death"* (New York: Doubleday, 1954), p. 146. 克尔凯郭尔在其中说的是"必要性"，我却宁愿用"命运"。

[2] 引自 Noam Chomsky, *For Reasons of State* (New York: Vintage, 1973), p. 391。

[3] Johann Wolfgang von Goethe, *Faust* (Baltimore: Penguin, 1949), p.92.

[4] Gregory Bateson, *Steps to an Ecology of Mind* (New York: Ballantine, 1972), pp. 146-147.

[5] Raymond Bernard Blakney, *Meister Ekhart* (New York: Harper & Bros., 1941), p. 192.

[6] 同上书，192~193 页。

[7] 同上书，193 页。

[8] 同上书，193 页。

[9] Nikolai Berdyayev, Introduction to Jacob Boehme, *Six Theosophic Points*（Ann Arbor：University of Michigan Press，1958），p.xiv.

[10] 同上书，xx 页。

[11] 同上书，xxi 页。

[12] 同上书，xxiii 页。

[13] 请把这句话与中国的观念进行比较。如果一个人想要体验到欢乐，他就必须经历生气与愤怒。

[14] Berdyayev，同前，xxxii 页。

[15] 这使我想起了我读过的一位印度占星家对我的星相图所作的冗长解读。我从来就没有能够"相信"占星术，也没有"怀疑"它。但是，这位陌生人，他显然甚至连我的名字都不知道，也不知道我的任何事情，却竟然说出了许多令人惊异的领悟——他似乎不可能有任何理性的方式发现这些领悟。由于他给我留下了深刻印象，我便称他是一位巫师。但他却笑着摇了摇头说，他宁愿认为他的领悟只不过来自对星相的解读。

[16] 引自 Chomsky，同前，xi 页。

[17] 引自 Ruth Nanda Anshen, *The Reality of the Devil：Evil in Man*（New York：Harper & Row，1972），p. v。

[18] Frederick Frank, *The Book of Angelus Silesius*（New York：Knopf，1976）.

[19] W. B. Yeats, *The Collected Poems of W. B. Yeats*（New York：Macmillan，1956），pp. 231-232.

[20] Donald N. Michael，"Industrial Society Today and Tomorrow"，*World Future Society Bulletin* 13（1979）.

[21] Bateson，同前书，146 页。

[22] Blaise Pascal, *Pascal's Pensées, or Thoughts on Religion*, ed. and trans. Gertrude Burford Rawlings（Mount Vernon, N. Y.: Peter Pauper Press, 1946）, p. 38.

第十三章
绝望与欢乐

贝多芬并没有对生活感到厌恶而转向了某种神秘的涅槃。他丝毫也没有忘记欢乐、努力或痛苦。他什么也没有放弃。他所取得的成就是比一个老年人的安详美妙得多的东西。"我要扼住命运的咽喉,"贝多芬在一封信中大声呼喊,"它不会把我完全征服。哦,活着是那么的美好——活一千次吧!"

——J. W. N. 沙利文(J. W. N. Sullivan),《贝多芬:他的精神发展》(*Beethvon: His Spiritual Development*)

我们如此不愿意面对命运的那个被称为命中注定的方面,其中的一个原因就是,我们害怕它把我们引向绝望。美国人接受的教诲是,总是要穿着一件乐观主义的外衣,而且相信,在绝望中,所有的希望便都丧失了。所以,我们始终抱紧我们能够想象出来的任何虚假的希望,把它作为抵抗绝望的一个堡垒,却没有觉察到,不得不为之奋斗的希望根本就不是希望。难怪 T. S. 爱略特(T. S. Eliot)写道:"毫无希望地等待 / 因为希望就是对错误事物的希望。"这种对某种希望的乞求使我们很容易受到在这个地球上出现的任何心理

宗教骗子的利用。这都是为了逃避绝望这个恶魔啊！

但是，请假设一下，如果绝望本质上是一种建设性的情绪呢？假设绝望经常是最伟大成就的一种必要的前奏呢？维吉尔在《埃涅阿斯纪》（*Aeneas*）中讲述到埃涅阿斯（Aeneas）[①] 和他的同伴航海时写道，黑暗就是"我们的向导，而我们的舵手就是绝望"。荷马在《伊利亚特》（*Iliad*）中也有类似的叙述："力量从希望和绝望中被感受到"，要是他说得对，那会怎么样呢？

我们不妨再看一看第二章中讲到的，菲利普在最后一次治疗面询时的体验。他走进来，感到很悲哀、无望、孤独、失落。他感到每个人都死了——他的母亲、他的姐姐莫德死了，他和妮科尔的关系也几近死亡；而现在，就在治疗要结束时，他与治疗师的关系也在死亡。他处在明显的、十足的绝望之中。但是，在面询进行到中途时，他却开始康复。

1. 绝望的价值

能让菲利普在其过度的工作中和在无法与他人有全面的关系中放弃他以前的神经症式的行为方式，这种绝望是必不可少的。这种当他还是一个年轻人时就产生的体验是其生活的一个转折点，就像他和我都相信的那样，这时可以得出结论认为，这次治疗就是他克

---

① 希腊和罗马神话中安喀塞斯（Anchises）和阿芙洛狄忒之子，特洛伊城的守卫者，史诗《埃涅阿斯纪》中的英雄。——译者注

服他与妮科尔的恋爱束缚的一个转折点。

因此，绝望能够导致有高度建设性的行为。它可能是奥吉厄斯的牛舍（Augean Stable）[①]的一日扫清。绝望可能是对那些自从婴儿时就一直积累下来的神经症问题的"放弃"和"松手"。从这个意义上说，绝望在每一种心理治疗中都扮演着建设性的角色。

我谈论绝望，既不是把它作为一种倾泻"全世界与我为敌"思想的不满姿态，也不是把它作为任何一种理智的姿态。如果它是一种心境，旨在给某人留下印象，或者向某人表达怨恨，那么，它就不是真正的绝望。

真正的绝望就是迫使一个人与其命运协调一致的那种情绪。它是伪装的大敌，是鸵鸟政策的敌人。它要求一个人去面对生活中的现实。那种我们在绝望中注意到的"松手"是对虚假希望的松手、对假装的爱的松手、对婴儿般的依赖的松手、对空虚的墨守成规的松手（这种墨守成规只会使一个人的行为像因为害怕圈子外面的狼而成群地挤在一起的羊一样）。绝望是精炼的熔炉，它把矿石中的杂质熔化掉。绝望并不是自由本身，但却是对自由的一种必要的准备。那位宗教法庭的大法官说得对：如果我们只考虑到我们的理性选择，我们就不会选择陷入绝望。但是，我们没有办法拒绝接受命运或命中注定，而且现实就整整齐齐地排列在那里，要求我们放弃中途的评价和暂时的迫切要求以及对我们自己不忠诚的方式，面对我们赤裸的生活。

---

① 希腊神话中国王奥吉厄斯的牛舍，相传养有 3 000 头牛，30 年未曾打扫，后来被赫拉克勒斯在一日之内打扫干净。——译者注

众所周知，嗜酒者互诫协会，这个在治疗酗酒者方面无疑最有效的组织，曾坦率地指出，除非酗酒者完全绝望了，否则他们就不可能治愈；只有到那时，酗酒者才能放弃对酒精的需要，不再把它作为对他们那些几乎无望的希望的一种安慰手段，不再用它支撑他们那些虚假的期待。那些已经完全戒酒，然后致力于帮助新成员的人，只会对酗酒者的自以为是的"我是我命运的主宰"的态度、妄想通过自身意志力控制酗酒的决心嗤之以鼻。这是爱略特的"对错误事物的希望"那行诗的一个恰当的例子。希望本身已经变成了最有诱惑力的错觉。

当一个人已经"触底"时——也就是说，当他已经达到终极的绝望时——他就能够放弃那些永恒的力量了，这就是所有真正的转变的动力所在。我把这个过程描述为放弃对虚假希望的错觉，从而全面承认命运中的这些事实。这时，也只有在这时，这个人才能开始重建他自己。这极好地证明了，只有当我们面对命运时，自由才会开始。

同样的情况也适用于在邪教化之前的"锡南浓"（Synanon）群体戒毒精神疗法的参加者。对旧金山的德伦希大街（Delancey Street）团体来说同样适用，这是一个由年轻人组成的团体，他们犯罪、吸毒成瘾、酗酒。这个团体的目标是把新成员带到绝望之中，绝望的达成是通过强有力地攻击其合理化借口、伪装和虚夸，直到他们只剩下赤裸的存在本身为止。德伦希大街的领导者们相信，只有到那时，这个人才能放弃对那些幻想的希望，而这些幻想阻碍其转变为一个有本真自由的人。

2. 治疗中的绝望

我们在心理治疗中知道，对于使患者发现他潜藏的能力和基本价值来说，绝望常常是绝对必要的。绝望的这种功能就是要消除我们肤浅的观念、虚妄的希望和简单化的道德。有一些误入歧途的治疗师，他们往往感受到，他们必须在患者每一个绝望的时刻都安抚患者。但是，如果患者从未感受到绝望，他是否还将感受到任何深刻的情绪，这是值得怀疑的。在思考伏尔泰（Voltaire）的"绝望常常打胜仗"这句话时，一位朋友写下了这首五行诗：

从前有个人名叫伏尔泰

他在绝望中发现了最好的希望。

要是这听起来有悖常理，

这可能会更糟糕。

伏尔泰可能会宣称："我不在乎。"[1]

当患者体验到他已经没有更多的东西可以失去，不妨放手一搏时，这种体验肯定是有价值的。我认为，这正是俗话说的"绝望和自信都可以消除恐惧"所表达的意思。我们有必要提醒自己想到这些要点，因为有许多迹象表明，美国可能正处在作为一个国家的某一关键时期，此时我们将无法再伪装或压抑我们的绝望。

那些能够感受到健康的绝望的人，常常是那些同时也能体验到最强烈的喜悦的人。萨特在他的戏剧《苍蝇》中谈到一种提升生活的绝望。在宙斯指出俄瑞斯忒斯将要面临的所有绝望之后，俄瑞斯忒斯反对宙斯的观点，他坚称："人类的生活就开始于那种极端的绝望啊！"他也可以说，人类的自由和人类的欢乐也开始于那种极端的绝望。这就是为什么我们在看过一出悲剧而不是喜剧的表演之后，更加坚定地相信人的尊严和高贵：哈姆雷特、麦克白、李尔王，甚至《冰人来临》（*The Iceman Cometh*）中的哈里，这些人物和他们悲剧性的覆灭给我们提供了关于人生意义的某种信念。当我们离开剧院时，我们不仅感到宽慰，还感到鼓舞。我们在戏剧中感受到的绝望突出了其对立面，即生命的高贵。

绝望是不顾一切地拒绝成为自己。克尔凯郭尔说得好，他列举了不同水平的绝望："不愿意成为自己的样子的绝望；甚或更低，不愿意成为自我的绝望；或者所有的绝望中最低的，除了自己之外同时不愿意成为另一个的绝望。"[2]绝望是一种精神的失败，是一种无精神的状态。"当人被定性为没有精神时，他就变成了一个会说话的机器，根本没有办法阻止他学会一种冷静而冗长的废话，就像对信仰的忏悔和通过死记硬背而重复政治口号那么容易。"[3]此外，"绝望是一种精神的资格，它和人类的永恒有关。……处于绝望的潜意识之中，一个人就最难以意识到作为精神的自己"[4]。

"绝望这种事情是人自己身上内在固有的。但是，如果他不是一个综合体，他就不会绝望。"[5]克尔凯郭尔认为，人类是一种有限和无限的综合体，而这正是使绝望成为可能的东西。他还强调，

所有情况下最糟糕的是夸口说自己从未处于绝望之中，因为这意味着，这个人从未真正地意识到自己。

3. 绝望与欢乐之间的联系

绝望与欢乐之间的这种联系是如此重要，以至于古希腊人用一个重要的神话来描述它，这就是珀尔塞福涅（Persphone）①和得墨忒尔（Demeter）②的神话。有一天，珀尔塞福涅正在和她的朋友们一起摘花，这时冥王哈德斯（Hades）看见了她，便爱上了她。他劫持了她并把她带到冥界。当珀尔塞福涅的母亲得墨忒尔——分管果实、粮食和其他田间作物的女神——听到了珀尔塞福涅的哭喊时，她急切地奔向人间世界想要找到她。得知哈德斯在宙斯的默许之下已经把珀尔塞福涅带到了冥界时，得墨忒尔心中充满了一种可怕而强烈的悲哀。

得墨忒尔离开了奥林匹斯山，在大地上隐姓埋名地游荡，遇到了两个年轻的女人，这两个女人对她曾被海盗劫持并且逃跑的故事深感同情，她们把得墨忒尔带到她们家里去见她们的母亲——墨塔涅拉（Metaneira）。得墨忒尔仍然是如此的悲哀，以致"她长时间地坐在凳子上一言不发。因为悲伤，她也没有笑容……既不吃又不喝，因为她渴望见到心爱的女儿"[6]。

---

① 宙斯和得墨忒尔之女，后被冥王哈德斯劫持，娶作冥后。——译者注
② 希腊神话中负责农事与丰产的女神。——译者注

墨塔涅拉和她的女儿们对得墨忒尔说："母亲啊，诸神送给我们的东西，即便是痛苦，我们凡人也必须忍受。"这多么像是对命运的一种承认啊，一种对得墨忒尔接受命中注定之事的劝规啊！其重要性体现在，为了让我们听清楚这句话，它在后面的故事中重复出现了一次。然后，墨塔涅拉请求得墨忒尔照养她新生的儿子。得墨忒尔回到现实中，给这个婴儿很多的爱，这个婴儿因而以惊人的速度成长。

同时，在悲伤与愤怒之中，得墨忒尔使大地不再生长果实和庄稼，一场残酷的饥荒席卷大地。宙斯最后被感动了，于是命令哈德斯让珀尔塞福涅回到人间，哈德斯则给"他的羞怯的配偶"喂了一颗石榴籽。

珀尔塞福涅回到了得墨忒尔的身边，得墨忒尔怀着极大的喜悦迎接她。当珀尔塞福涅承认，她在不知道的情况下吃了一颗石榴籽时，得墨忒尔明白，她的女儿不得不每年有三分之一的时间——冬季——回到哈德斯那里去，但在其他时间可以留在大地上。

> 但是，这个小小的缺陷很快就被她们的欢乐淹没了。"从那时起，她们齐心协力，用许多的拥抱振奋彼此的灵魂和精神；她们的心在给予和付出欢乐时解除了她们的悲伤。……果实马上就从丰饶的土地上生长出来，这样整个大地便充满了枝叶和鲜花。"[7]

得墨忒尔的极度悲伤，达到了不和任何人讲话，拒绝所有的安

慰和所有的饮食，因渴望见到女儿而憔悴的程度，这就相当于一种深刻的绝望。这一绝望造成了人类大地的残酷饥荒。但得墨忒尔的绝望很快就变成了一种创造性状态，这在她对墨塔涅拉的婴儿的爱及其令人惊异的成长中表现出来。

得墨忒尔在遭受痛苦之后产生了这种强烈的欢乐。如果事先没有这种悲哀，这种欢乐就不会像她所感受到的那么强烈。换句话说，绝望是欢乐诞生的先决条件。珀尔塞福涅恐惧地流落冥间，现在不但被满心欢喜取代，而且，"大地在经历了贫瘠荒芜之后便是果实和鲜花的繁茂生长"[8]。这个神话表明，"痛苦之后就是欢乐，分离之后就是团聚，死亡之后就是新生，冬天之后便是春天"[9]。

冬天——这段一年之中珀尔塞福涅不得不回到冥间的时期——经常被认为是这一年最让人恐惧的时期，是绝望最流行的时期。但是，正如马吉的印第安人所说，冬天是"净化器"。雪和冰使大地得到净化，它们将无数的生物覆盖起来；从昆虫到鹿，它们走完了自己的一生。受到滋养的大地，在得到净化之后便孕育出新的生命。这就是创造之前的酝酿期。尼采似乎写过（而且很漂亮地写过）这种体验的结局：

> 从这种深不可测的事物之中，从这种严重的疾病之中，一个人回到了新生，仿佛脱了一层皮，变得更加敏感和狡黠，产生了对欢乐的更敏锐的品位，对所有美好的事物说出温情的话语，怀着更欢乐的感触，于欢乐中怀有重获的纯真，比人们以前所见过的更加孩子气，而且敏锐一百倍。[10]

绝望与欢乐的关系和基督教神学中的死亡与复活的关系类似——而且，所有的复活都可以在春天树木的花和叶的复活原型中看到。这种模式贯穿所有的生命。这就是命运，这就是宇宙的设计，这就是所有的存在都被包含在内的那种形式。在欧洲过复活节时，人们集体参加受难节（Good Friday）^①的圣礼，因为他们要确信：耶稣确实死了。对于任何一个要复活的人来说，庆祝他的死亡是一个必要的先决条件。获得新生首先需要死亡。基督的复活只有在他确实死了之后才有意义。在美国很少有人参加受难节，但在复活节时教堂里却挤满了人。这表明我们这个国家（美国）不相信悲剧。它表明我们努力想轻视在复活之前必然出现的死亡，忽略遭受痛苦是在欢乐之前、悲剧是在成就之前、冲突是在创造性之前。亨利·米勒在谈到情绪的死亡和复活时也提到同样的问题。他写道："那些死亡的人可能会复生。"对米勒来说，这是创作过程中绝望之后的情绪释放。

欢乐之前的绝望具有"灵魂之黑夜"的意义，基督教的神秘主义者圣约翰对此写道。或者，正如约翰·班扬用隐喻的手法所说，在我们能够到达天国城市的大门之前必须经历沮丧的泥潭。约瑟夫·坎贝尔（Joseph Campbell）在其《千面英雄》（*Hero with a Thousand Faces*）中告诉我们，如果英雄想得到圣杯，他就必须愿意忍受考验和肢解，甚至不惜一死。那些宣称生活在一种永久的狂喜状态中，或者从未受到干扰的爱的状态中的人，要么是在欺骗他

---

① 基督教复活节之前的那个星期五。——译者注

们自己，要么是接受了一种平庸的存在状态。

在神秘主义的传统中，狂喜状态只是次等状态，而且根本就不是目标。较少有信仰或献身精神的人常常想要偷偷地回到这个次等阶段，他们需要经常被告诫不要低估了神秘主义的体验。客西马尼（Gethsemane）[①]完全不是对耶稣事工（ministry）失败的承认，而是一个不可避免的阶段。结果是无法"让这圣杯离开我"。如果没有绝望，就没有复活。历史上有一位神秘主义者曾鼓励那些想要走神秘主义道路的探索者们，"要忍受痛苦和不适。这是因为，在这种虚无的背后，在这种黑暗而没有形式的邪恶背后，就是隐藏在欢乐之中的耶稣"[11]。

4. 欢乐的性质

在菲利普描述他的"难以置信的夏天"时，我们可能会回想起，他使用的是欢乐（joy）而不是幸福（happiness）这个词。这能有什么区别呢？

幸福是过去的模式、希望和目的的实现，但这些恰恰就是菲利普不得不放弃的东西。我们认为，幸福是以副交感神经系统为媒介的，该系统与饮食、满足、休息、平静有关。欢乐则以与其相对

---

① 《圣经》新约中的一个地名，是耶稣与门徒常常聚会祷告的地方，也是耶稣被门徒犹大出卖的地方（相传耶稣在上十字架的前夜，曾和门徒在最后的晚餐之后前往此处祷告）。此处应该是用该地名代指耶稣被犹大出卖这件事。——译者注

立的交感神经系统为媒介，该系统使人不想吃东西，但却刺激一个人去探索。幸福一般依赖于一个人的外部状态；欢乐则是内部能量的充盈，导致敬畏和惊奇。欢乐是一种释放、一种开放，它就是当一个人真正能够"放手"时才出现的东西。幸福与满足有关，欢乐则与自由和人类精神的丰富性有关。在性爱中，欢乐是两个人一起向性高潮运动的那种震颤般的激动，幸福则是一个人在性高潮之后放松时的满足。欢乐是一种新的可能性，它指向未来，就处在刀刃上；幸福则承诺使一个人当下得到满足，是一些旧的渴望的实现。欢乐是探索新大陆的激动，它是生命的一种展现。

幸福与安全有关，与安心有关，与按照自己的习惯和父辈的方式做事有关。欢乐则是以前未知的事情的展现。幸福常常以处在厌烦边缘的某种平静告终。幸福就是成功。但欢乐是一种激励，它是对出现在一个人自己内部的新大陆的发现。

幸福是没有不协调；欢乐则是对不协调的欢迎，因为不协调是更高的和谐的基础。幸福试图找到一个规则系统解决我们的问题，欢乐则是必然要突破新领域的冒险。丁尼生从欢乐的观点出发对尤利西斯作了描述，他看见这个老人对"蒙尘生锈，而不在使用中闪光"表示轻蔑！

显然，美好的生活包含在不同的时间中，既有欢乐又有幸福。我所强调的是，在正确地面对绝望之后，欢乐随之产生。欢乐是对可能性的体验，是当一个人面对其命运时对其自由的意识。从这个意义上说，当人们直接面对绝望时，绝望会带来欢乐。在绝望之后，留下的就是可能性。

我们都站在生活的边缘，每一个时刻都在构成这一边缘。在我们面前只有可能性。这意味着未来是开放的——就像弥尔顿在《失乐园》（*Paradise Lost*）中告诉我们的，当上帝指责他们时，亚当和夏娃在极大的绝望之后获得了那种未来的开放。绝望，是的。但是，它却是人类意识的开始，所有欢乐的开始向我们开放。

> 他们掉下了些许自然的眼泪，但很快就把它们擦去；
>
> 世界就在他们面前，到那里去选择
>
> 他们的安息之地，上帝给他们指引。
>
> 他们，手拉着手，迈着恍惚的脚步缓慢地行走，
>
> 穿过伊甸园，独自前行。

注释

[1] 这是由 Tom Greening 撰写的五行打油诗。

[2] Sören Kierkegaard, *Sickness unto Death*, trans. Walter Lowrie（New York: Doubleday, 1954）, p. 186. 根据我的判断，该书是关于绝望的最好的心理学研究成果。

[3] Sören Kierkegaard, *The Concept of Dread*, trans. Walter Lowrie（Princeton, N. J.: Princeton University Press, 1944）, p.85.

[4] Kierkegaard, *Sickness unto Death*，同前，150 页。

[5] 同上书，149 页。

[6] 引自 Robert May, *Sex and Fantasy*（New York: Norton, 1980）, pp. 7-13。

[7] 同上书，9~10 页。

[8] 同上书，13 页。

[9] 同上。

[10] Friedrich Nietzsche, *The Gay Science*, trans. W. Kaufman（New York: Random House, 1974）, p. 37.

[11] Walter Hylton, cited by Frederick Spiegelberg, *The Religion of No Religion*（Standard, Calif.: Delkin, 1953）, p. 51.

致　谢

　　我希望向唐·迈克尔表示感谢，他是一个知道思维之欢乐的人，我和他一起度过了许多个在壁炉前讨论问题的夜晚。我还要感谢苏珊·奥斯本（Susan Osborn），在我写作这本书时她担任了我的研究助手。

译后记

　　《自由与命运》一书是罗洛·梅于1981年出版的其晚年的主要代表作之一。罗洛·梅以存在哲学为理论基础，以其丰富的心理治疗实践为依据，以一位艺术家的富有想象力的深刻思考，引经据典地分析了西方社会关于自由和命运思考的历史发展及其思想内涵，并结合20世纪80年代之前美国社会的现实，深入浅出地剖析了美国社会和现代人的精神生活。其中不乏给人带来深刻思想启示的经典语句。可以说，这是一部读来发人深省、让人禁不住掩卷长思的人生启迪之书。

　　罗洛·梅对西方文化传统有深刻的了解，尤其是对西方宗教和神学有非常独特的理论见解，这和他在年轻时曾就读于美国纽约联合神学院，跟随著名神学家保罗·蒂利希从事存在神学的研究背景有非常密切的学术联系。书中虽然有很多对古希腊神话的理论分析，但在今天我们读来，却像是一位有深邃的哲学理念的心理学家在向人们讲述现实生活的故事，使人不禁对人类的自由和命运产生深刻的理性思考。尤其是在当今时代，在快速多变的全球化浪潮冲击下，很多人醉心于物质的追求而忽略了对人类自由和命运的深刻思考，这是造成当代人心理疾病日益增多的一个重要原因。罗洛·梅

以其辩证的理性思维认为，"遭受痛苦是在欢乐之前、悲剧是在成就之前、冲突是在创造性之前"。他还认为，"那些宣称生活在一种永久的狂喜状态中，或者从未受到干扰的爱的状态中的人，要么是在欺骗他们自己，要么是接受了一种平庸的存在状态"。这些富有哲理的话语对我们人生的启迪有重大意义。相信这本书中很多经典的话语会给那些在自由与命运的追求中苦苦探索的人带来某些深刻的思想启示。

罗洛·梅在深刻剖析了西方社会的历史和现实基础上，对东方文化也表现出浓厚的思想兴趣。他认为"东方可以给我们提供一种借鉴，这就是随着佛教禅宗和道家学说在西方的出现而正在发生的事情"。尽管他对东方文化传统的分析也有某些意识形态的偏见，但他能透过某些历史的画卷看到东西方文化交流的价值，这对促进东西方社会的相互理解、促进人类心灵的沟通是有重大的现实意义的。

当然，罗洛·梅的思想并非无懈可击，相信读者会从对本书的阅读中产生仁者见仁、智者见智的思想感触。正如罗洛·梅在本书中所含蓄指出的，自由部分地取决于个体的自我选择，命运要靠自己去把握。人生存在的价值就是于精神的探索中成为本真的存在。

本书是郭本禹教授和我主编的罗洛·梅系列译著中的一本。自2008年春天接受了两本书的翻译任务以来，第一本译著《创造的勇气》已经在去年顺利出版。由于平时教学和科研任务非常繁重，本书的翻译从2008年10月份开始，时断时续。直到2009年1月，我到加拿大多伦多大学心理学系访学。在这一个月里，除了参加一

些必要的学术研讨之外，我把很大的精力放在本书的翻译上。因为时差的关系，我经常是半夜三更便起床译书，在这种安静的学术环境下，翻译的效率成倍提高。因此，本书的大部分翻译内容都是在多伦多大学完成的。值本译著出版之际，我愿意把真诚的感谢献给多伦多大学心理学系的 Charles Helwig 教授，是他给我提供了这次短期访学的机会，使我能够在繁忙的工作之余，到这所国际知名的高等学府来"充充电"，确实开阔了不少眼界。我还要感谢中国人民大学出版社的一众编辑，多亏了他们的多次"催促"和精心校正，才使本译著得以早日与读者见面。在翻译本书中的一些中国古代诗词和先哲的原话时，我得到了广东外语外贸大学英语教育学院董金伟教授、张倩老师给予的热情帮助，在此请允许我由衷地道一声"谢谢"。当然，翻译原著确实是一件相当不容易的事情。要想准确把握作者原著的思想内涵，除了要有相应的外语水平之外，更要有对作者学术思想的深刻理解。但愿我对本书的翻译没有脱离对罗洛·梅学术思想的正确理解。若有不当之处，恳请学界前辈和同行指正。

杨韶刚

广东外语外贸大学

2009 年 2 月 26 日

罗洛·梅文集

Rollo May

图书在版编目（CIP）数据

自由与命运 /（美）罗洛·梅著；杨韶刚译 .
北京：中国人民大学出版社，2025.4. --（罗洛·梅文
集）. -- ISBN 978-7-300-33672-5

Ⅰ. B84-066

中国国家版本馆 CIP 数据核字第 20251DT691 号

罗洛·梅文集

郭本禹　杨韶刚　主编

自由与命运

［美］罗洛·梅　著

杨韶刚　译

Ziyou yu Mingyun

出版发行	中国人民大学出版社	
社　　址	北京中关村大街 31 号	**邮政编码**　100080
电　　话	010-62511242（总编室）	010-62511770（质管部）
	010-82501766（邮购部）	010-62514148（门市部）
	010-62511173（发行公司）	010-62515275（盗版举报）
网　　址	http://www.crup.com.cn	
经　　销	新华书店	
印　　刷	北京瑞禾彩色印刷有限公司	
开　　本	890 mm×1240 mm　1/32	**版　次**　2025 年 4 月第 1 版
印　　张	11.875 插页 3	**印　次**　2025 年 4 月第 1 次印刷
字　　数	249 000	**定　价**　89.00 元